开发建设项目新增水土流失研究

主　编　蔺明华
副主编　张来章　白志刚　赵力毅
程益民　陈智汉

黄河水利出版社

内 容 提 要

本书是在水利部水利技术开发基金项目“黄河中游地区开发建设项目新增水土流失预测研究”成果的基础上编写而成的。书中详细介绍了开发建设项目水土流失研究的成果及其应用成果。内容包括：开发建设项目水土流失的成因与机理；新增水土流失预测方法与评估方法；新增水土流失预测研究成果在开发建设项目集中区域新增水土流失量分析和西北七省（区）开发建设项目新增水土流失典型调查中的应用等。它反映了开发建设项目新增水土流失最新的研究成果和应用成果。可供从事水土保持科研、规划、方案编制、咨询服务等工作的专业人员阅读参考。

图书在版编目（CIP）数据

开发建设项目新增水土流失研究/蔺明华主编．—郑州：黄河水利出版社，2008.12

ISBN 978-7-80734-566-4

Ⅰ．开…　Ⅱ．蔺…　Ⅲ．基本建设项目-水土保持-研究　Ⅳ．S157

中国版本图书馆 CIP 数据核字（2009）第 005675 号

出 版 社：黄河水利出版社

地址：河南省郑州市金水路 11 号　　邮政编码：450003

发行单位：黄河水利出版社

发行部电话：0371-66026940、66020550、66028024、66022620（传真）

E-mail：hhslcbs@126.com

承印单位：河南省瑞光印务股份有限公司

开本：787 mm×1 092 mm　1/16

印张：14.75

字数：360 千字　　印数：1—1 000

版次：2008 年 12 月第 1 版　　印次：2008 年 12 月第 1 次印刷

定价：38.00 元

前　言

随着我国人口的增长和国民经济的快速发展，工业化和城市化进程的加快，基础设施建设与交通、能源开发活动急剧增加，开发建设导致的水土流失已逐渐成为我国水土流失的重要方面。水利部、中国科学院、中国工程院组织完成的"全国水土流失与生态安全综合科学考察"结果显示，"十五"期间，全国开发建设项目扰动地表面积达到5.5万km^2，大部分分布在丘陵区和山区，弃土弃渣量92亿t，近几年每年因人为因素新增的水土流失面积超过1.5万km^2，增加的水土流失量超过3亿t。我国长江、黄河两大流域开发建设项目新增水土流失的状况尤为严峻。长江流域近几十年来，由于各类开发建设项目激增，使长江中下游地区湖泊面积丧失约1 200万hm^2，丧失率达34%（国家环境保护总局自然司《长江水灾与流域生态破坏经验与教训》），极大地削弱了湖泊的调洪能力。黄河流域及西北内陆河地区矿产资源丰富，是我国资源开发的重点地区之一。据不完全统计，"十一五"初期黄河流域及西北内陆河地区大型开发建设项目达500多项，中小型开发建设项目超过2万项，涉及公路、铁路、电力和矿产等行业。近年来该地区每年因人为因素新增的水土流失面积超过5 600 km^2，增加的水土流失量约1.2亿t。由开发建设造成的水土流失，已成为当前入黄泥沙的重要来源，对黄河的"健康"构成了严重威胁。

多年来，围绕开发建设造成的新增水土流失的问题，有关方面进行了大量的调查研究工作。特别是20世纪90年代以来的十几年内，随着《中华人民共和国水土保持法》的实施，我国政府高度重视水土保持方案制度的建设和落实，针对开发建设项目水土保持方案编制的实际需求，结合大量的开发建设项目调查，逐步建立了开发建设项目水土保持方案的技术体系，有力地推动了对开发建设项目新增水土流失问题的研究。在开发建设项目新增水土流失规律、水土流失量预测等方面，相关大专院校、科研院所的学者专家进行了多项试验研究，这些研究成果丰富了水土保持理论的内涵，在一定程度上为开发建设项目新增水土流失研究建立了良好的开端，引起了我国政府对开发建设项目新增水土流失问题的高度重视，为政府决策提供了基本依据。目前存在的主要问题，一是基础性的试验研究工作仍相当薄弱，开发建设项目新增水土流失定位观测和动态监测数据十分缺乏，显然，利用已有零散的、缺乏系统性的资料确定开发建设项目引起的水土流失的量化指标是十分困难的；二是在预测方法方面缺乏基础数据的收集和综合性因素的试验研究，也没有合理可行、比较满意的预测方法和可行的预报方程；三是理论研究滞后，在开发建设项目新增水土流失类型、形态、方式等方面还缺乏统一的认识，对开发建设项目新增水土流失机理研究尚有不足等。

从基础工作入手，注重微观研究和宏观研究的结合，加强开发建设项目新增水土流失基本规律的研究，加强可行实用性预测方法的攻关，促进防治理论体系的建立和技术体系的完善，并注重总结汲取前人研究成果和经验，吸纳新理念、新观点，应该是今后开发建设项目新增水土流失研究的方向，也是本书编纂的宗旨。值得欣慰的是近年来编著者参与完成了部分开发建设项目新增水土流失试验、调查及防治技术专项研究工作，例如由黄委晋陕蒙接壤地区水土保持监督局承担的水利部水利技术开发基金项目“黄河中游地区开发建设项目新增水土流失预测研究”，以及2005年开始由水利部、中国科学院、中国工程院共同组织国内水土保持生态建设及其他相关领域跨行业、跨学科的著名专家、学者开展的“中国水土流失与生态安全综合科学考察”中“开发建设项目考察”分项目等，取得了大量有价值的资料和成果，为本书的研究和编写工作奠定了基础。

本书是在上述理论研究、定位试验、调查分析的基础上，结合编者多年来从事黄土高原水土流失试验研究的实践和思考编写而成的，全书共7章。各章的主要内容及编写人员如下：

第一章，开发建设项目水土流失综述，介绍了我国开发建设项目新增水土流失的状况和发展趋势，分析了开发建设项目新增水土流失的特点，论述了开发建设项目新增水土流失对生态环境的影响，总结了我国开发建设项目新增水土流失研究的进展情况等。由赵力毅、陈智汉、雷启祥编写。

第二章，开发建设项目水土流失成因与机理，分析了开发建设项目新增水土流失的影响因素，进行了开发建设项目新增水土流失分类并分析了流失量组成分布特征，探讨了开发建设项目新增水土流失机理等。由赵力毅、陈智汉、雷启祥编写。

第三章，开发建设项目水土流失试验研究，重点介绍了开发建设项目新增水土流失试验研究方法与技术路线，系统介绍了天然降雨条件下、人工降雨条件下、放水冲刷条件下开发建设项目新增水土流失试验的目的、方法，试验布设、观测及净雨过程、径流过程、降雨入渗过程、水沙关系的推求方法，介绍了土壤抗冲性研究的方法及其成果，介绍了黄河中游地区降雨侵蚀力的研究成果及其应用方法。由蔺明华、程益民编写。

第四章，黄河中游地区开发建设项目水土流失试验研究成果，系统介绍了开发建设新增水土流失试验研究成果，对开发建设新增水土流失预测的流失系数法、侵蚀系数法、数学模型法进行了介绍，对开发建设新增水土流失后评估方法进行了介绍。由蔺明华、程益民编写。

第五章，开发建设项目水土流失预测，概述了新增水土流失预测的基本概念、目的和意义，结合我国现行开发建设项目水土保持方案编制中新增水土流失预测的要求，系统介绍了预测时段与单元、新增水土流失预测的内容及各种新增水土流失预测方法等。由张来章、白志刚编写。

第六章，开发建设项目新增水土流失量调查与定额估算，介绍了开发建设项目新增水土流失调查的目的意义、一般方法，典型项目新增水土流失调查技术路线、调查方法等；结合实例系统介绍了建设项目新增水土流失定额估算依据、估算方法，定额的调整及适应范围等。由赵力毅、张来章、程益民、白志刚、陈智汉、雷启祥编写。

第七章，开发建设项目集中区域水土流失估算实例，介绍了开发建设项目集中区域新增水土流失估算方法，系统介绍了与典型区域开发建设项目新增水土流失估算相关的水文资料调查、河道冲淤资料调查、水保水利措施减沙量调查及开发建设项目调查的方法，结合实例采用实测资料分析法、数学模型法等两种方法，分析估算了典型区域开发建设新增水土流失量。由白志刚、张来章编写。

全书由蔺明华拟定编写大纲，蔺明华、赵力毅、白志刚统稿，图表由蔺青制作。

本书不仅凝聚了全体编写人员，相关项目试验研究、调查技术人员的劳动和智慧，而且吸收和继承了大量以往研究成果的精华，尤为注重系统性和资料性的结合，使本书的编写在深度与广度上得以拓延。

由于我国幅员辽阔，区域自然、社会经济环境差异较大，开发建设项目新增水土流失研究中尚存在大量需要继续探讨、商榷和深化的问题，书中疏漏与不妥之处再所难免，热忱欢迎广大读者批评指正。

编　者

2008 年 11 月

目　录

第一章　开发建设项目水土流失综述

第一节　我国开发建设项目水土流失状况和发展趋势

开发建设项目泛指工农业生产和国民经济建设中如土地开垦、矿产开采、水利工程建设、交通工程建设、风景资源开发、自然资源开发等一切新建、改建、扩建及技术改造的基本建设项目和生产项目。开发建设项目水土流失，顾名思义是指在上述开发建设活动中造成的水土流失，即因扰动地表或地下岩土层、排放固体废弃物，或破坏地表植被、土壤结构，或改变地形，使下垫面条件向着有利于土壤侵蚀的方向发展，造成水土资源的破坏和流失，是人为水土流失的一种主要形式。与自然状况下的水土流失相比，开发建设项目水土流失具有其自身的特点，其防治方法、途径和措施也不能照搬传统的东西，对此应着力研究和探索。近年来，随着我国工业化、城市化步伐的加快，开发建设项目造成的水土流失问题相当突出，已经引起全社会的广泛关注。

我国对开发建设项目水土流失问题的重视，始于20世纪80年代中后期，随着神府煤田的大规模开发，以陕、晋、蒙接壤地区为典型的全国范围的采矿、挖煤、修路、采石、采砂等开发建设项目引发的水土流失问题，以及全国范围的城市化基本建设引发的城市水土流失问题等表现得十分突出。由于在开发建设活动中普遍存在以牺牲生态环境为代价牟取短期经济利益的掠夺式开发现象，经济增长方式很大程度上表现为高投入、高能耗、高物耗、高污染、低效率等“四高一低”的粗放模式，因此我国开发建设活动造成的水土流失十分严重。有关研究表明，开发建设活动往往会改变原始的地貌、植被和水系，并产生大量的弃土石渣，由此导致的水土流失强度和危害程度居人为水土流失之首。20世纪80年代全国每年新增水土流失面积1万km^2，90年代虽然加大了监督力度，但每年仍新增水土流失面积1.5万km^2。1986～1994年，广东省因开矿、采石、城市建设等造成的水土流失面积达2 894 km^2，山东省2 700 km^2，四川省1 115 km^2。

近年来，随着我国人口的增长和国民经济的快速发展，工业化和城市化进程的加快，生产建设和资源开发活动急剧增加，人为造成的新的水土流失呈上升趋势。水利部、中国科学院、中国工程院组织完成的“全国水土流失与生态安全综合科学考察”结果显示，“十五”期间，全国开发建设项目扰动地表面积达到5.5万km^2，大部分分布在丘陵区和山区，弃土弃渣量92亿t。近几年每年因人为因素新增的水土流失面积超过了1.5万km^2，增加的水土流失量超过了3亿t。特别是全国大型开发建设项目水土保持方案申报率不足70%，大量的开发建设项目逃避了水土流失防治法律责任。尤其是公路铁路、农林开发、水电建设、城镇建设、矿山开采等开发建设项目，乱挖乱采、乱倒乱弃现象十分严重，引发的水土流失量超过了全国人为新增水土流失总量的80%，给社会留下了巨大的治理成本，有的甚至难以恢复，造成生态灾难。考察发现，在所有开发建设活动中，农林开发、公路铁路、城镇建设、矿山开采等引起的水土流失最为严重。据测算，“十一五”期间，全国开发建设项目可能产生新的扰动地表面积6.2万km^2，弃土弃渣总量将达到100.3亿t，与“十五”期间相比，分别增长12.7%和9.0%。陡坡开垦、顺坡耕作、乱砍滥伐造成的水土流失依然严重，公路、铁路、矿山开采、水电和城市建设引起的水土流失出现加剧的趋势。仅公路和铁路建设就有超过5 000万t泥沙直接进入各级河道，给江河防洪造成严重隐患。

第二节　开发建设项目水土流失特点

由于开发建设项目水土流失是在人为活动下诱发产生、发展的，是人为水土流失的一种主要形式，加之开发建设项目的数量大、建设类型多样、产生水土流失方式不一，因此开发建设项目水土流失既与原地貌条件下的水土流失有着天然的联系，又不同于自然条件下的水土流失，有其自身的特殊性。

一、不同类型建设项目的水土流失特点

开发建设项目，以平面布局进行分类，可以分为线形工程和点(片)状工程；以产生水土流失的时限进行分类，可分为建设类项目和建设生产类项目。

根据开发建设项目在建设生产过程中的项目组成、扰动地表形式、水土流失强度及危害等方面的一致性，将常见的开发建设项目划分为线形工程和点(片)状工程，线形工程包括公路工程、铁路工程、管线工程、渠道工程、输变电工程等；点(片)状工程包括火(风、核)电工程、井采矿工程、露天矿工程、水利水电工程、城镇建设工程、农林开发工程和冶金化工工程等。其中，公路工程主要包括高速公路、国道、省道、县际公路、县乡公路和乡村公路；管道工程主要包括供水、输油、输气和通信光缆等工程；井采矿工程指以立井、斜井和平硐开拓方式进行的煤炭、金属矿等矿产资源开发工程；露天矿工程指剥离表层后采用“直接露天开挖并外运”的方式进行的煤炭、金属矿等矿产资源开发工程；城镇建设类工程主要指城镇开发及与之相关的采石、采砂、取土工程，包括工业区、商业区、经济开发园区、住宅区及配套开矿采石取土区、交通基础设施建设；农林开发类工程主要指陡坡(山地)开垦种植、定向用材林开发、规模化农林开发等工程；冶金化工类工程主要包括金属冶炼和化工工程。

公路、铁路、输变电工程、管道工程、水利水电工程、城镇建设工程等开发建设项目，水土流失主要发生在建设过程中，当开发建设项目通过水土保持专项验收并投产后，水土流失呈逐步减少、逐渐趋于稳定的趋势，不再新增水土流失，此类项目称为建设类项目。

露天矿、井采矿、农林开发项目、燃煤电站、冶金建材、取土采石场等开发建设项目，不仅在建设过程中产生水土流失，而且在生产运行期间还源源不断地产生水土流失，此类项目称为建设生产类项目。如燃煤电站在通过水土保持专项验收并投产后，还将产生粉煤灰、石膏等废弃物，还需进行拦挡防护；露天矿在生产运行中，还会产生大量的剥离物和排弃物，需要设置专门的排土场和矸石场进行防护；井采矿在生产运行中，也会产生大量的矸石，需要设置专门的排矸场进行防护；冶金化工工程在生产运行中，还需要建设大量的赤泥库、尾矿库，同样也有水土流失防治的必要。

(1)开发建设项目新增流失量包括扰动地面上的水土流失和弃土弃渣产生的水土流失，以弃土弃渣产生的水土流失为主。弃土弃渣水土流失又包括两部分：一是弃土弃渣直接

入河被河道洪水冲走而造成的流失(平原区、风沙区一般不存在);二是弃土弃渣其余部分因降雨径流侵蚀而造成的流失。

(2)线形(公路、铁路、管线等)项目的水土流失强度大于点(片)状(厂、矿、城镇建设等)项目。主要表现在,线形项目的弃土弃渣堆放分散、随意、无序,弃土弃渣直接入河量较多,点(片)状项目的弃土弃渣堆放较集中、有序,而弃土弃渣的流失量在开发建设项目水土流失总量中的比重往往较大。

(3)一般而言,建设项目规模越大,水土保持工作相对搞的越好。

(4)风沙区的项目,建设期水土流失强度比扰动前显著加大,特别是在植被较好的地区更是如此。

二、开发建设项目水土流失特点的普遍性

(一)流失类型和形式多样

开发建设项目类型多种多样,涵盖了国民经济建设的方方面面,如矿业资源、交通、电力工业、水利工程、城镇建设、农林开发等。这些开发建设项目从施工建设到生产运行,其生产环节或不合理的人类活动,必然产生新的水土流失。

多种多样的行业类型的开发建设项目,由于开发建设项目的组成、施工工艺和运行方式多样,且因地表裸露、土方堆置松散、人类机械活动频繁等,其产生的水土流失类型和形式多种多样,在侵蚀类型上有水力侵蚀、风力侵蚀、重力侵蚀和混合侵蚀等,时空交错分布。在形式上一般在雨季面蚀、沟蚀、崩塌、滑坡、泥石流等并存,非雨季大风时多风蚀。

开发建设项目水土流失形式多样性还表现在改变侵蚀形式的单一性,为复合侵蚀提供了有利的营力环境。赵永军的研究表明,生产建设过程对地表的扰动及重塑,局部改变了水土流失的形式,使原来的主要侵蚀营力发生变化,从而改变侵蚀形式。例如,在丘陵沟壑区公路施工中,路基修筑中的削坡、开挖断面及对弃渣的堆砌,使原本的风力侵蚀作用加大,变成风力加水力侵蚀的复合侵蚀类型;平原区在高填路基施工后,形成一定的路基边坡,从而使原本以风力侵蚀为主的单一侵蚀形式,在路基边坡处转为以水力侵蚀为主的侵蚀形式;对于设置在水蚀区的干灰场来说,由于堆灰所引起的灰渣流失,使得该区原有的水蚀方式变为以风蚀为主,或者是风力侵蚀、水力侵蚀并存。另外,开发项目所产生的诸多水土流失形式显著不同于自然地貌条件下的水土流失形式,发生水土流失的松散物物质组成和理化性质与自然土壤也完全不同,例如固体废弃物堆积的不均匀沉降、采空区塌陷、弃土弃渣堆置不当引起的崩塌、滑坡、泥石流等侵蚀形式等,这些新的流失形式机理复杂,有待于进一步研究。

(二)在空间上表现出明显的点、线、面区位特征,影响程度各异

开发建设项目水土流失的分布与工程项目本身的特点密切相关。它不是单一完整的自然单元或行政单元,可能是跨越多个自然单元或行政单元,以点、线、面中的一种或多种形式的组合分布,这是开发建设项目水土流失的重要特点。如公路、铁路建设造成的水土流失呈带状分布,输油、输气管道工程造成的水土流失呈线状分布,受工程沿线地形地貌限制及"线带状"活动方式的影响,其主体、配套工程建设区,涉及破坏范围较大。矿业生产、火力发电、井采矿、采石、取土等造成的水土流失呈点状分布,影响区域范围相对较小,但破坏强度大,防治和植被恢复难度大。农林开发、城市建设、大型露天采矿造成的水土流失呈面状

分布，综合性强、规模较大的项目，影响区整体以“面”的形式表现出来，特别是范围大、建设生产周期长，而且在结构上以点、线、面组合或交织而成的项目，水土流失影响范围也较大。

（三）在时间上阶段性强，发生时间集中

开发建设项目，一般分准备期、建设期和生产运行期等阶段。不同性质的建设项目，在各个阶段造成的水土流失差异较大，有集中于建设期的，也有集中于生产期的。但由于施工期大面积扰动地面，产生或堆置大量松散弃土弃渣物质，水土流失集中于建设期的占多数。何江华等在《机械夷平地侵蚀形式与特征研究》中指出，美国马里兰州的观测表明在建设期间侵蚀量高达5.5万 t/(km^2·a)。

（四）水土流失量大，流失强度变化大

实践调查和监测数据表明（郭建军、陈舜川，2004；赵永军，2007），由于开发建设项目尤其是大型采矿项目，在施工过程中对地表进行了大量剥离和开挖，使具有肥力的表土损失殆尽，甚至剥蚀到心土层，植被和土壤几乎不存在，再加上所产生的不同于自然土壤的固体松散物质，引起的水土流失不同于一般意义上的水土流失，其水土流失量是自然水土流失量的几倍、几十倍乃至上百倍。自然条件下的土壤性状决定着土壤抵抗外营力侵蚀的能力。土壤质地过粗，抗冲力小，易发生水土流失；质地过细，渗水性差，地表径流强，也易发生水土流失。如果有良好的地面覆盖物，如森林、野草、作物或植物的枯枝落叶等保护地表，就会减少或减弱水力、风力等外营力对地表的直接冲刷、侵蚀力度，水土流失强度相对较轻。由于开发建设项目施工建设在短时间内进行采、挖、填、弃、平等施工活动，使地表土壤原来的覆盖物遭受严重破坏，同时，又因施工建设活动的进行和继续，改变了土壤的理化性质，使得土壤颗粒的紧密结构遭到破坏，不能很好地抵抗外来营力的侵蚀，水土流失急剧增加。尤其在弃渣、弃土、取土等松散部位，其所产生的水土流失强度往往是自然侵蚀强度的3～8倍。如福建省建瓯小区观测点松散堆填地形的试验结果表明，3°～5°坡面原地貌土壤侵蚀模数为1 000～3 000 t/(km^2·a)，而当原始坡面被破坏之后，则形成36°～40°的坡面堆积体，土壤侵蚀模数可达20 000 t/(km^2·a)以上。

（五）水土流失具有潜在性，可控制性和可预防性低

水土流失的潜在性表现在开发建设项目在建设、生产运行过程中造成的水土流失及其危害，并非全部立即显现出来，往往是在很多种侵蚀营力共同作用下，首先显现其中一种或者几种所造成的危害，经过一段时间后，其余侵蚀营力造成的危害才慢慢显现出来，如对于大多地下生产项目如采煤、采铁、淘金等，除扰动地面外，随着地层的原有结构被破坏和地下水的疏干，形成地面塌陷、植被退化，加剧了水土流失。这种影响，明显具有滞后效应，几年甚至十几年后才表现出来，这个不确定时段的潜伏期和结果难以预测，可控制性和可预防性低。

（六）具有突发性，危害性极强

与潜在性密切相关、互为因果关系的是开发建设项目产生的水土流失往往还具有突发性，一些大型的开发建设项目对地表进行大范围及深度的开挖、扰动堆垫、采掘等活动，形成大量的人工坡面、悬空面、采空区等，破坏了原有的地质结构和岩土层原有的平衡状态，在暴雨洪水、强风暴、地震等外来诱发营力的作用下，引发泻溜、崩塌、滑坡等重力侵蚀，形成大的地质灾害，危害性极强。

（七）水土流失与环境污染相伴

开发建设中的工矿企业、公路、铁路、水利电力工程、矿山开采及城镇建设等，在施工和生产运行中会产生大量的废渣，除部分被利用外，尚有许多弃土、弃石、弃渣。在矿产资源开发和生产建设过程中排放的废弃固体物，其成分往往相当复杂，包括岩石、土壤、矿石、尾矿、尾渣、垃圾等，矿山类弃渣、冶炼弃渣等物质常常含有有毒有害成分，一旦流失会造成环境污染，如下游水体的污染等，危及人民生命健康和财产安全。

第三节　开发建设项目水土流失对生态环境的影响

一、对水资源及水环境的影响

在各类开发建设过程中，硬化地表，破坏地形、地貌、植被等水土保持设施，使原有的水土保持功能降低或丧失。地表的硬化或覆盖，使降雨不能下渗，土壤渗流系数减小，地表径流系数增大，使得地下水源的涵养和补给受到阻碍，地表径流汇流时间缩短，强度增大。台湾研究资料显示（王金建，2002），在城市化过程中开发度达到30%时，洪峰到达时间比开发度为零时缩短一半；美国的研究资料表明，当开发度达到40%时，洪峰流量增加近1倍；据山东省水利科学研究院对济南南部舜湖社区开发建设项目进行的观测计算，项目区内由于地面硬化，地表径流系数增大，地表径流量由工程建设前的年均32.53万$m^3/(km^2 \cdot a)$增加到64.38万$m^3/(km^2 \cdot a)$。地表径流量的成倍增加，必然导致地下水补给量的成倍减少。在产生强地表径流的同时，加剧了对裸露地表土壤的侵蚀。其结果是地下水位下降，水土流失严重，生态环境恶化。开发建设项目水土流失对水环境的影响表现在对水体的污染，由于施工开采过程中产生了一些化学与物理污染物，这些污染物会随着地表水流入河流或者渗透到地下水中，从而导致河流和地下水受到污染，使得河水和地下水水质下降。如果项目位于饮用水水源保护区内，开采过程产生的化学和物理污染物对水体的影响就更大了。

二、对土地资源及农业生态的影响

开发建设项目在施工过程中若随意弃土弃渣，或者乱采滥挖，就将不可避免地造成大量水土流失，进而使可利用土地资源不断减少，使土地可利用价值和生产力大大降低，产生土壤肥力低下、沙漠化、盐渍化及土壤污染影响等问题。主要表现在表土的剥离，岩石被开采与破碎，使得整个土壤的结构和层次受到破坏，土壤生态系统的功能恶化。当遇到降雨时，会产生水土流失，严重时会造成泥石流。这些都使得土壤资源减少和恶化。

开发建设项目施工所产生的水土流失对农田的影响有两种，一是在通过农田路段，特别是路堤、桥梁或交叉点，降雨冲刷下来的大量泥沙会直接排往工程区域外的农田，由于地势变缓，大部分泥沙沉积下来，形成“沙压农田”；二是泥沙中细小的部分会随水流淌，以“黄泥水”的形式进入农田，对远处的农田产生进一步的影响。另外，开发建设项目施工所产生的粉尘对农作物生长产生不利的影响，特别在旱季，施工过程中产生的扬尘落到农作物的叶片上，聚集到一定厚度时将影响其光合作用，特别是在作物的扬花期，将会影响到作物的品质和产量。

三、对植物资源的影响

开发建设项目的建设将使工程建设区生态植被受到破坏，部分生物个体将被铲除，极少数将被移植，将导致沿线水土流失量增加，这些环境影响是不可逆的，也将导致局部区域个体植物的减少，如果这些植物品种为濒危物种，将对物种多样性构成较大影响。施工机械的开挖、碾压，施工人员日常生活的踩踏，搅拌场、拌和场及堆料场、弃渣的堆放等，将使使用地区域内的植被遭到破坏，造成植物物种灭绝或多样性减少，会使水土流失影响范围内植被覆盖率降低，使水土流失加剧成为可能。对植物资源影响最大的是露天开采，开采过程中会剥离部分表土，从而对原有植被造成一定的影响。同时，主要矿层被采空，会造成严重漏水和上覆岩土层结构破坏，使植物失去生存条件；大量开采石料，破坏了山体及地表植被，加速了水土流失的发展；开挖坡脚、切削边坡，造成山体失衡；随着石场开采的逐步扩展，裸露面将进一步扩大，同时临时弃土堆表面的扩大亦将增加裸露面，这一切都将加剧水土流失的发生。开采过后，在山坡大量堆积固体废弃物，加重了负荷，一遇暴雨洪水，导致滑坡不断发生。有的废土会被运到河边直接倾倒，随着河水的冲击，这些废土被冲走，在一定程度上也造成了严重的水土流失。加上人们对植被破坏等情况不重视，被破坏的植被无法得到恢复，一定程度上使得水土流失加剧、生态环境恶化、自然景观受到破坏。

四、对陆生动物资源的影响

由于植被受到破坏，引起了水土流失，这一系列的生态效应最终将导致生物量锐减，同时，会导致周围的生态环境恶化，植物减少，其吸收的二氧化碳、释放的氧气也开始减少，对整个生态环境来说是非常恶劣的；对野生动物物种的整体生存环境构成巨大影响，同时，植物减少，会导致食草动物开始迁移或死亡，数量减少，肉食动物也因得不到足够的食物数量开始减少，从而使得物种减少，生物多样性受到遏制。所有的这些破坏了食物链，导致生态平衡受到影响，形成了恶性循环。最终使得生物量减少，二氧化碳、氧气产生量减少，这些对生态环境而言都是不利的。

五、对水生生物的影响

开发建设项目的建设如果沿河及跨河路段较多，沿河尤其是近河施工中如不做好开挖坡面的防护工作，发生水土流失或扬尘严重时，将增加水体的悬浮物含量，而水土流失物中还可能含有营养物质如氮、磷及有毒有害物质等，其进入河流，也会短期内污染河流，对鱼类及浮游生物的生存环境造成一定影响，导致短期内该河段浮游生物的种类组成和优势度改变，同时部分鱼类也因环境改变而规避至其他河段；其不利影响程度与施工时间长短、进入河流的污染物浓度及成分有关。从而对水生生态系统造成严重危害，并直接导致对水生生物资源的破坏。

六、对周边环境和下游河道及水沙的影响

开发建设项目水土流失对周边环境和下游河道及水沙的影响，主要是大量弃土弃渣进入河流，淤塞河床、沟道，会造成河道淤积，毁坏水利设施，影响正常行洪和水利工程效益的发挥，甚至还会引发更大的洪涝或者地质灾害，国内外的例子不胜枚举。

在我国,近几十年来,由于各类开发建设项目激增,使长江中下游地区湖泊面积丧失约 1 200 万 hm^2,丧失率达 34%,极大地削弱了湖泊的调洪能力(《长江水灾与流域生态破坏经验与教训》,国家环境保护总局自然司)。李夷荔、林文莲(2001)和王金建(2002)的研究表明,深圳市在 20 世纪 90 年代初大规模的开发建设过程中,由于忽视了水土保持,曾一度造成了严重的水土流失危害。雨季布吉河最高含沙量达 187 kg/m^3,为开发前 0.15 kg/m^3 的 1 246 倍,严重侵蚀区侵蚀模数达 6.11 万 $t/(km^2 \cdot a)$,其中布吉河中游的房地产开发,使河道严重淤积,1992 年一场 5 年一遇的暴雨,就造成了 9 000 多万元的直接经济损失。1993 年 9 月 26 日一场 20 年一遇的降雨,就使深圳河洪水泛滥,造成直接经济损失达 14 亿元。山东省一些地区在城市建设过程中造成的水土流失问题也很严重。据对济南、潍坊、泰安、临沂、日照、莱芜、枣庄等 7 个城市的调查,城区总面积不足 900 km^2,而水土流失面积达 269 km^2,每年淤积于河道和排水沟的泥沙近 70 万 t。王向东等研究了采矿业对产流产沙的影响,采矿不仅破坏了植被,而且也破坏了土壤结构。同时产生大量的弃土石方。如准格尔露天煤矿,投产以后弃土石方达 2.8 亿 m^3。产沙率和输沙量比无采矿区增大了 10 倍以上。资料显示(郭建军、陈舜川,2004),陕北油气田开发累计因开挖、压埋、扰动破坏地貌植被面积达 7 万多 hm^2,排放弃土弃渣 1.5 亿 t,其中塌陷区造成的水土流失最为严重,并且年增速超过 45 km^2。这种因人为水土流失造成的水位下降、井泉干枯、河道断流、植被衰退、水土草木资源损毁、土地沙漠化的状况,严重威胁人民群众生命财产安全,危害极为严重。

根据王向东等的研究资料,在国外,如美国马里兰州在城市化建设期间,产沙量达到 55 000 $t/(km^2 \cdot a)$,而在同样的地区,森林地面产沙量为 80 ~ 200 $t/(km^2 \cdot a)$,农田是 400 $t/(km^2 \cdot a)$;在佐治亚州,开挖新道路使产沙量达到 20 000 ~ 50 000 $t/(km^2 \cdot a)$;同样,在英格兰德文郡,在有排水建筑物的地区,河中悬浮泥沙物浓度是未受干扰地区的 2 ~ 10 倍(偶尔达到 100 倍);美国弗吉尼亚州在城市化建设期间,侵蚀速度同样高,而且记录了在相同地区侵蚀速度是农田的 10 倍,是草地的 200 倍,是森林地区的 2 000 倍;在肯塔基州麦克克里郡,研究露天采矿对洪水和水质的影响表明,坎恩流域 1957 ~ 1958 年的输沙量为 1 082 t/km^2,同一时期,附近没有采矿的亥尔顿流域的输沙量仅为 19 t/km^2,二者相比含沙量增加了数十倍,且泥沙颗粒变粗。不仅如此,采矿活动对河流泥沙影响可能达数十年之久。

第四节　我国开发建设项目水土流失研究进展情况

在我国,对开发建设项目引起的水土流失问题初期研究,可以追溯到 20 世纪 40 年代初,针对西北公路修建沿线的水土流失问题,国民政府交通部西北公路工程局和农林部天水水土保持实验区(今黄委天水水土保持科学试验站)首次在联合拟订《合作保土护路计划》(草案)的基础上,在天水附近公路沿线开展了以修谷坊、筑坝、植树种草护路,防止冲刷和减少坍塌等试验工作。新中国成立初期,针对西北铁路沿线的泥石流、滑坡等水土流失,西北农林部组织天水陇南人民农林实验场(今黄委天水水土保持科学试验站)、西北铁路干线工程局塌方泥石流研究组等率先在对宝天铁路段沿线的水土流失情况进行查勘的基础上,提出"宝天铁路线区水土保持初步勘察报告",认为"铁路沿线的水土流失防治,须将降雨集流面积的水土保持工作与铁路工程相结合,才能生效",天水陇南人民农林实验场、西北农林部水保总站、西北农林部秦岭管理站等联合在北道埠、元龙镇、葡萄园等选择典型泥石流沟谷进行平整山坡、修筑谷坊、水土流失植物防护等试验研究(莫世鳌,1988)。1963年中科院地理所罗来兴在《我国黄土高原的水土流失与水土保持》一文中,认为水土流失的原因是自然和人为两方面的因素,而滥垦滥伐等人为因素是值得重视的,并首次提出了人为"加速侵蚀"的概念。20世纪80年代中期开始,针对黄河水沙变化的研究,水利部第一期黄河水沙变化研究基金(简称"水沙基金")、黄河流域第一期水保科研基金(简称"水保基金")、国家自然科学基金(简称"自然基金")等研究项目课题,同时关注到因基本建设引起的水土流失问题,分别研究了开矿、修路、建房等基本建设活动人为因素增沙情况,特别是"自然基金"重大研究项目"黄河流域环境演变与水沙运行规律研究"明确认为,人为破坏自然生态平衡是加速侵蚀的主导因素,并对煤田开采增加入黄泥沙量进行了估算,通过对神府东胜煤田的研究,确定了以煤田开发占地面积、排弃土石数量和土石移动后土壤可蚀性作为测算煤田开发对侵蚀产沙影响的三个指标,认为煤田开发的产沙量占总侵蚀量的20%~30%;煤田开发后河流输沙量明显增多,且高含沙水流出现频繁。"水沙基金"、"水保基金"、"自然基金"等三大基金有关基本建设引起的水土流失问题的研究,逐步引起学术界的广泛关注。在此期间,有关专家、学者针对神府东胜煤田在开发建设过程中,严重扰动了原有的土壤结构层次,破坏了地面的植被,造成了严重的新增水土流失的问题(黄河水沙变化研究基金会,1993),以及全国大规模城市基础建设中城市水土流失的问题(唐克丽,1997),进行了大量的调查研究。这些研究成果促进了我国政府对开发建设项目人为水土流失问题的高度重视,为政府决策提供了基本依据。

20世纪90年代以来的十几年内,随着《中华人民共和国水土保持法》的实施,水利部高度重视我国水土保持方案制度的建设和落实,针对开发建设项目水土保持方案编制的实际需求,结合大量的开发建设项目调查,逐步建立了开发建设项目水土保持方案的技术体系,有力地推动了对开发建设项目水土流失问题的研究。先后有大量的研究著作、论文(郭建军、陈舜川,2004;焦居仁等,1998;赵永军,2007)探讨了开发建设项目水土流失的特点、成因及其造成的危害等,并在开发建设项目水土流失的防治方面提出了很多新理念、新观点,探索出了一些新方法、新技术,另外一些研究者还提出了"工程侵蚀"的概念(李夷荔、林文莲,2001)等。在开发建设项目水土流失规律、水土流失量预测等方面,相关大专院校、科研院所的学者、专家进行了多项试验研究,一方面是针对一些在建的具体工程定量研究其水土流失规律,比如秦沈客运段、内昆铁路和安太堡煤矿等,另一方面是对USLE应用于工程建设项目水土流失量预测的探讨(李璐等,2004)。中科院地理所的蔡强国、李忠武等,在内昆铁路针对铁路施工期的5种下垫面布设小区,做了人工降雨试验,得出路堑和弃渣小区的产沙量与产沙率都明显大于其他小区,是铁路修建造成沿线水土流失加剧的主要来源;北京交通大学的杨成永、许兆义等,先后在秦沈客运段、内昆铁路施工期的不同下垫面布设小区做了人工降雨试验和天然降雨实测以及天然降雨试验沟蚀量的观测;李文银、王治国等对安太堡煤矿的水土流失规律、防治措施、复垦等做了长期、系统的研究;王治国、白中科等(1992)用体积法测算细沟和浅沟冲刷量,然后又根据安太堡露天煤矿设置的8个径流小区(1994)的参数和天然降雨观测结果,推算出安太堡露天煤矿30年间的水土流失量可达389.17万t;王治国、白中科等(1994、1998)在安太堡南排土场的坡面对细沟、浅沟进行了研究,发现边坡细沟、浅沟发生频数、沟宽比和侵蚀量随坡位不同发生空间变异,整个坡面细沟侵蚀占总侵蚀量的79.6%,而且与排土工艺和复垦种植有密切关系;王美芝、叶翠玲、朱正清、刘功贤等对预报模型应用于工程建设项目水土流失量预测方面进行了一些探讨;黄委晋陕蒙接壤地区水土保持监督局等单位,在水利部水利技术开发基金项目“黄河中游地区开发建设项目新增水土流失预测研究”课题的研究过程中,采用天然降雨、野外人工降雨、放水冲刷等不同方法,对开发建设中产生的人为扰动地面、弃土弃渣等下垫面与原生地面进行了平行的侵蚀产沙规律模拟试验研究,取得了一些经验模型(蔺明华等,2006)。这些研究成果丰富了水土保持理论的内涵,在一定程度上填补了开发建设项目水土流失研究的空白。值得关注的是,2005 年开始由水利部、中国科学院、中国工程院共同组织国内水土保持生态建设及其他相关领域跨行业、跨学科的著名专家、学者开展的“中国水土流失与生态安全综合科学考察”,专门设立“开发建设项目考察”分项目,全面调查开发建设项目的数量、危害,开展典型实例剖析研究,分类调查开发建设项目造成水土流失的情况,深入分析其原因,取得了大量有价值的资料和成果,为下一步的研究工作奠定了基础,明确了研究方向。

目前存在的主要问题,一是基础性的试验研究工作仍相当薄弱,开发建设项目水土流失定位观测和动态监测数据十分缺乏,显然利用已有资料确定开发建设项目引起的水土流失的量化指标是十分困难的。二是在预测方法方面因缺乏基础数据的收集和系统的综合性因素试验研究,尚未建立起大家认可的和比较满意的预测方法体系和预报方程。三是理论研究滞后,在开发建设项目水土流失类型、形态、方式等方面,还缺乏统一的认识,对开发建设项目水土流失机理研究尚有不足等。今后应着力加强开发建设项目引起的水土流失基本规律的基础研究,加强可行实用性预报方法的攻关以及防治的理论体系的建立和技术体系的完善。

第二章　开发建设项目水土流失成因与机理

第一节　开发建设项目水土流失成因

一、开发建设项目水土流失影响因素

一般而言,影响水土流失的因素可分为自然因素和人为因素两类。影响开发建设项目水土流失的因素十分复杂,既有自然因素的影响,也有人为因素的影响,常常是多种因素复合在一起,加剧了水土流失。但开发建设项目水土流失与自然状况水土流失的最大区别在于人为因素上升为主导因素,自然因素则有些为原动因素(主要是气象因素如降雨、风),有些为从动因素(主要是下垫面因素如土壤和植被、地貌地形和地面组成物质等)。

(一)人为因素是开发建设项目水土流失发生发展的主导因素

开发建设项目土地开发、采石取土、兴修公路和铁路等人类活动对地表(岩层)产生了剧烈的扰动,破坏了植被和水土资源,改变了地貌、土壤、植被等自然因素,它对开发建设项目水土流失发生发展的主导作用是显而易见的,对自然因素的影响是显著的,加速了侵蚀的发生发展。事实上,对原地表(岩层)的扰动和破坏,是开发建设项目施工和生产中必需的环节,上述影响是客观存在的,如果在施工生产中不注意保护和合理利用水土资源,就会演变为对自然资源的掠夺式开发,对水土流失发生发展的影响程度会加大,使侵蚀速率、侵蚀强度、侵蚀面积大大增加。因此,开发建设项目水土流失的强度、范围与人类活动的强度、范围密切相关。它的分布范围与开发建设项目的分布范围相一致,它总是在开发建设活动的密集地带发生,并且随着扰动程度的增强而加剧,随着扰动程度的减弱而减轻。

(二)自然因素是开发建设项目水土流失发生发展的原动因素及从动因素

1.气象因素是开发建设项目水土流失发生发展的原动因素

1)降雨

降雨是影响土壤侵蚀的最重要因素之一。降雨击溅、径流剥蚀、冲刷,极易产生水力侵蚀。降雨特别是暴雨往往也是触发滑坡、崩塌、泥石流的首要因素。大多数的降雨一般不产生地表径流,能够引起水土流失的土壤侵蚀暴雨标准随雨强和历时而异,各种降雨特征值具有明显的空间分布规律。开发建设中经扰动后的地表(岩层),一遇暴雨,必然产生剧烈的水土流失。年降雨量的季节分布及暴雨出现季节、频次、暴雨量、强度等是影响开发建设项目水土流失发生发展的重要指标。

2)风

自然状况下的土壤风蚀是指一定风速的气流作用于土壤或土壤母质,土壤颗粒发生位移造成土壤结构破坏、土壤物质损失的过程。它的实质是气流或气固两相流对地表物质的

吹蚀和磨蚀过程。风蚀过程主要包括土壤团聚体和基本粒子的分离、输送、沉积。开发建设项目水土流失中土壤风蚀的严重性是由风速、地表土壤物理特性、地表覆盖及粗糙度状况决定的。开发建设项目人为活动降低林草覆盖度，造成大量的土地裸露，使得建设区域防风固沙能力下降，容易诱发严重的风力侵蚀。

2. 下垫面因素是开发建设项目水土流失发生发展的从动因素

下垫面因素是开发建设项目水土流失发生发展的从动因素，在开发建设人为扰动等主导因素和降雨、风等原动因素的叠加影响下，常常会引起植被、土壤、地貌地形、地面组成物质等自然条件发生显著变化，使其向着有利于土壤侵蚀的方向发展，造成水土资源的破坏和损失。

1）土壤和植被

开发建设项目人为活动往往破坏地表土壤结构和植被，使地表抗侵蚀能力下降。地表植被的覆盖可以显著地影响侵蚀状况，保护土壤免受雨滴的直接冲击。雨滴的能量通过植被冠层缓冲后到达土壤表面时大大降低，使雨滴的溅蚀作用减弱。同时覆盖物还会阻滞径流速度，减少沟间侵蚀作用。植被通过对土壤水分的利用可以降低土壤含水量，从而增加土壤入渗，减少径流量和径流速率，降低沟间侵蚀作用。开发建设活动清除、砍伐地表覆盖物（包括植被和地表枯枝落叶层），降低林草覆盖度，造成大量的土地裸露，为水土流失创造了条件。失去植被保护的土壤，不得不直接遭受雨水的击溅、剥蚀、冲刷，极易产生水力侵蚀。同时植被覆盖度的下降，意味着区域防风固沙能力的下降，容易诱发严重的风力侵蚀。在相同条件下，裸地的起沙风速远远低于疏林地。另外一个方面，开发建设活动还常常破坏地表土壤结构，改变土壤成分，影响土壤的透水性、抗蚀性、抗冲性、抗剪性等，使土壤的入渗、拦截、蓄积雨水的能力下降，从而造成严重的水土流失。在开发建设过程中，特别是施工期开挖、填筑和堆放弃土弃渣，形成大量的松散堆积物，其表面在流水和风力的作用下，会产生严重的水土流失。

2）地貌地形和地质

开发建设人为活动改变项目区原有的地貌地形和地质结构，对水土流失产生重大影响。

（1）开发建设因为人为的扰动，短期内改变了项目区中小尺度的地形地貌，改变了区域水土流失的运行规律，有利于侵蚀的因素组合，可能加剧水土流失。地形地貌情况（如地面起伏形态、地面破碎程度、地面组成物质、坡度、坡长、坡型、坡向等）是影响水土流失的重要因素。坡度和坡长对水土流失的产生起到了举足轻重的作用。虽然在水平面同样可以发生侵蚀，但坡地条件下侵蚀量显著增加，而且在一定范围内，地面的坡度越大，径流速度越大，水流冲刷能力越强，水土流失就越严重。

（2）开发建设活动扰动、重塑了地形地貌，破坏了地质结构，改变了原有水系在自然条件下的循环网络，从而形成有利于洪水演进的产汇流机制和不利于地下水循环的机制。特别是大量给排水工程设施的建设，减少了局部区域地下径流的补给，地表径流量增大，汇流速度加快，使珍贵的降水资源常常以洪水的形式宣泄，造成大量地表水的无效损失及河川常水径流量的减少。同时开发建设活动通过对地面下的扰动，破坏隔水层和地下储水结构，造成局部地区大量地表水的渗漏损失、地下水位的下降及河川径流的断流，形成不利于地下水循环的机制。上述两种机制一方面加剧了土壤侵蚀，另一方面又导致地表严重干旱，植物干枯死亡，加剧了土地沙化和荒漠化及生态环境的恶化。

(3)开发建设活动破坏了岩土层的稳定性,局部地质结构的改变,往往诱发重力侵蚀。开发建设项目由于开挖、堆垫、采掘等活动,形成大量的人工坡面、悬空面、采空区等,破坏了岩土层原有的平衡状态,引发泻溜、崩塌、滑坡等重力侵蚀,在水力等因素的共同作用下,造成严重的水土流失,如边坡滑塌、固体废弃物的堆置引起滑坡、采空塌陷等。

3)地面组成物质

(1)开发建设活动在再塑地形、地貌的同时,使地表的物质组成发生极大变化。如表土剥离后岩石外露,地表被岩石混合物所覆盖。再塑地貌地面物质复杂,种类繁多,各组分的物理、化学性质存在明显差异,造成的水土流失强度也不同。

(2)开发建设活动产生的大量弃土弃渣,往往引发水力侵蚀、风力侵蚀和重力侵蚀及其复合侵蚀,加剧了水土流失。开发建设活动剥离、搬运、堆弃的废弃沙土岩石,为水土流失提供了大量的松散堆积物,这些堆积物往往随意倾倒堆积在山坡、沟渠和河道,改变了水势,影响了行洪能力,在强降雨条件下不仅容易诱发泥石流和洪水灾害,而且易造成严重的水土流失。一些细颗粒的松散堆积物(如粉煤灰),由于缺少植被覆盖,极易产生风力侵蚀。开发建设项目在施工期排放的大量弃土弃渣和尾矿均较松散,稳定性差,在一定时间内无植被覆盖,水土流失既有水蚀形式,也有风蚀形式,遇暴雨或长期连续降水时,发生不均匀沉降,进一步加剧水土流失。

二、开发建设项目水土流失分类与流失量组成分布特征

(一)开发建设项目水土流失分类

根据发生学原则,结合成因分析,开发建设项目水土流失从表现形式上可分为以下4个基本类型。

1.弃土弃渣的水土流失

开发建设过程中因废弃的土、岩石或其混合物未采取水土保持措施而任意堆放所产生的水土流失,其侵蚀方式有重力侵蚀(泻溜、崩塌、泥石流等)、水蚀(渣土堆表面的水蚀、渣土直接入河被水冲走)和风蚀。重力侵蚀和水蚀为主要侵蚀方式。

2.裸露地貌的水土流失

开发建设或生产过程中因破坏地表土壤结构、破坏地面植被、开挖岩土使土壤基岩裸露而造成新的地表面(土质面或岩质面)抗蚀力下降,比原地表多增了新的水土流失,其侵蚀形态以水蚀、风蚀为主。

3.堆垫地貌的水土流失

开发建设或生产过程中根据设计使移动后的岩土按一定密实度在指定位置有序地堆放,因堆积体表面未采取水保措施或水保措施尚未发挥效能而产生水土流失,其侵蚀方式一般有水蚀、风蚀。

4.裂陷地貌的水土流失

开发建设或生产过程中因施行地下挖、采而导致地面裂陷(地表下沉、地面裂缝),使地下水循环系统遭到破坏所产生的地表植被枯萎死亡、土地沙化而加重了风蚀和水蚀,产生了穴陷、穴蚀等新的侵蚀方式,它对生态环境的影响是长远的,而且是不可逆转的。

开发建设水土流失的表现形式见表2-1。

上述4种新的水土流失表现形式中,我们将裸露地貌和堆垫地貌的水土流失统称为“人为

扰动地面的水土流失”,裂陷地貌的水土流失又可称之为“扰动岩层的水土流失”。根据调查观察,在开发建设项目中,第四种破坏地貌目前范围不大,其新增水土流失机理复杂。

表 2-1　开发建设项目水土流失分类

分类		含义	侵蚀方式
弃土弃渣的水土流失		废弃的土、岩石或其混合物未采取水土保持措施而任意堆放所产生的水土流失	重力侵蚀(泻溜、崩塌、泥石流等)、水蚀(渣土堆表面的水蚀、渣土直接入河被水冲走)和风蚀
扰动地面的水土流失	裸露地貌的水土流失	破坏地表土壤结构、破坏地面植被、开挖岩土使土壤基岩裸露而造成新的地表面(土质面或岩质面)抗蚀力下降,产生新的水土流失	以水蚀、风蚀为主
	堆垫地貌的水土流失	使移动后的岩土按一定密实度在指定位置有序地堆放,因堆积体表面未采取水保措施或水保措施尚未发挥效能而产生的水土流失	水蚀、风蚀
扰动岩层的水土流失	裂陷地貌的水土流失	因施行地下挖、采而导致地面裂陷(地表下沉、地面裂缝),使地下水循环系统遭到破坏所产生的地表植被枯萎死亡、土地沙化	风蚀、水蚀或穴陷、穴蚀等

(二)开发建设项目水土流失量组成与分布特征

开发建设项目新增水土流失(也称人为水土流失)的主要来源是弃土弃渣和人为扰动地面(以下简称扰动地面)这两类下垫面,只要抓住了这两类下垫面上的新增水土流失量就抓住了人为水土流失的主要部分。任何开发建设项目产生人为水土流失的主要方式都不外乎上述两大类,只是建设项目的类型不同、所在的地貌类型区不同,其产生扰动地面、弃土弃渣的数量及其特征不同,进而导致了人为水土流失量的不同。根据实地调查和观察,开发建设项目水土流失量组成有以下特征。

1. 开发建设新增流失量

开发建设新增流失量包括扰动地面上的水土流失和弃土弃渣产生的水土流失,以弃土弃渣产生的水土流失为主。弃土弃渣水土流失又包括两部分:一是弃土弃渣直接入河被河道洪水冲走而造成的流失;二是弃土弃渣其余部分因降雨径流侵蚀或风蚀而造成的流失。

2. 线形(公路、铁路、管线等)项目

线形(公路、铁路、管线等)项目的水土流失强度大于点(片)状(厂、矿、城镇建设等)项目。主要表现在,线形项目的弃土弃渣堆放分散、随意、无序,弃土弃渣直接入河量较多,点(片)状项目的弃土弃渣堆放较集中、有序,而弃土弃渣的流失量在开发建设水土流失总量中的比重往往较大。

3. 建设项目规模与水土流失程度

一般而言,建设项目规模越大,水土保持工作相对搞的越好,水土流失程度越轻。

4. 风沙区的项目

风沙区的项目，建设期水土流失强度比扰动前显著加大，特别是在植被较好的地区更是如此。

第二节 开发建设项目水土流失机理

工程开发建设项目在施工过程中严重地扰动了地面，破坏了原有地貌与土壤的结构层次，破坏了原生地面的植被与土壤、生物结构，是一种不同于原生坡面自然侵蚀的新的人为加速侵蚀，开发建设项目水土流失机理极其复杂，目前人们尚未全面认识，对它的侵蚀产沙规律需要单独研究。本节从成因学角度结合侵蚀学原理只作定性总结和分析探讨。

一、宏观机理

从成因学的角度分析，开发建设项目水土流失的发生发展，是指建设区域内的土壤，或成土母质及岩石碎屑物，在人为因素的影响下，发生各种形式的侵蚀、搬运和再堆积的过程，是在人为活动主导因素和降雨、风等原动因素的叠加影响下，促使下垫面从动因素发生变化的结果。其宏观机理可从以下相互有机联系、逐步演化的几方面进行分析探讨。

（一）开发建设生产环节或不合理的人类活动

在开发建设项目施工过程中，生产环节或不合理的人类活动主要包括剥（剥离、削离）、掘（掘进）、挖（开挖）、采（采矿）、移（运移）、堆（堆垫）、填（填方）、弃（弃土弃渣）、平（平整）等，这是开发建设项目水土流失发生的人类活动因子。

（二）下垫面条件发生变化

下垫面条件是开发建设项目水土流失发生发展的从动因素，包括区域地形地貌、地质结构、土壤、植被变化等，从而改变原地面（岩层）形态、物质组成。其结果是扰动地表、破坏岩层、产生大量的弃土弃渣。这是开发建设项目水土流失的发生发展的必要条件。

（三）系统性、功能性恶化，抗蚀能力减弱或丧失

维系区域水土平衡的土壤功能、植被功能、水环境及水文循环功能、水土保持设施功能、岩土层平衡功能等发生系统性恶化，一是增加侵蚀诱因，二是抗蚀能力减弱或丧失。

（四）提供侵蚀的物质基础

一方面在地表增加松散物质，另一方面在地下形成非稳定岩体（层）结构。

（五）形成有利的侵蚀环境，降雨、风则提供侵蚀的源动力

在主导因素和原动因素的叠加影响下，改变侵蚀形式的单一性，为复合侵蚀提供有利的营力环境，导致水力侵蚀、风力侵蚀、重力侵蚀或复合侵蚀发生发展，加剧水土流失。

开发建设项目水土流失机理如图 2-1 所示。

二、微观机理

李夷荔、林文莲研究了开发建设项目水土流失类型、特点后，从侵蚀学的角度将其定义为“工程侵蚀”，并认为工程侵蚀是一种特殊的人为加速侵蚀，其侵蚀类型主要包括水力岩土侵蚀、工程建设诱发的重力侵蚀、泥石流、风蚀和其他特殊侵蚀类型，其侵蚀规律均有别于自然条件下的类型。笔者认为，这个定义比较科学，实质上也强调了开发建设项目人为活动

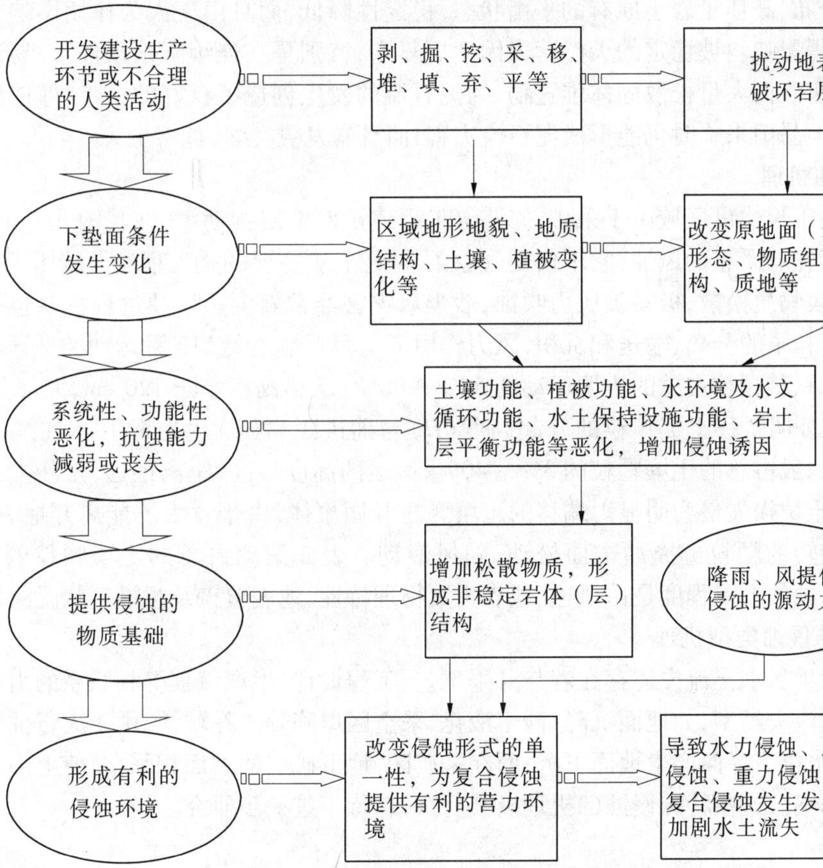

图 2-1　开发建设项目水土流失机理示意图

主导因素的特殊性，涵盖了开发建设项目水土流失在主导因素、原动因素叠加下，促使从动因素发生变化的机理。

（一）水力岩土侵蚀机理

李夷荔、林文莲认为，水力岩土侵蚀不同于传统意义上的水力侵蚀，在施工期间，大量土体和岩石被剥离形成松散堆积混合物，结构松散，稳定性极差，抗蚀力低，抗剪切强度小。据测定，堆积土体的干容重由挖掘前的 1.52 t/m^3 降为 1.4 ~1.5 t/m^3，原状土结构强度损失，土体的凝聚力和内摩擦角减小，土体可蚀性加大，开挖后土体的侵蚀量较开挖前增大 2.3 ~12.5 倍；同时由于生产建设活动人为破坏了建设地段的自然环境，人为因素叠加于自然因素之上，打破了侵蚀力与抗蚀力之间的平衡关系，侵蚀力得到加强，而抗蚀力被削弱；在暴雨径流作用下，裸露的地面易发生面蚀；随着水流的不断汇集，很快又发展为细沟、浅沟和切沟侵蚀，其过程往往是跳跃式的，具有突发性，在短时间内使地貌面目全非，其侵蚀强度比自然裸地高出几倍甚至几十倍，建设时期造成的水土流失量最大，年侵蚀模数可达 1 万 ~6 万 t/km^2，这已被国内外大量的观测所证实。

（二）工程建设诱发的重力侵蚀机理

工程建设区发生的重力侵蚀比自然条件下发生的重力侵蚀更为复杂，人工开挖和填筑形成的陡坡、扰动地表或地下岩土层（如采石取土、穿山凿洞、地质钻探等），改变了原始坡地结构面组合和临空面的组合关系，坡面的临空面加大，重力潜在侵蚀量随之增加，同时边坡应力重新分布,破坏了岩土原有的平衡状态,稳定性降低,而且由于人为作用影响了天然营力因素,使得影响斜坡稳定的天然营力因素更复杂,特别是在连续降雨条件下,易诱发滑坡、崩塌等灾害。而大量松散固体堆置物,为泥石流的发生创造了良好的条件,即使周围植被覆盖良好,但暴雨来临时仍能形成泥石流灾害,而且暴发更突然,危害更大。

(三)风蚀机理

开发建设工程建设区域由于采矿、修路等工程建设对地层扰动大,在我国北方干旱、半干旱区普遍存在着严重的风蚀,它不仅受气象条件限制,更主要的是工程建设破坏了植被和土壤结构,地表物质松散,极易被风力吹蚀,沙尘暴灾害经常发生。风蚀过程主要包括土壤团聚体和基本粒子的分离、输送和沉积,风力作用下土壤颗粒主要有 3 种运动类型,即悬移、跃移和蠕移。跃移颗粒占总的土壤运动的 50% ~80%,跃移高度小于 120 cm,大部分在 30 cm 左右,研究证明跃移土壤颗粒的升起高度(H)与前进距离(L)比为 1∶10。在风蚀过程中,悬浮颗粒一般占总的土壤颗粒的 3% ~40%,搬运的高度最高、距离最远,是沙尘暴的主要构成部分,土壤损失最为明显。蠕移的土壤颗粒和团聚体,由于太大不能离开地表,但受跃移过程中旋转的颗粒碰撞冲击而松动,随风滚动。表面滚动占总的土壤颗粒的 7% ~25%。土壤风蚀的严重程度是由风速、地表土壤物理特性、地表覆盖及粗糙度状况决定的。

(四)特殊侵蚀类型机理

开发建设项目水土流失还存在着与开采工艺、工程设计、生产流程等相联系的由特殊原因产生的水土流失类型,如地面沉降、沙土液化、采空区塌陷等。在城镇,由于大量抽取地下水,造成地下水位下降而产生地面下沉;而在采矿区,地下矿层的大面积采空,使上部岩层失去平衡产生塌陷。这些特殊侵蚀的机理极其复杂,有待于进一步研究。

第三章　开发建设项目水土流失试验研究

第一节　开发建设项目水土流失试验研究综述

一、研究概况

中国是世界上水土流失最严重的国家，尤以黄河中游地区的水土流失强度为世界之最。20 世纪 80 年代中后期以来，随着国家改革开放和以经济建设为中心战略的实施，各类开发建设项目纷纷上马，国家、集体、个人一起建设，拉开了以开发建设带动国民经济发展的经济发展序幕，其中，黄河中上游地区以自然资源丰富而著称，我国最大的陆上整状气田、最大的岩盐矿、最大的高岭土矿、最大的煤田都位于该区域，围绕资源开发利用和深加工的建设项目大规模开工建设，开发建设项目的密度和建设规模在我国乃至世界都名列前茅，这里已经成为我国正在建设的能源重化工基地。开发建设在促进当地国民经济发展的同时，使原本十分脆弱的生态环境进一步恶化，人为水土流失显著增加，成为国家和社会各界关注的热点与焦点。因此，开发建设项目新增水土流失及其对生态环境影响的研究首先在该区域展开。“七五”、“八五”期间，煤炭部、交通部、中国科学院、国家环保总局、水利部等国家有关部门组织有关单位对开发建设项目新增水土流失及其对环境的影响进行了大量研究；国家自然科学基金、水利部水沙变化研究基金、黄委水土保持基金也相继开展了此项研究，提出了一系列新成果。早在 1984 年，北京师范大学环境科学研究所就完成了“安太堡露天煤矿环境影响评价报告书(生态部分)”（朱显谟，1982）；1985 年黄河水利科学研究院受内蒙古环境保护科学研究所的委托，进行了“内蒙古准格尔煤田第一期工程地表形态破坏环境影响评价”（蒋定生，1979）；1985 年，黄委绥德水土保持科学试验站通过对无定河流域开荒、筑路、农民修窑洞和开矿等活动人为水土流失的调查，提出了“无定河流域人类活动对流域产沙影响的初析”的报告，对矿区开发新增水土流失和土地沙漠化进行了预测研究；1987 年，陕西省水土保持勘测规划研究所提出了“神府东胜矿区水土流失环境影响评价报告书”（周佩华等，1993）；1986 ~ 1990 年，中国科学院黄土高原综合科学考察队提出了“黄土高原地区矿产资源评价”、“黄土高原地区北部风沙区土地沙漠化综合治理”（吴普特等，1993）等系列研究成果，研究了煤田开发建设中人为新增水土流失及对入黄泥沙的影响；1987 ~ 1993 年水利部“黄河水沙变化研究基金”研究了“神府东胜矿区开发对水土流失及入黄泥沙的影响研究”（周佩华等，1997）；1988 ~ 1992 年，国家自然科学基金重大项目“黄河流域环境演变与水沙运行规律研究”，研究了“黄河中游大型煤田开发对侵蚀和产沙影响”（周佩华，1997）；1990 ~ 1995 年，黄委绥德水土保持科学试验站开展了“晋陕蒙接壤区新的水土流失及防治措施研究”，研究了区域煤田开发对流域产沙及黄河泥沙的影响，并提出了防治措施;1996 年,李文银、王治国、蔡继清等以工矿区人为再塑地貌水土流失的形式、形成机制及其影响因素的研究总结为基础,对工矿区水土流失调查、预测、综合防治等提出了许多新思路和新观点,编著了《工矿区水土保持》专著(王万忠等,1996);此后,黄河中游地区部分开发建设项目在全国率先开始编制水土保持方案,对开发建设项目新增水土流失进行了预测。

二、开发建设项目水土流失试验研究方法

1998~2004 年,水利部将"黄河中游地区开发建设项目新增水土流失预测研究"列为水利技术开发基金项目进行研究,取得了一系列首创成果。本章将介绍该课题的重点研究内容。

本项研究通过对黄河中游地区开发建设项目集中区域的水土流失调查,建立弃土弃渣、扰动地面等不同下垫面的径流小区,利用天然降雨、人工降雨和放水冲刷试验手段,进行分析研究,建立黄河中游地区开发建设项目新增水土流失预测体系,为该地区新增水土流失调查、评估、预测提供较为科学的方法。

该研究以降雨—入渗—产流原理、土壤侵蚀原理及河流产输沙理论为理论基础,以定位试验(天然降雨、人工降雨、放水冲刷等)、调查研究、分析研究为主要技术途径,以神府东胜矿区所在的乌兰木伦河流域为典型研究区域,以开发建设过程中产生的弃土弃渣和扰动地面为主要研究对象,以确定弃土弃渣和扰动地面等下垫面的新增水土流失量及其影响因素和它们的定量关系为技术关键,首先建立典型区域的新增水土流失预测模型,再结合黄河中游地区影响新增水土流失关键因子调查分析,将典型区域的预测模型推到面上,进而建立起黄河中游地区开发建设项目新增水土流失预测体系,服务于黄河流域的新增水土流失预测、评估和调查。主要内容如下:①进行了典型区域开发建设弃土弃渣和人为扰动地面调查;②布设了天然径流小区和雨量站,开展了人工降雨和放水冲刷试验,建立不同下垫面的入渗方程,确定各种下垫面在不同频率降雨作用下的水沙关系;③完成了开发建设项目新增水土流失基础研究和试验研究分析;④以分析开发建设项目集中区域新增水土流失量为目标,利用水文法和水保法分析结果,对天然降雨、人工降雨和放水冲刷及调查研究分析结果进行验证;⑤建立了包括数学模型法在内的用于分析计算及预测开发建设项目新增水土流失量的方法体系;⑥提出了开发建设项目水土流失后评估计算方法。

第二节　降雨特性分析

开展特定区域或流域的水土流失评估、评价或开展人工模拟降雨试验及放水冲刷试验,都须对该区域的天然降雨特性进行分析,以便于为评估分析或试验提供具体依据。开展建设项目水土流失人工模拟试验,须提供模拟降雨的历时、强度及其过程,所以只需分析次降雨特性即可。这里以神府东胜矿区所在的乌兰木伦河流域次降雨特性分析为例,介绍降雨特性分析的方法和成果。

一、资料情况

(一)雨量站网

乌兰木伦河是窟野河上游干流河段的全称,乌兰木伦河流域王道恒塔站以上控制面积

3 839 km^2。流域内的雨量站网从 1959 年开始布设，至 1997 年共存有降雨站 17 个，平均 226 km^2 有 1 个，在黄河中游地区相对而言还是较密的，因而降雨资料较为丰富。但是各年代的雨量站数量并不相同，流域内最早的王道恒塔雨量站，于 1959 年开始观测降雨，1966 年增加了石圪台雨量站，1977 ~ 1979 年雨量站增至 18 个，到 20 世纪 80 年代，流域内雨量站增加到 20 ~ 21 个。90 年代，又缩减至 17 个，详见表 3-1。

表 3-1　乌兰木伦河流域内雨量站数情况

时段	年降雨	6 ~ 9 月汛期降雨	8 月降雨	7 月降雨	时段	年降雨	6 ~ 9 月汛期降雨	8 月降雨	7 月降雨
1965 年前	1	1	1	1	1984 年	18	20	20	20
1966 ~ 1976 年	2	2	2	2	1985 ~ 1987 年	20	21	21	21
1977 ~ 1978 年	10	10	10	10	1988 年	19	19	20	20
1979 年	13	18	18	18	1989 年	18	18	19	19
1980 ~ 1982 年	20	20	20	20	1990 ~ 1993 年	16	16	17	17
1983 年	20	20	20	19	1994 ~ 1997 年	17			

(二)资料情况

1977 年前，流域内的 2 个雨量站为全年观测站，1977 ~ 1997 年间，全年观测雨量站在 10 ~ 20个之间变化，汛期雨量站在 10 ~ 21 个之间变化，主汛期的 7、8 月份雨量观测站稍微多一点。用这种资料统计出流域平均的年降雨量有偏小成分。

雨量观测时段，一般是 6 h 观测一次，好一些的为 2 h 观测一次。幸好，有些站如王道恒塔、孙家岔、边家塔、韩家沟等站有些年份均有1 h的雨量记载。为此，降雨洪水期间以 1 h 为最小时段，统计所有各站的降雨过程。

自记雨量站较少，原来仅有 2 个，王道恒塔站自 1976 年开始才有 10 min 最大雨量的记载，韩家沟等站 1981 年才开始有这种记录。在 1979 ~ 1989 年期间，有 10 min 最大雨量记录的测站还有孙家岔(1978 ~ 1985 年)、边家塔(1981 ~ 1985 年)、阿腾席热(1985 ~ 1989 年)等站。短历时暴雨系列较长的是王道恒塔站。该站 1976 年以前，无 30 min、20 min、10 min 等的最大雨量记录。本次收集资料时，只得通过汛期降雨摘录表，从最急降雨、短历时最大雨量中采用算术平均法内插得到，因而有一定的偏小成分。

二、短历时年最大雨量的分析

短历时降雨是指降雨历时在 24 h 及以内的降雨。在黄河流域，产生洪水灾害及引起严重水土流失的降雨大多由短历时降雨所为，所以研究水土流失必须研究短历时降雨。

(一)基本资料

乌兰木伦河流域内具有短历时雨量资料的站是孙家岔、边家塔、阿腾席热、韩家沟、王道恒塔 5 站，尤以王道恒塔站的资料系列最长。表 3-2 是王道恒塔站 9 种短历时的最大降雨量，表 3-3 是流域内其他 4 个雨量站的 9 种短历时的最大降雨量。

表 3-2　乌兰木伦河王道恒塔站各历时最大降雨量

年份	各历时最大降雨量(mm)								
	10 min	20 min	30 min	60 min	2 h	3 h	6 h	12 h	24 h
1959	7.1	14.2	21.3	42.7	68.3	68.3	68.3	79.9	107.16
1960	2.8	5.6	8.5	16.4	16.4	16.4	17.7	29.4	53.3
1961	2.8	4.2	7.6	15.1	30.2	38.1	51.7	51.7	51.7
1962	2	3.9	7.8	9.1	15.5	17.5	23.7	32.1	33.3
1963	2.1	4.4	6.3	12.6	25.3	29.9	31.4	34.3	34.3
1964	1.7	3.5	7	13.9	27.8	28.6	30.2	52.2	59.8
1965	1.6	3.3	4.9	7.4	7.4	7.4	9.3	14.6	15.2
1966	2.8	5.5	8.2	16.5	33	49.6	99.1	110.4	114.8
1967	3.6	7.1	10.6	21.3	40.5	40.5	40.9	56.5	66.4
1968	2.3	4.5	6.8	13.6	21.8	25.8	25.8	26.1	42.4
1969	5.9	8.9	8.9	11	20.6	25.1	25.1	30.8	52.7
1970	3.8	7.3	10.1	16.8	32.9	45.8	59.9	61.2	99.4
1971	11.6	23.1	34.7	50.1	56.5	57.9	79.2	80.4	95.3
1972	7.1	9.4	9.7	10	12.1	12.7	18.8	21.2	25.9
1973	8.1	13.6	17.5	29.3	41.6	63.3	78.7	121.9	141.5
1974	9	13.3	15.2	20.4	25.1	26	27.6	37	42.6
1975	11.1	17.9	18.3	19.5	29.4	38	47.3	47.7	51.6
1976	11.7	16.5	21	23.1	25.6	28.4	30.3	34.4	50.5
1977	13.7	20	22.4	35.3	58.2	82.1	135.1	137.3	139.2
1978	14.1	17.8	18.4	18.8	18.8	21.7	38.9	43.6	46.8
1979	17.5	28.6	30.8	40.4	50.8	50.9	61.8	95.1	96.4
1980	7.7	8.7	10.1	11.7	15.5	17.7	25.6	27.2	27.2
1981	9.5	13.2	16.7	25.7	26.3	27.3	38.9	42.3	42.8
1982	8.2	10.7	11.9	17.3	23.6	30.4	56.1	84.3	86.1
1983	10	16.2	23.3	31.5	33.9	34.6	37.7	37.7	57.5
1984	9.9	18.6	23.4	28.4	29.5	29.5	34.1	41.3	49
1985	13.4	25.7	32.3	38.7	43.2	58.9	79.5	92.1	94
1986	9.9	11.6	14	22.4	31.2	38.6	57.1	62.9	62.9
1987	13	20.9	26.3	39.7	41.1	43.8	49.6	63.9	64.1
1988	9.9	14.9	19.2	22.7	25.5	28.3	38.7	42.8	54.7
1989	21.1	39.1	41.7	41.9	41.9	41.9	62	62	64.8
1990	10.4	16	16.3	18.9	27.1	33.8	41.1	41.2	41.2
1991	9.9	15.6	19.3	32	48.1	56.5	77	127.6	134.9
1995	7.9	9.3	9.6	13.8	21.6	30.9	52.3	71.6	75.5
1996	15	18.2	22.7	38.7	48.6	57.7	82.3	87.5	88.5
合计	298.2	471.3	582.8	826.7	1 114.9	1 303.9	1 732.8	2 082.2	2 363.4
平均	8.5	13.5	16.6	23.6	31.8	37.2	49.5	59.5	67.5

表 3-3　乌兰木伦河流域内 4 个雨量站各历时最大降雨量

站名	年份	各历时最大降雨量(mm)								
		10 min	20 min	30 min	60 min	2 h	3 h	6 h	12 h	24 h
孙家岔	1979	15.7	31.3	34.2	38.6	54.1	64.9	75.3	126.3	146
	1980	17.4	26.4	28.8	31	31	31	31	32.7	32.7
	1981	12.8	16.2	16.5	16.6	21.7	22.8	31.6	38.1	38.3
	1982	9.9	11.8	14.5	24.3	30.4	42.4	52.6	93.2	100.1
	1983	11.5	17.9	19.5	19.5	20.6	27.4	47.8	49.4	49.4
	1984	11.2	17.3	19	20.3	20.6	20.6	28.1	35	45.3
	1985	9.7	13.9	19.3	31.7	34.9	53.9	69.5	85.7	86.7
边家塔	1981	16	20.6	21.3	26	28.6	28.6	34.8	34.8	38.2
	1982	19	26.1	32	32.7	38	38	38.1	51.2	56.2
	1983	7	13	17.5	22.3	25.5	26.2	27.6	27.7	37.4
	1984	7.5	9.7	10	11.2	18.2	25.9	33.8	44.5	59.3
	1985	9.7	12	13.7	20.2	30.3	38.8	52.5	63	93.2
阿腾席热	1985	23.3	33.8	35.6	53.9	60.9	97.2	116.8	131	137.3
	1986	9.3	13.9	17.8	18.5	18.5	18.6	18.7	20.5	24.8
	1987	30.1	38.4	40.5	41.6	41.8	42	42	42	42
	1988	11	12.2	12.6	14	14.1	14.3	21.3	34.6	67
	1989	9.7	15.6	19.3	23.5	25.1	28.7	42.8	50.4	57.1
韩家沟	1981	10.8	20.3	26.1	36	54.1	54.2	58.7	58.7	58.8
	1982	9.5	10.7	11.2	15.4	15.8	17.3	25.5	35.2	47.2
	1983	10.3	13.9	15.2	18.2	19.9	21.6	26	30.2	52.6
	1984	6.7	9.1	10.4	11.2	15.4	18.9	33.8	44.8	51.3
	1985	10.5	16.5	17.9	25	34.6	43.4	52.5	69.2	101.4
	1986	10.3	17.6	24.3	34.3	43.4	43.4	43.4	43.4	45.2
	1987	14.2	17.8	20	23.9	24.1	24.4	28	28.8	28.8
	1988	9.1	12.4	15.4	22.9	29.8	31	37.6	37.8	42.2
	1989	14.8	22	26.5	50.9	72.2	89.2	100.3	100.7	113.2
	1990	8.3	14.1	17.9	21.1	23.1	23.7	24.8	31.7	31.7
	1995	12	16.4	18.6	24.3	27.3	29.2	45.2	62.9	66.2
	1996	19.9	27.2	29	31.1	31.9	31.9	33.8	47	54

从表 3-2、表 3-3 中可知,流域内出现 10 min 最大降雨量是 30.1 mm,亦即每分钟降雨 3.01 mm,持续 10 min;20 min 最大雨量是 39.1 mm,即每分钟降雨 1.96 mm,持续 20 min;30 min 最大降雨量是 41.7 mm,即每分钟降雨 1.39 mm,持续 30 min;60 min 最大降雨量是 53.9 mm,即每分钟降雨 0.90 mm,持续 60 min。

另外,从汛期降水摘录表中发现,大柳塔站 1977 年 8 月 20 日 1 h 最大降雨量为 72.5 mm,即每分钟降雨 1.21 mm,持续 60 min。由此可见,流域内降雨强度最大的是 3 mm/min 左右。雨强在 1 ~ 2 mm/min 的降雨可见于 20 ~ 60 min 内的降雨中。

(二)王道恒塔站短历时最大降雨量频率计算

王道恒塔站的降雨观测在乌兰木伦河流域内历史最长,该站 9 种短历时年最大降雨量的频率计算见表3-4，分析计算成果见表3-5及图3-1～图3-9。

表3-4　王道恒塔站各历时最大降雨量频率计算

序号	频率 P (%)	10 min		20 min		30 min		60 min		2 h	
		H (mm)	K_P	H (mm)	K_P	H (mm)	K_P	H (mm)	K_P	H (mm)	K_P
Ⅰ	2		2.64	39.1	2.96		2.64		2.48		2.48
1	2.8	21.1	2.48			41.7	2.51	50.1	2.12	68.3	2.15
2	5.6	17.5	2.06	28.6	2.17	34.7	2.09	42.7	1.81	58.2	1.83
3	8.3	15	1.76	25.7	1.95	32.3	1.94	41.9	1.78	56.5	1.78
4	11.1	14.1	1.66	23.1	1.75	30.8	1.86	40.4	1.71	50.8	1.6
5	13.9	13.7	1.61	20.9	1.58	26.3	1.58	39.7	1.68	48.6	1.53
6	16.7	13.4	1.58	20.6	1.52	23.4	1.41	38.7	1.64	48.1	1.51
7	19.4	13	1.53	18.6	1.41	23.3	1.4	38.7	1.63	43.2	1.36
8	22.2	11.7	1.38	18.2	1.38	22.7	1.37	35.3	1.5	41.9	1.32
9	25	11.6	1.36	17.9	1.36	22.4	1.35	32	1.36	41.6	1.31
10	27.8	11.1	1.3	17.8	1.35	21.3	1.28	31.5	1.33	41.1	1.29
11	30.6	10.4	1.22	16.5	1.25	21	1.26	29.3	1.24	40.5	1.27
12	33.3	10	1.18	16.2	1.23	19.3	1.16	28.4	1.2	33.9	1.07
13	36.1	9.9	1.16	16	1.21	19.2	1.16	25.7	1.09	33	1.04
14	38.9	9.9	1.16	15.6	1.18	18.4	1.11	23.1	0.98	32.9	1.03
15	41.7	9.9	1.16	14.9	1.13	18.3	1.1	22.7	0.96	31.2	0.98
16	44.4	9.9	1.16	14.2	1.08	17.5	1.05	22.4	0.95	30.2	0.95
17	47.2	9.5	1.12	13.6	1.03	16.7	1	21.3	0.9	29.5	0.93
18	50	9	1.06	13.3	1.01	16.3	0.98	20.4	0.86	29.4	0.92
19	52.8	8.2	0.96	13.2	1	15.2	0.92	19.5	0.83	27.8	0.87
20	55.6	8.1	0.95	11.6	0.88	14	0.84	18.9	0.8	27.1	0.85
21	58.3	7.9	0.93	10.7	0.81	11.9	0.72	18.8	0.8	26.3	0.83
22	61.1	7.7	0.9	9.4	0.71	10.6	0.64	17.3	0.75	25.6	0.8
23	63.9	7.1	0.84	9.3	0.7	10.1	0.61	16.8	0.71	25.5	0.8
24	66.7	7.1	0.83	8.9	0.67	10.1	0.61	16.5	0.7	25.3	0.8
25	69.4	5.9	0.69	8.7	0.66	9.7	0.58	16.4	0.69	25.1	0.79
26	72.2	3.8	0.45	7.3	0.55	9.6	0.58	15.1	0.64	23.6	0.74
27	75	3.6	0.42	7.1	0.54	8.9	0.54	13.9	0.59	21.8	0.68
28	77.8	2.8	0.33	5.6	0.42	8.5	0.51	13.8	0.58	21.6	0.68
29	80.6	2.8	0.33	5.5	0.42	8.2	0.49	13.6	0.58	20.6	0.65
30	83.3	2.8	0.33	4.5	0.34	7.8	0.47	12.6	0.53	18.8	0.59
31	86.1	2.3	0.27	4.4	0.33	7.6	0.46	11.7	0.5	16.4	0.52
32	88.9	2.1	0.25	4.2	0.32	7	0.42	11	0.47	15.5	0.49
33	91.7	2	0.24	3.9	0.3	6.8	0.41	10	0.42	15.5	0.49
34	94.4	1.7	0.2	3.5	0.26	6.3	0.38	9.1	0.38	12.1	0.38
35	97.2	1.6	0.19	3.3	0.25	4.9	0.3	7.4	0.31	7.4	0.23
合计		298.2		432.2		582.8		826.7		1 114.9	
均值		8.5		13.2		16.6		23.6		31.8	

续表 3-4

序号	频率 P (%)	3 h		6 h		12 h		24 h	
		H (mm)	K_P	H (mm)	K_P	H (mm)	K_P	H (mm)	K_P
Ⅰ	2			135.1	2.77				
1	2.8	82.1	2.21			137.3	2.31	141.5	2.1
2	5.6	68.3	1.84	99.1	2.03	127.6	2.14	139.2	2.06
3	8.3	63.3	1.7	82.3	1.69	121.9	2.05	134.9	2
4	11.1	58.9	1.58	79.5	1.63	110.4	1.86	114.8	1.7
5	13.9	57.9	1.56	79.2	1.62	95.1	1.6	107.1	1.59
6	16.7	57.7	1.55	78.7	1.61	92.1	1.55	99.4	1.47
7	19.4	56.5	1.52	77	1.58	87.5	1.47	96.4	1.43
8	22.2	50.9	1.37	68.3	1.4	84.3	1.42	95.3	1.41
9	25	49.6	1.33	62	1.27	80.4	1.35	94	1.39
10	27.8	45.8	1.23	61.8	1.27	79.9	1.34	88.5	1.31
11	30.6	43.8	1.18	59.9	1.23	71.6	1.2	86.1	1.28
12	33.3	41.9	1.13	57.1	1.17	63.9	1.07	75.5	1.12
13	36.1	40.5	1.09	56.1	1.15	62.9	1.06	66.4	0.98
14	38.9	38.6	1.04	52.3	1.07	62	1.04	64.8	0.96
15	41.7	38.1	1.02	51.7	1.06	61.2	1.03	64.1	0.95
16	44.4	38	1.02	49.6	1.02	56.5	0.95	62.9	0.93
17	47.2	34.6	0.93	47.3	0.97	52.2	0.88	59.8	0.88
18	50	33.8	0.91	41.1	0.84	57.7	0.87	57.5	0.85
19	52.8	30.9	0.83	40.9	0.84	47.7	0.8	54.7	0.81
20	55.6	30.4	0.82	38.9	0.8	43.6	0.73	53.3	0.79
21	58.3	29.9	0.8	39.9	0.8	42.8	0.72	52.7	0.78
22	61.1	29.5	0.79	38.7	0.79	42.3	0.71	51.7	0.76
23	63.9	28.6	0.77	37.7	0.77	41.3	0.69	51.6	0.76
24	66.7	28.4	0.76	34.1	0.7	41.2	0.69	50.5	0.75
25	69.4	28.3	0.76	31.4	0.64	37.7	0.63	49	0.72
26	72.2	27.3	0.73	30.3	0.62	37	0.62	46.8	0.69
27	75	26	0.7	30.2	0.62	34.4	0.58	42.8	0.63
28	77.8	25.8	0.69	27.6	0.56	34.3	0.57	42.6	0.63
29	80.6	25.1	0.67	25.8	0.53	32.1	0.54	42.4	0.63
30	83.3	21.7	0.58	25.6	0.52	30.8	0.52	41.2	0.61
31	86.1	17.7	0.48	25.1	0.51	29.4	0.49	34.3	0.51
32	88.9	17.5	0.47	23.7	0.48	27.2	0.46	33.3	0.49
33	91.7	16.4	0.44	18.8	0.38	26.1	0.44	27.2	0.4
34	94.4	12.7	0.34	17.7	0.36	21.2	0.36	25.9	0.38
35	97.2	7.4	0.2	9.3	0.19	14.6	0.24	15.2	0.22
合计		1 303.9		1 597.7		2 082.2		2 363.4	
均值		37.2		48.8		59.5		67.5	

表 3-5　王道恒塔站各历时最大降雨量频率计算成果

频率 P (%)	各历时最大降雨量(mm)								
	10 min	20 min	30 min	60 min	2 h	3 h	6 h	12 h	24 h
0.2	32.4	59	63.2	82.1	111.3	130.2	185.9	208.2	236.2
0.33	30.1	54.5	58.8	77.2	104.0	121.6	172.8	194.6	220.7
0.5	28.5	51.2	55.6	73.2	98.6	115.3	163.5	184.4	209.2
1	25.5	45.3	49.8	65.8	88.7	103.8	146.4	166.0	188.3
2	22.4	38.7	43.8	58.5	78.9	92.2	128.8	147.6	167.4
5	18.4	31.5	36.0	48.8	65.8	77.0	105.9	123.2	139.7
10	15.3	25.3	29.9	40.8	55.0	64.4	87.8	102.9	116.8
20	12.1	19.3	23.6	32.8	44.2	57.7	69.3	82.7	93.8
30	7.3	10.7	14.3	20.8	28.0	32.7	42.0	52.4	59.4
均值	8.5	13.2	16.6	23.6	31.8	37.2	48.8	59.5	67.5
C_v	0.60	0.70	0.60	0.55	0.55	0.55	0.60	0.55	0.55
C_s	$2.5C_v$	$2.5C_v$	$2.5C_v$	$2.5C_v$	$2.5C_v$	$2.5C_v$	$2.5C_v$	$2.5C_v$	$2.5C_v$

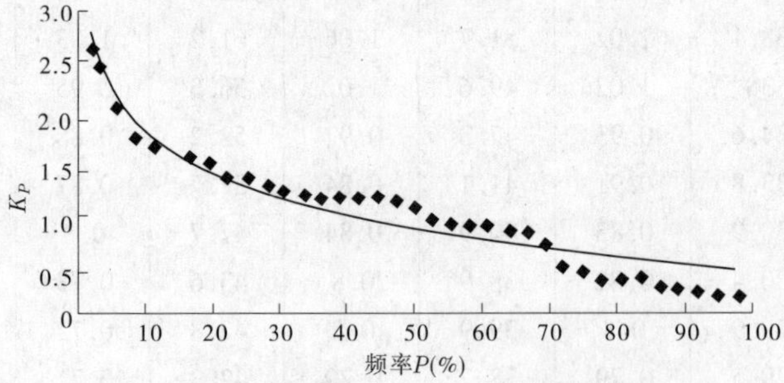

图 3-1　王道恒塔站年最大 10 min 降雨量频率曲线

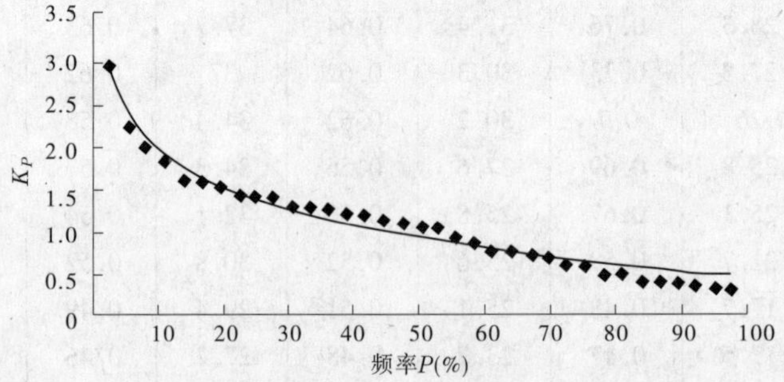

图 3-2　王道恒塔站年最大 20 min 降雨量频率曲线

(三)王道恒塔站短历时降雨强度与频率的关系

短历时降雨强度及其频率是确定人工降雨的重要依据,所以对王道恒塔站的降雨资料进行了分析,结果见表 3-6。由表 3-6 可见,频率一定时,雨强随历时增大而减小;历时一定时,雨强随频率减小而增大。

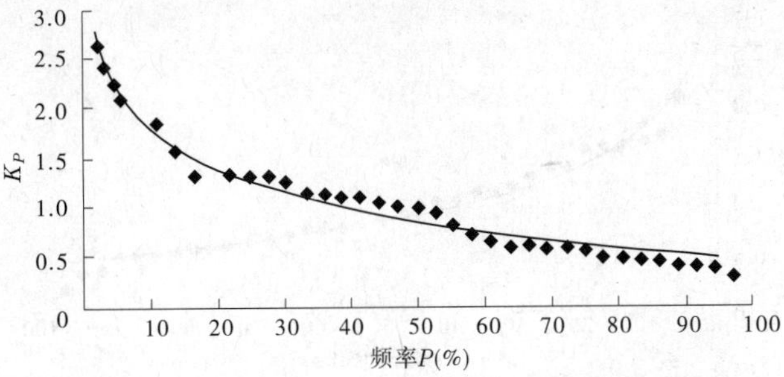

图 3-3　王道恒塔站年最大 30 min 降雨量频率曲线

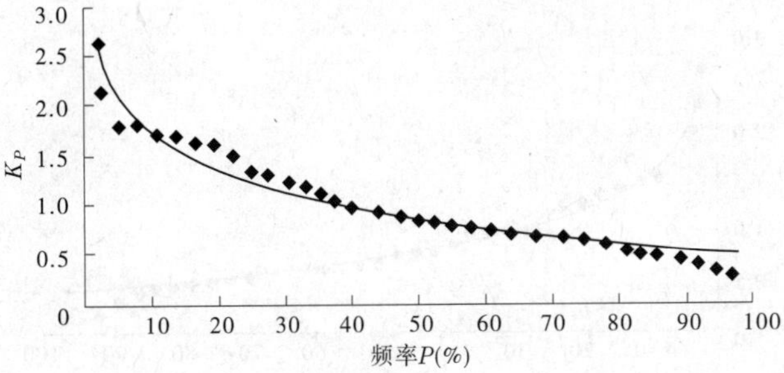

图 3-4　王道恒塔站年最大 60 min 降雨量频率曲线

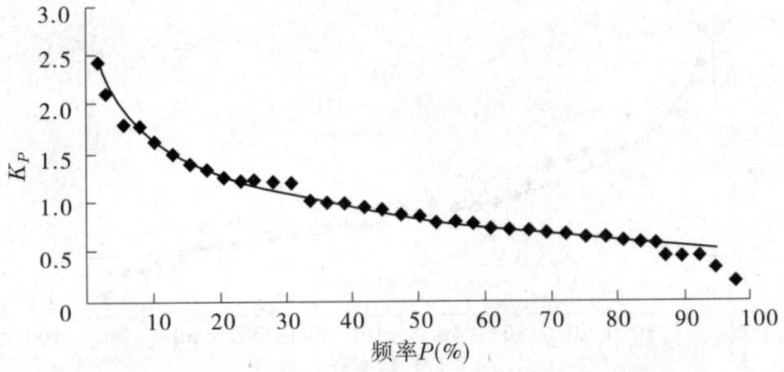

图 3-5　王道恒塔站年最大 2 h 降雨量频率曲线

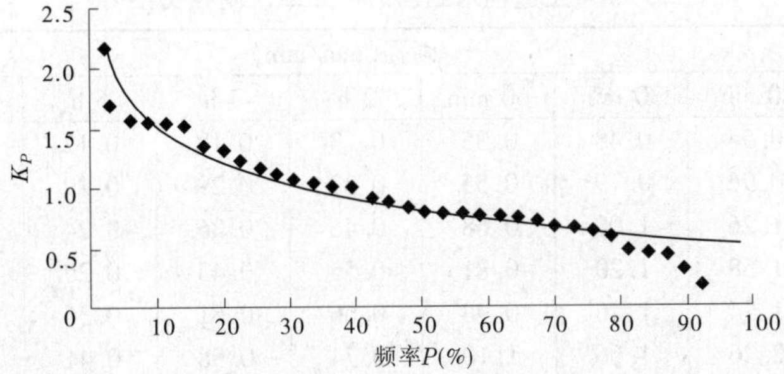

图 3-6　王道恒塔站年最大 3 h 降雨量频率曲线

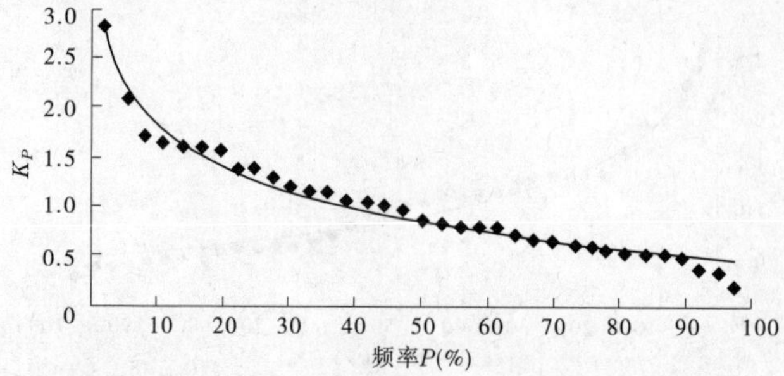

图 3-7　王道恒塔站年最大 6 h 降雨量频率曲线

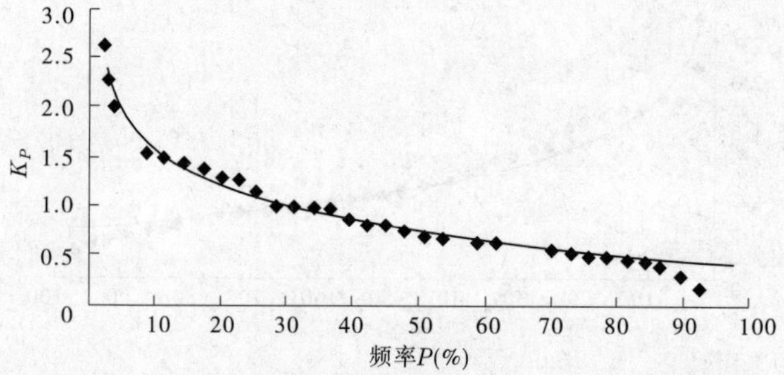

图 3-8　王道恒塔站年最大 12 h 降雨量频率曲线

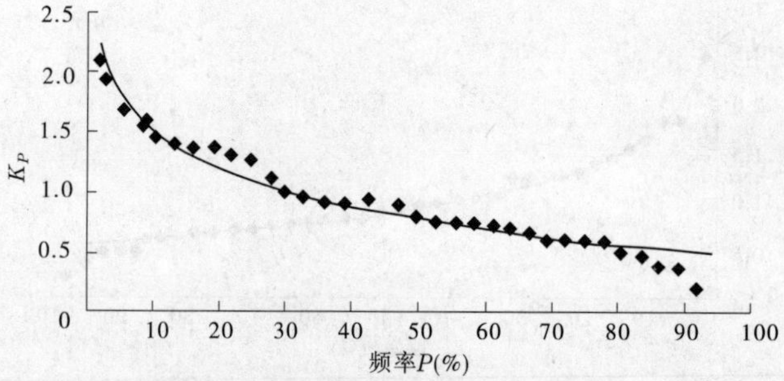

图 3-9　王道恒塔站年最大 24 h 降雨量频率曲线

表 3-6　王道恒塔站历时—频率—雨强关系

频率 P	雨强(mm/min)								
(%)	10 min	20 min	30 min	60 min	2 h	3 h	6 h	12 h	24 h
50	0. 73	0. 54	0. 48	0. 35	0. 23	0. 18	0. 12	0. 07	0. 04
20	1. 21	0. 96	0. 79	0. 55	0. 37	0. 29	0. 19	0. 11	0. 06
10	1. 53	1. 26	1. 00	0. 68	0. 46	0. 36	0. 24	0. 14	0. 08
5	1. 84	1. 58	1. 20	0. 81	0. 55	0. 43	0. 29	0. 17	0. 10
2	2. 24	1. 94	1. 46	0. 98	0. 66	0. 51	0. 36	0. 20	0. 12
1	2. 55	2. 26	1. 66	1. 10	0. 74	0. 58	0. 41	0. 23	0. 13
0. 5	2. 85	2. 56	1. 85	1. 22	0. 82	0. 64	0. 45	0. 25	0. 14
0. 33	3. 01	2. 72	1. 96	1. 29	0. 87	0. 68	0. 48	0. 27	0. 15
0. 2	3. 24	2. 95	2. 11	1. 38	0. 93	0. 72	0. 52	0. 29	0. 16
均值	0. 85	0. 66	0. 55	0. 39	0. 26	0. 21	0. 14	0. 08	0. 05

(四)短历时暴雨变化特点

王道恒塔站 10 次短历时典型暴雨过程见表 3-7,其他 4 个雨量站的 24 h 典型暴雨过程见表 3-8。从表 3-7、表 3-8 中可见:①6 h 的降雨量可占到 24 h 降雨量的 95% ~80%,1 h 降雨量占 24 h 降雨量的 65% ~30%,3 h 降雨量同样可占到 24 h 降雨量的 65% ~30%;②24 h 降雨过程,其中实际降雨历时有 13 ~20 h 不等。

表 3-7　王道恒塔站短历时典型暴雨过程

1959 年 8 月 2、3 日			1966 年 7 月 28 日			1971 年 7 月 23、24 日		
时间	雨量(mm)	比例(%)	时间	雨量(mm)	比例(%)	时间	雨量(mm)	比例(%)
2 日 22:30 ~2:00	2.6	2.4	0:38 ~2:00	0.6	0.5	23 日 14:10 ~15:00	43.6	45.8
3 日 2:00 ~8:00	33.4	31.2	2:00 ~8:00	11.3	9.8	15:00 ~16:00	10.3	10.8
8:00 ~14:00	35.2	32.9	8:00 ~14:00	99.1	86.3	16:00 ~17:00	4	4.2
14:00 ~17:00	35.9	33.5	14:00 ~14:38	3.2	2.8	18:02 ~19:00	7.6	8
			15:45 ~20:00	0.6	0.5	19:00 ~20:00	12.9	13.5
						20:00 ~22:00	1.5	1.6
						24 日 0:40 ~1:28	0.5	0.5
						5:50 ~7:10	0.1	0.1
						8:00 ~9:00	3.9	4.1
						9:00 ~10:00	0.5	0.5
						10:00 ~11:00	5.6	5.9
						11:00 ~12:00	4.5	4.7
						12:00 ~12:20	0.3	0.3
18.5 h	107.1		19 h	114.8		16 h	95.3	
						43.6 mm /50 min =0.872 mm/min		

1971 年 7 月 4、5 日			1973 年 8 月 13、14 日			1977 年 8 月 1、2 日		
时间	雨量(mm)	比例(%)	时间	雨量(mm)	比例(%)	时间	雨量(mm)	比例(%)
4 日 21:00 ~22:00	25.7	30.5	13 日 13:14 ~14:00	4.8	3.4	1 日 7:00 ~7:50	3	2.2
22:00 ~2:00	2	2.4	14:00 ~14:55	12.2	8.6	8:20 ~9:00	0.1	0.1
5 日 2:00 ~4:30	2.8	3.3	21:40 ~22:00	1	0.7	21:28 ~1:00	1.3	0.9
7:20 ~8:00	0.2	0.2	22:00 ~23:00	3.4	2.4	2 日 1:00 ~2:00	7.7	5.6
10:27 ~11:00	8.3	9.8	23:00 ~1:00	1.3	0.9	2:00 ~3:00	34.1	24.8
11:00 ~12:00	10.7	12.7	14 日 1:00 ~2:00	9.7	6.8	3:00 ~4:00	23.3	16.9
14:00 ~16:00	0.1	0.1	2:00 ~3:00	24.7	17.4	4:00 ~5:00	17.4	12.6
20:18 ~21:00	34.5	40.9	3:00 ~4:00	7.9	5.6	5:00 ~6:00	23.9	17.4
			4:00 ~5:00	24	17	6:00 ~7:00	26.8	19.5
			5:00 ~5:32	10.4	7.3			
			6:00 ~7:00	0.4	0.3			
			7:00 ~8:00	10.8	7.6			
			8:00 ~9:00	20	14.1			
			9:00 ~10:00	6.9	4.9			
			10:00 ~11:00	3.8	2.7			
			12:00 ~13:00	0.2	0.1			
16 h	84.3		18 h	141.5		13 h	137.6	
34.5 mm/42 min =0.821 mm/min								

续表 3-7

1979 年 8 月 10、11 日			1985 年 8 月 5 日			1989 年 7 月 22 日		
时间	雨量（mm）	比例（%）	时间	雨量（mm）	比例（%）	时间	雨量（mm）	比例（%）
10 日 18:08 ~ 18:35	0.4	0.4	5:05 ~ 6:00	2.8	3.0	3:20 ~ 4:00	2.0	3.1
21:36 ~ 23:00	1.8	1.9	6:00 ~ 7:00	15.6	16.6	4:00 ~ 4:30	0.1	0.1
11 日 1:12 ~ 2:00	32.3	33.5	7:00 ~ 8:00	3.9	4.1	16:25 ~ 17:00	41.8	65.3
4:10 ~ 5:00	9.2	9.5	8:00 ~ 9:00	37.6	40.0	17:00 ~ 17:10	0.1	0.1
5:00 ~ 6:00	8.5	8.8	9:00 ~ 10:00	3.3	3.5	20:15 ~ 21:00	19.5	30.5
6:00 ~ 7:00	1.2	1.2	10:00 ~ 11:00	15.0	16.0	21:00 ~ 22:50	0.6	0.9
7:00 ~ 8:00	23.6	24.5	11:00 ~ 12:00	1.7	1.8			
8:00 ~ 9:00	7.6	7.9	12:50 ~ 13:00	0.3	0.3			
9:00 ~ 10:00	11.7	12.1	13:00 ~ 14:00	5.0	5.3			
10:00 ~ 11:05	0.1	0.1	14:00 ~ 15:00	5.7	6.1			
			15:00 ~ 15:50	0.2	0.2			
			16:00 ~ 17:30	1.1	1.2			
			18:05 ~ 18:40	1.3	1.4			
			19:30 ~ 23:10	0.5	0.5			
13 h	96.4		18 h	94.0		5	64.0	
32.3 mm/48 min = 0.673 mm/min						41.8 mm/35 min = 1.194 mm/min		
1959 年 9 月 5 日								
时间	雨量（mm）	比例（%）						
15:36 ~ 17:12	68.3							
68.3 mm/96 min = 0.711 mm/min								

三、人工降雨试验可参考的降雨过程

人工模拟降雨侵蚀试验，由于小区面积不大，产流的径流汇流历时不长，因而可采用 3 h 内的降雨过程。设计的降雨过程通常可由 3 种不同方法计算得出：

（1）选典型，按峰值同倍比放大法。

（2）选典型，按总量同倍比放大法。

（3）同频率法放大。

由于乌兰木伦河流域内缺乏 1 ~ 2 h 内的以分钟为单位的降雨过程记载 。因而，1 ~ 2 h 典型暴雨缺乏，对 3 h 以内的暴雨过程只得采用同频率法放大。

根据流域内各站的最急降雨资料可知，1 h 的降雨不一定是 60 min 内持续降，有的是持续 30 多 min，或 40 多 min，或 50 多 min，也有 10 ~ 20 min 的。考虑到人工降雨的可操作性，分别拟定：1 h 的降雨过程，其持续历时采用 60 min 及 50 min，2 h 的降雨过程，其持续时间采用 120 min 及 110 min，共 4 种降雨历时。雨型则采用均匀型、雨峰在前、雨峰在中、雨峰在后 4 种。

根据乌兰木伦河流域短历时降雨特性分析的结果，采用同频率放大后得到的人工降雨试验可采用的暴雨过程见表 3-9、表 3-10。

表 3-8　有关雨量站短历时典型暴雨过程

孙家岔站			阿腾席热站		
1979 年 8 月 10、11 日			1985 年 8 月 5 日		
时间	雨量(mm)	比例(%)	时间	雨量(mm)	比例(%)
10 日 16:57～17:00	0.2	0.14	1:30～2:00	0.5	0.4
17:00～17:44	19.9	13.6	2:00～2:11	0.1	0.1
18:27～19:00	34.2	23.4	3:40～4:20	3.1	2.2
19:00～20:00	10.8	7.4	4:20～5:00	1.4	1.0
20:00～21:00	8.9	6.1	5:00～6:00	4.7	3.4
21:00～21:30	1.3	0.9	6:00～7:00	36.3	26.4
11 日 0:05～1:00	26.9	18.4	7:00～8:00	7.0	5.1
2:00～3:00	13.5	9.2	8:00～9:00	53.9	39.2
3:00～4:00	4.3	3.0	9:00～9:55	1.8	1.4
4:00～5:00	6.4	9.4	10:00～11:00	5.0	3.6
5:00～5:55	9.1	6.2	11:00～12:00	12.1	8.8
6:15～6:25	0.2	0.2	12:00～12:39	0.7	0.5
7:04～7:50	0.5	0.4	13:08～13:53	0.4	0.4
9:00～10:00	8.2	5.6	14:55～16:00	1.4	1.0
10:00～10:30	1.5	1.0	16:00～17:00	7.7	5.6
			17:00～20:00	0.7	0.5
			20:00～22:00	0.5	0.4
17.5 h	145.9		20.5 h	137.3	
34.2 mm/33 min = 1.036 mm/min					

韩家沟站			温家川站		
1989 年 7 月 21 日			1989 年 7 月 21 日		
时间	雨量(mm)	比例(%)	时间	雨量(mm)	比例(%)
0:20～1:10	0.2	0.2	2:20～4:00	2.5	1.2
2:10～2:30	0.1	0.1	4:00～5:00	24.8	12.7
3:30～4:00	0.8	0.7	5:00～6:00	4.1	2.1
4:00～5:00	11.5	10.2	6:00～7:00	0.5	0.3
5:00～6:00	33.3	29.4	7:00～8:00	19.5	10.0
6:00～7:00	35.0	30.9	8:00～9:00	80.3	41.0
7:00～8:00	17.3	15.3	9:00～10:00	45.6	23.3
8:00～9:25	2.4	2.1	10:00～11:00	15.8	8.1
14:55～15:40	0.6	0.5	11:00～12:25	2.0	1.0
16:20～18:20	3.7	3.3	19:48～20:00	0.1	0.0
21:00～22:00	6.1	5.4	20:00～21:14	0.2	0.1
22:00～22:40	2.1	1.9	22:18～22:40	0.3	0.2
22.3 h	113.1		20.3 h	195.7	
			80.3 mm/60 min = 1.338 mm/min		

表 3-9　小区侵蚀试验可采用的暴雨过程(一)

（单位:mm）

频率(%)	均匀型				雨峰在前				雨峰在中				雨峰在后					累计
	60 min				50 min				50 min				50 min					
	10 min	10 min	10 min	30 min	10 min	10 min	10 min	20 min	10 min	10 min	10 min	20 min	10 min	10 min	10 min	10 min	10 min	
50	3. 5	3. 5	3. 4	10. 4	7. 3	3. 5	3. 5	6. 5	3. 5	3. 5	7. 3	6. 5	3. 5	3. 2	3. 3	3. 5	7. 3	20. 8
20	5. 5	5. 5	5. 4	16. 4	12. 1	7. 2	4. 3	9. 2	4. 3	7. 2	12. 1	9. 2	4. 3	4. 6	4. 6	7. 2	12. 1	32. 8
10	6. 8	6. 8	6. 8	20. 4	15. 3	10. 0	4. 6	10. 9	4. 6	10. 0	15. 3	10. 9	4. 6	5. 4	5. 5	10. 0	15. 3	40. 8
5	8. 1	8. 2	8. 1	24. 4	18. 4	13. 1	4. 5	12. 8	4. 5	13. 1	18. 4	12. 8	4. 5	6. 4	6. 4	13. 1	18. 4	48. 8
2	9. 8	9. 8	9. 7	29. 2	22. 4	16. 3	5. 1	14. 7	5. 1	16. 3	22. 4	14. 7	5. 1	7. 4	7. 3	16. 3	22. 4	58. 5
1	11. 0	10. 9	10. 9	33. 0	25. 5	19. 8	4. 5	16. 0	4. 5	19. 8	25. 5	16. 0	4. 5	8. 0	8. 0	19. 8	25. 5	65. 8
0. 5	12. 2	12. 2	12. 2	36. 6	28. 5	22. 7	4. 4	17. 6	4. 4	22. 7	28. 5	17. 6	4. 4	8. 8	8. 8	22. 7	28. 5	73. 2
0. 33	12. 9	12. 8	12. 9	38. 6	30. 1	24. 4	4. 3	18. 4	4. 3	24. 4	30. 1	18. 4	4. 3	9. 2	9. 2	24. 4	30. 1	77. 2
0. 2	13. 8	13. 8	13. 7	41. 3	32. 4	26. 6	4. 2	19. 4	4. 2	26. 6	32. 4	19. 4	4. 2	9. 7	9. 7	26. 6	32. 4	82. 6

表 3-10　小区侵蚀试验可采用的暴雨过程(二)

（单位:mm）

频率(%)	均匀型					雨峰在前					雨峰在中						雨峰在后						累计
	120 min					110 min					110 min						110 min						
	10 min	10 min	10 min	30 min	60 min	10 min	10 min	10 min	20 min	60 min	30 min	10 min	10 min	10 min	20 min	30 min	60 min	10 min	10 min	10 min	10 min	10 min	
50	3.5	3.5	3.4	10.4	7.2	7.3	3.5	3.5	6.5	7.2	3.6	3.5	3.5	7.3	6.5	3.6	7.2	3.5	3.2	3.3	3.5	7.3	28.0
20	5.5	5.5	5.4	16.4	11.4	12.1	7.2	4.3	9.2	11.4	5.7	4.3	7.2	12.1	9.2	5.7	11.4	4.3	4.6	4.6	7.2	12.1	44.2
10	6.8	6.8	6.8	20.4	14.2	15.3	10.0	4.6	10.9	14.2	7.2	4.6	10.0	15.3	10.9	7.2	14.2	4.6	5.4	5.5	10.0	15.3	55.0
5	8.1	8.2	8.1	24.4	17.0	18.4	13.1	4.5	12.8	17.0	8.5	4.5	13.1	18.4	12.8	8.5	17.0	4.5	6.4	6.4	13.1	18.4	65.8
2	9.8	9.8	9.7	29.2	20.4	22.4	16.3	5.1	14.7	20.4	10.2	5.1	16.3	22.4	14.7	10.2	20.4	5.1	7.4	7.3	16.3	22.4	78.9
1	11.0	10.9	10.9	33.0	22.9	25.5	19.8	4.5	16.0	22.9	11.4	4.5	19.8	25.5	16.0	11.5	22.9	4.5	8.0	8.0	19.8	25.5	88.7
0.5	12.2	12.2	12.2	36.6	25.4	28.5	22.7	4.4	17.6	25.4	12.7	4.4	22.7	28.5	17.6	12.7	25.4	4.4	8.8	8.8	22.7	28.5	98.6
0.33	12.9	12.8	12.9	38.6	26.8	30.1	24.4	4.3	18.4	26.8	13.4	4.3	29.4	30.1	18.4	13.4	26.8	4.3	9.2	9.2	24.4	30.1	104.0
0.2	13.8	13.8	13.7	41.3	28.7	32.4	26.6	4.2	19.4	28.7	14.4	4.2	26.6	32.4	19.4	14.3	28.7	4.2	9.7	9.7	26.6	32.4	111.3

第三节　天然降雨条件下水土流失试验

一、试验方法概述

天然降雨条件下的水土流失试验，是指以天然降雨及其产生的坡面径流为侵蚀动力，利用水土流失试验设施进行土壤侵蚀试验研究，以求证试验区土壤侵蚀规律的过程。传统的水土流失试验研究以大流域套小流域、小流域套小区为主要技术途径，单项水土保持措施的水土保持效益研究，一般在试验小区中进行；开发建设项目水土流失的试验研究一般在试验小区中进行，也有以小区试验为主要途径、以大流域为研究区域进行的，但一般都以人工降雨条件下的小区试验为主要技术途径。

二、试验布设与观测

（一）试验布设

以天然降雨及其产生的径流为侵蚀动力的水土流失试验，一般在具有长期雨量观测资料和洪水径流观测资料的大流域内选择试验小流域，在小流域内布设雨量站，并在其出口布设径流站，水土流失试验小区也最好布设在该小流域内。开发建设项目人为水土流失的研究开始于20世纪80年代后期，且研究不够系统，尚未进行过以小流域为单元的试验研究，在近20年中，大多进行以人工降雨为条件的小区试验，所以，天然降雨条件下的开发建设项目水土流失规律研究，是为了弥补人工降雨不能真实反映天然降雨特性的不足之处，它是人工降雨试验研究的补充。

黄委晋陕蒙接壤地区水土保持监督局在开展“黄河中游地区开发建设项目新增水土流失预测研究”的过程中，在神府东胜矿区布设了11个天然径流小区，其中包括3个（3种坡度）原生地面对比小区、3个（3种坡度）扰动地面小区、3个（模拟不同堆弃时间）弃土弃渣小区和2个（2种坡度）乡间土路小区，径流小区面积均为（水平投影）长×宽＝2×5＝10（m^2）。各小区具体情况见表3-11。为了观测天然降雨过程，在试验小区附近分别布设自记雨量桶和标准雨量桶各1台。

（二）观测内容与方法

天然降雨水土流失试验的观测内容由试验设计确定。一般而言，在试验流域要进行降雨过程及次降雨量观测，并在流域出口水文站观测径流、泥沙过程及其总量；在试验小区要观测次降雨过程及降雨量，同时观测径流泥沙总量，有条件情况下，最好能观测到径流泥沙过程，还要测定试验小区土壤、植被、地形特征及其土壤前期含水量；此外，还要根据试验设计进行其他内容的观测。

1.天然降雨观测

每日8:00观测一次，如前一天没有降雨，每次自记纸可上升一格，连续使用3次；如果前一天有降雨，则更换自记纸，如换纸时适遇降雨，可转动钟筒到8:00，继续自记。每日8:00至次日8:00的降雨为日降雨量。降雨量在一次虹吸前以自记纸降雨量为准，虹吸后按储水瓶雨量和自记纸笔尖位置雨量之和计算，降雨过程按强度进行摘录，当自记雨量计出现故障时，本次降雨以标准雨量桶的观测值为准。其他按有关规范摘录。

表 3-11　野外天然降雨径流小区一览表

小区编号	小区名称	坡度(°)	坡向	土壤类型	植被情况	小区平面面积(m^2)	小区斜面面积(m^2)	干容重(g/cm^3)	径流池面积(m^2)	径流池容积(m^3)	土石比例
1	弃土弃渣	35	西	砂砾石	无	10	12.2	1.679	1.900	1.14	1.3:1
2	弃土弃渣	35	西	砂砾石	无	10	12.2	1.704	1.891	1.13	2.1:1
3	弃土弃渣	35	西	砂砾石	无	10	12.2	1.871	1.895	1.14	0.9:1
4	扰动地面	17.37	北	沙壤	无	10	10.2	1.263	1.896	1.13	
5	原生地面	17.37	北	沙壤	地椒	10	10.2	1.438	1.891	1.13	
6	原生地面	11.75	北	沙壤	地椒	10	10.477	1.438	1.881	1.13	
7	扰动地面	11.75	北	沙壤	无	10	10.477	1.263	1.881	1.13	
8	扰动地面	12.38	北	沙壤	无	10	10.256	1.263	1.883	1.13	
9	原生地面	12.38	北	沙壤	地椒	10	10.256	1.438	1.886	1.13	
10	土路	5.75	西	红土	无	10	10.04	1.572	1.910	1.15	
11	土路	2.15	西	红土	无	10	10.01	1.572	1.901	1.14	

2. 小区特征值及径流泥沙测定

1）试验小区土壤干容重测定

用环刀分别在各试验小区内分点分上下两层取样，烘干后，按下式计算各个土样的土壤干容重：

$$\gamma_0 = W_s/V \tag{3-1}$$

式中　W_s——干土的重量，g；

V——环刀容积，cm^3，一般试验小区采用容积为 100 cm^3 的环刀，当小区土壤内含有砾、石时，采用容积为 200 cm^3 的环刀。

2）土壤前期含水率测定

在每次降雨前提前取回土样，取土位置在紧靠小区的外侧，取样深度 20 cm，取回后及时称重，用酒精或烘箱将土样烘干后称其干土重，利用下式计算土壤含水率：

$$w = (W_w - W_s)/W_s \times 100\% \tag{3-2}$$

式中　W_w——湿土重；

W_s——干土重。

3）小区总产流量的观测

降雨产流后及时量测径流池内的洪水深 $H_{总}$(m)，计算出洪水径流量 $V_{洪}$(m^3)，同时，将池中水搅匀后取样测定含沙量 β(kg/m^3)，再用含沙量算出泥沙总量 W_s(kg)，清水径流总量 $V_{清}$ 即为洪水径流量 $V_{洪}$ 减去泥沙在水中体积 $V_{沙}$：

$$V_{清} = V_{洪} - V_{沙} = V_{洪} - W_s/\gamma_s \tag{3-3}$$

式中　γ_s——泥沙比重，kg/m^3。

4）径流含沙量与总产沙量的测定

将小区径流池内的水体搅匀后取样，并将水样装入率定好的比重瓶内，称重并及时测定其水温，在比重瓶率定曲线上查出相应水温的瓶加清水重，然后用下式计算各个小区径流池内的平均径流含沙量：

$$\omega = \frac{\gamma_s \cdot (W_{ws} - W_w)}{(\gamma_s - \gamma_w) \cdot V} \tag{3-4}$$

式中　ω——径流池内的平均径流含沙量；

W_{ws}——比重瓶加浑水重；

W_w——同温度下瓶加清水重，由比重瓶率定曲线查得；

γ_s——泥沙比重；

γ_w——清水比重，取 1.0 g/cm^3；

V——比重瓶容积。

对于沙粒较大的弃土弃渣小区，因径流池内的水沙难以搅匀，粗沙、砂砾沉降快，一般分两步测定径流池内的泥沙量：先将已沉淀的粗泥沙之上的水搅匀后取样，并迅速将上层径流放掉，然后将底部径流泥沙全部取至样桶内，待水样沉淀后倒掉上层清水，后将下层的泥沙全部烘干称重，用其重量与样桶底面积及泥沙厚度求出单位面积单位厚度的泥沙重量：

$$w = \frac{W_s}{F \cdot H} \tag{3-5}$$

式中　w——单位面积单位厚度的泥沙重量；

W_s——样桶中烘干后的泥沙重量；

F——样桶底面积；

H——样桶泥沙厚度。

三、试验观测成果例证

"黄河中游地区开发建设项目新增水土流失预测研究"课题，自 1999 年布设天然降雨试验小区到 2002 年底，共获得 5 场有效降雨径流资料，其降雨、径流、泥沙主要观测成果如下。

（一）天然降雨实测成果

产生侵蚀的有效降雨主要发生在 2001 年和 2002 年，根据自记雨量计记录资料的整理分析，每次有效降雨过程中各时段的雨强和降雨历时如表 3-12 所示。

（二）径流小区实测产流量

布设观测的弃土弃渣、原生地面、扰动地面和土路等 4 类共 11 个径流小区，在 5 场有效降雨中的实测径流量分别见表 3-13 ~ 表 3-16。

从表 3-13 中可以看出，在降雨过程、小区坡度相同，土壤前期含水率基本相同的情况下，弃土弃渣干容重较大的小区产流量相对较大一些。

表 3-12　产生径流的侵蚀性降雨

降雨日期		2001-08-16 上午	2001-08-16 下午	2001-08-19	2001-09-04	2002-07-03
各时段雨强（mm/min）	1	0.04	0.17	0.066	1.40	1.577 8
	2	0.08	1.2	0.014	0.19	1.266 77
	3	0.07	0.55	0.004	0.10	0.227 3
	4	0.08	0.49	0.011	0.08	0.227 3
	5	0.02	0.86	0.024	0.04	
	6	0.80	0.14	0.021	0.04	
	7	0.35	0.33	0.024		
	8	0.25		0.013		
	9	0.05		0.08		
	10	0.05		0.128		
	11	0.15		0.14		
	12	0.05		0.138		
	13	0.02		0.154		
	14			0.119		
	15			0.073		
	16			0.035		
	17			0.125		
	18			0.02		
	19			0.004		
时段长度（min）		10	10	80	10	10

表 3-13　弃土弃渣径流小区实测产流量（坡度为 35°）　　（单位：mm）

时间	降雨量（mm）	土壤前期含水率（%）	不同容重（g/cm³）的产流量		
			1 号小区	2 号小区	3 号小区
			1.704	1.679	1.871
2001-08-16 上午	21.4	1.9	0	0	0
2001-08-16 下午	37.5	5.8	7.7	6.7	10.5
2001-08-19	86.5	17.9	0.6	2.5	1.5
2001-09-04	18.8	4.4	5.8	5.8	5.6
2002-07-03	28.9	3.5	13.2	12.8	13.4

从表 3-14 中可以看出，在降雨过程和土壤前期含水率、土壤容重相同的情况下，原生地面小区的产流量随着坡度的增大而增大。

表 3-14　原生地面径流小区实测产流量(容重为 1.438 g/cm^3)　(单位:mm)

时间	降雨量(mm)	土壤前期含水率(%)	不同坡度的产流量		
			5 号小区	7 号小区	8 号小区
			17°22′	12°50′	11°45′
2001-08-16 上午	21.4	4	13.3	4.8	2
2001-08-16 下午	37.5	11.8	34.9	23.8	15.3
2001-08-19	86.5	12.7	40.3	12	11.9
2001-09-04	18.8	9.3	13.4	11.5	13.4
2002-07-03	28.9	12.8	18.9	13.4	13.3

从表 3-15 中可以看出,在降雨过程和土壤前期含水率、土壤容重相同的情况下,扰动地面小区的产流量随着坡度的增大而增大。

表 3-15　扰动地面径流小区实测产流量(容重为 1.263 g/cm^3)　(单位:mm)

时间	降雨量(mm)	土壤前期含水率(%)	不同坡度的产流量		
			4 号小区	6 号小区	9 号小区
			17°22′	12°50′	11°45′
2001-08-16 上午	21.4	6	10.4	3	2
2001-08-16 下午	37.5	17.6	30.2	14.9	15.3
2001-08-19	86.5	18.7	38.2	6.3	8.1
2001-09-04	18.8	14.1	12.3	10.5	12.4
2002-07-03	28.9	13.5	20.7	9.5	9.5

从表 3-16 中可以看出,在降雨过程和土壤前期含水率、土壤容重相同的情况下,土路小区的产流量随着坡度的增大而增大。

表 3-16　土路径流小区实测产流量(容重为 1.572 g/cm^3)　(单位:mm)

时间	降雨量(mm)	土壤前期含水率(%)	不同坡度的产流量	
			10 号小区	11 号小区
			2°51′	5°08′
2001-08-16 上午	21.4	6.9	10.5	10.5
2001-08-16 下午	37.5	13.5	34.7	35.4
2001-08-19	86.5	14	48.3	55.7
2001-09-04	18.8	8.1	11.5	13.3
2002-07-03	28.9	7.9	22.5	24.7

从上述结果可以看出,质地比较坚硬的土路产流量最大,颗粒较大、质地比较疏松的弃

土弃渣产流量最小,原生地面和扰动地面的产流量介于其间。

(三)径流小区实测产沙量

天然降雨条件下,4 类 11 个径流小区在 5 场产流降雨中的产沙量分析结果见表 3-17 ~ 表 3-20。

由表 3-17 可知,在降雨过程、地面坡度相同,土壤前期含水率基本相同的情况下,土壤干容重较小的 2 号弃土弃渣小区的产沙量大于其他 2 个小区。

表 3-17 弃土弃渣径流小区实测产沙量(坡度为 35°) (单位:kg)

时间	降雨量(mm)	土壤前期含水率(%)	不同容重(g/cm^3)的产沙量		
			1 号小区	2 号小区	3 号小区
			1.704	1.679	1.871
2001-08-16 上午	21.4	1.9	0	0	0
2001-08-16 下午	37.5	5.8	10.78	10.73	10.75
2001-08-19	86.5	17.9	1.72	2.22	2.41
2001-09-04	18.8	4.4	3.06	2.91	7.04
2002-07-03	28.9	3.5	7.52	18.2	2.62

由表 3-18 可知,在降雨过程和土壤前期含水率、土壤容重相同的情况下,坡度较大的 5 号原生地面小区产沙量较大,而其他 2 个小区的产沙量相近。

表 3-18 原生地面径流小区实测产沙量(容重为 1.438 g/cm^3) (单位:kg)

时间	降雨量(mm)	土壤前期含水率(%)	不同坡度的产沙量		
			5 号小区	7 号小区	8 号小区
			17°22′	12°50′	11°45′
2001-08-16 上午	21.4	4.0	1.8	0.59	0.38
2001-08-16 下午	37.5	11.8	6.2	4.14	4.96
2001-08-19	86.5	12.7	2.1	0.50	0.86
2001-09-04	18.8	9.3	2.47	0.24	0.27
2002-07-03	28.9	12.8	6.15	1.36	1.68

由表 3-19 可知,在降雨过程和土壤前期含水率、土壤容重相同的情况下,坡度较大的 4 号扰动地面小区的产沙量较大。

表 3-19 扰动地面径流小区实测产沙量(容重为 1.263 g/cm^3) (单位:kg)

时间	降雨量(mm)	土壤前期含水率(%)	不同坡度的产沙量		
			4 号小区	6 号小区	9 号小区
			17°22′	12°50′	11°45′
2001-08-16 上午	21.4	6.0	1.39	0.77	0.44
2001-08-16 下午	37.5	17.6	10.67	3.56	5.74
2001-08-19	86.5	18.7	4.05	0.66	1.58
2001-09-04	18.8	14.1	4.64	1.59	2.06
2002-07-03	28.9	13.5	7.02	2.06	2.8

由表 3-20 可知，土路小区在降雨过程和土壤前期含水率、土壤容重相同的情况下，其产沙量与地面坡度成正比。

表 3-20　土路径流小区实测产沙量（容重为 1.572 g/cm³）　（单位：kg）

时间	降雨量（mm）	土壤前期含水率（%）	不同坡度的产沙量	
			10 号小区	11 号小区
			2°51′	5°08′
2001-08-16 上午	21.4	6.9	2.02	1.79
2001-08-16 下午	37.5	13.5	5.26	4.62
2001-08-19	86.5	14.0	1.34	1.84
2001-09-04	18.8	8.1	4.14	8.93
2002-07-03	28.9	7.9	7.12	15.4

（四）径流小区土壤前期含水量

根据径流小区土壤干容重、每次降雨前实测的土壤重量含水率以及不同土地类型的影响土层厚度，利用下式计算土壤前期含水量：

$$\theta = \theta^{*} \cdot \gamma_s \cdot H/\gamma_w \tag{3-6}$$

式中　θ——雨前土壤前期含水量，mm；

θ^{*}——实测土壤重量含水率；

H——影响厚度，mm；

γ_s、γ_w——土壤干容重和清水容重。

5 场有效产流降雨条件下 11 个径流小区的土壤前期含水量计算结果及相关数据详见表 3-21。

四、天然降雨入渗方程的建立

降雨入渗方程的推求，根据观测到的资料情况一般有 2 种方法。如果既有降雨过程资料也有小区径流过程资料，可直接由观测资料推求；如果只有降雨过程资料和次径流总量资料，则可采用试算法建立降雨入渗方程。

（一）由观测资料直接建立降雨入渗方程

这种方法适用于同时具有降雨过程观测资料和小区径流过程观测资料的情况，即在自记雨量计记录降雨量的同时，观测记录了小区的径流泥沙过程。

在对雨量资料和径流泥沙观测资料分析整理后，可得到各时段的降雨量 ΔH、时段径流量 ΔW，假设径流小区产流起始时刻为 t_0，t_n 时刻结束产流，从 t_0 到 t_n 共 n 个产流时刻，则该小区的降雨中的入渗方程推求如下：

产流起始时刻后各时段的入渗量为：

$$\Delta F_i = \Delta H_i - \Delta W_i \tag{3-7}$$

从产流起始时刻到某时刻的累积入渗量为：

$$\sum \Delta F_i = \sum \Delta F_1 + \sum \Delta F_2 + \sum \Delta F_3 + \cdots + \sum \Delta F_n \tag{3-8}$$

建立累积入渗量随时间变化的关系曲线，并拟合成方程：

$$\sum \Delta F = f(t) \tag{3-9}$$

表 3-21　径流小区的土壤前期含水量计算结果

小区编号		1	2	3	4	5	6	7	8	9	10	11
小区名称		弃土弃渣	弃土弃渣	弃土弃渣	扰动	原生	扰动	原生	原生	扰动	土路	土路
容重(g/cm^3)		1.704	1.679	1.871	1.263	1.438	1.263	1.438	1.438	1.263	1.572	1.572
影响厚度(mm)		200	200	200	200	150	200	150	150	200	100	100
2001-08-16 上午	重量含水率(%)	1.9	1.9	1.9	6	4	6	4	4	6	6.9	6.9
	土壤前期含水量(mm)	7.11	6.38	6.48	15.16	8.63	15.16	8.63	8.63	15.16	10.85	10.85
2001-08-16 下午	重量含水率(%)	5.8	5.8	5.8	17.6	11.8	17.6	11.8	11.8	17.6	13.5	13.5
	土壤前期含水量(mm)	21.7	19.48	19.77	44.46	25.46	44.46	25.46	25.45	44.46	21.22	21.22
2001-08-19	重量含水率(%)	17.9	17.9	17.9	18.7	12.7	18.7	12.7	12.7	18.7	14	14
	土壤前期含水量(mm)	66.98	60.11	61.0	47.24	27.39	47.24	27.39	27.39	47.24	22.01	22.01
2001-09-04	重量含水率(%)	4.4	4.4	4.4	14.1	9.3	14.1	9.3	9.3	14.1	8.1	8.1
	土壤前期含水量(mm)	16.46	14.77	15.0	35.62	20.06	35.62	20.06	20.06	35.62	12.73	12.73
2002-07-03	重量含水率(%)	3.5	3.5	3.5	13.5	12.8	13.5	12.8	12.8	13.5	7.9	7.9
	土壤前期含水量(mm)	13.01	11.75	11.93	34.1	27.61	34.1	27.61	27.61	34.11	12.42	12.42

将方程(3-9)对时间求导,即得到该小区的土壤入渗率 f 随时间变化的降雨入渗方程:

$$f = f(t) \tag{3-10}$$

上述方程还可以直接通过分析计算各时段的入渗率 f,再直接建立入渗率与时间的关系,即是该小区的土壤入渗方程。时段入渗率为:

$$f_i = \Delta F_i / \Delta t_i \tag{3-11}$$

由降雨、径流过程资料直接推求土壤入渗方程的计算过程见表 3-22。

表 3-22　降雨入渗关系推算

时间 t	t_0	t_1	t_2	t_3	t_4	t_5	…
时段 Δt	Δt_1	Δt_2	Δt_3	Δt_4	Δt_5	…	
时段降雨量 ΔH	ΔH_1	ΔH_2	ΔH_3	ΔH_4	ΔH_5	…	
时段径流量 ΔW	ΔW_1	ΔW_2	ΔW_3	ΔW_4	ΔW_5	…	
时段入渗量 ΔF	ΔF_1	ΔF_2	ΔF_3	ΔF_4	ΔF_5	…	
累计入渗量 $\sum\Delta F$	$\sum\Delta F_1$	$\sum\Delta F_2$	$\sum\Delta F_3$	$\sum\Delta F_4$	$\sum\Delta F_5$	…	
入渗率 f	f_1	f_2	f_3	f_4	f_5	…	

(二)试算法建立降雨入渗方程

1. 方法简介

由于诸多因素的限制,天然降雨条件下径流小区的实测资料大多只有总产流量,而没有径流过程资料,这就不能直接利用实测资料来推求小区入渗方程。在这种情况下,可采用试算法与累计下渗曲线扣损法相结合的方法来推求径流小区的入渗能力曲线,即根据试验区的土壤类型,假定一条土壤入渗能力和入渗曲线,黄河中游地区可选取 Horton 型土壤入渗曲线:

$$f = a + be^{-\beta t} \tag{3-12}$$

根据每场降雨的实测雨强过程、土壤前期含水量以及假定的入渗曲线,利用累计下渗曲线扣损法,逐时段进行产流计算,得到总产流量;如果利用假定的入渗曲线所得到的总产流量与实测产流量之差满足设定的精度要求,则假定的入渗曲线就是要求的径流小区土壤入渗曲线,否则,另假定一条土壤入渗曲线重新进行产流计算,直至理论产流量与实测产流量之差满足精度要求为止。

2. 天然降雨小区入渗方程分析实例

"黄河中游地区开发建设项目新增水土流失预测研究"课题,根据上述方法编写了 C 语言程序,依据实测资料,分别推求了 4 类 11 个径流小区的入渗曲线。由于受降雨特性、土壤前期含水量、表层结皮、人畜踩踏、刮风、观测误差等因素的共同影响,即使是同一个小区,由每次降雨径流资料推求出的入渗方程的参数也存在较大差异,而将由 5 次降雨径流资料分析得到的每个小区的入渗方程的参数取平均值后,得到的各类下垫面小区的 Horton 型土壤入渗曲线和入渗方程具有一定的规律。4 类下垫面的入渗曲线分别见图 3-10 ~ 图 3-13,入渗方程见表 3-23。

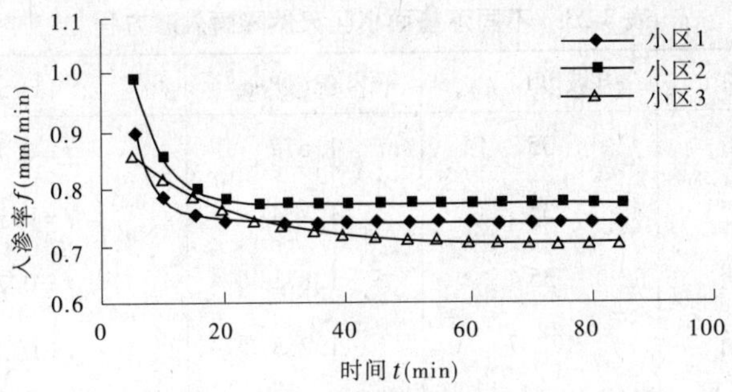

图 3-10　弃土弃渣小区天然降雨入渗曲线

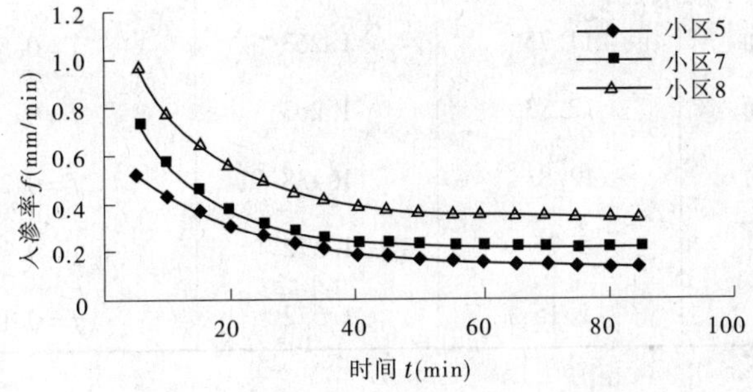

图 3-11　原生地面小区天然降雨入渗曲线

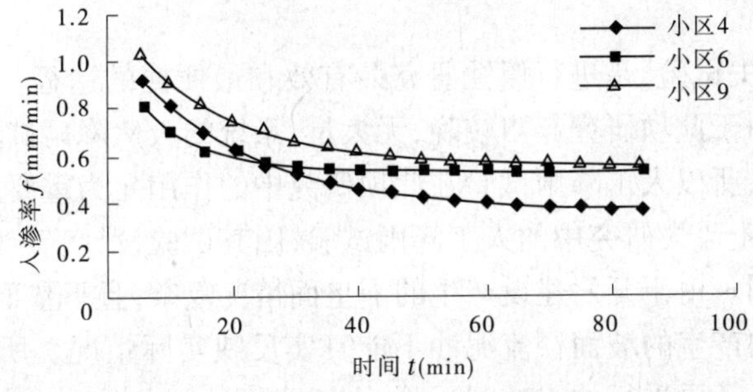

图 3-12　扰动地面小区天然降雨入渗曲线

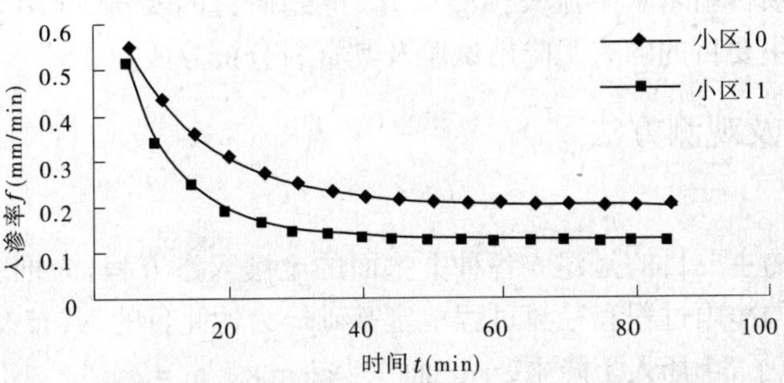

图 3-13　土路小区天然降雨入渗曲线

表 3-23　不同下垫面小区天然降雨入渗方程

小区编号	小区名称	坡度(°)	干容重(g/cm^3)	入渗方程
1	弃土弃渣	35	1.679	$f=0.77+0.69e^{-0.22t}$
2	弃土弃渣	35	1.704	$f=0.70+0.21e^{-0.06t}$
3	弃土弃渣	35	1.871	$f=0.74+0.53e^{-0.25t}$
4	扰动地面	17.37	1.263	$f=0.36+0.73e^{-0.05t}$
5	原生地面	17.37	1.438	$f=0.12+0.52e^{-0.05t}$
6	原生地面	11.75	1.438	$f=0.34+0.90e^{-0.07t}$
7	扰动地面	11.75	1.263	$f=0.55+0.65e^{-0.06t}$
8	扰动地面	12.83	1.263	$f=0.53+0.49e^{-0.10t}$
9	原生地面	12.83	1.438	$f=0.21+0.80e^{-0.08t}$
10	土路	5.75	1.572	$f=0.20+0.52e^{-0.08t}$
11	土路	2.15	1.572	$f=0.13+0.71e^{-0.12t}$

第四节　人工降雨条件下水土流失试验

人工降雨水土流失试验,是进行侵蚀研究最有效和最便捷的途径。对于开发建设项目水土流失研究而言,由于此项研究起步较晚,无大量、系统的天然降雨试验资料,也无系统的小流域试验观测资料,所以人工降雨试验在此项研究中的作用尤为重要。

开发建设项目水土流失研究中的人工降雨试验,因其试验设计确定的目的不同,试验布设、观测的内容也不同。由于开发建设产生的下垫面情况复杂,且下垫面的土壤结构组成差异较大,仅靠人工降雨产生的坡面径流泥沙不能真实反映实际情况。所以,一般情况下,除进行人工降雨试验外,还要进行放水冲刷试验,人工降雨试验主要以确定各类下垫面的土壤入渗规律为主要目的,放水冲刷试验则以确定坡面水沙关系为主要目的。下面结合"黄河中游地区开发建设项目新增水土流失预测研究"课题研究的实例,介绍以确定各类下垫面的土壤入渗方程为主要目的的人工降雨试验及其资料分析方法。

一、试验布设及观测方法

(一)试验布设

人工降雨试验的主要目的是建立各种下垫面的土壤入渗方程,为推求各种下垫面在不同频率降雨条件下的净雨过程和径流过程奠定基础。为达此目的,共布设了 34 个人工降雨入渗试验小区,实施了 34 场人工降雨,小区面积为 $2\ m\times1\ m=2\ m^2$。小区的上边缘和左右两边用钢板围住,钢板砸入地面下 20 cm,小区下边缘安装 V 形收缩集流槽,用于将小区的径流收集于径流桶内,小区四周与钢板之间的缝隙用湿黏土填塞,以防止小区内外的水分交换和小区内的径流沿钢板边缘下渗。各小区的基本情况及试验观测情况见表 3-24。

表 3-24　人工降雨入渗试验小区基本情况

试验地点	小区类型	坡度(°)	小区数	土壤	植被情况	小区面积(m²) 平面	小区面积(m²) 斜面	土壤干容重(g/m³)	土壤前期含水率(%)	试验次数	降雨历时(min)
大柳塔	原状土	5	1	沙壤	稀少地椒	2	2.008	1.543	13.2、3.0	3	50 50、46
		11	1	沙壤	稀少地椒	2	2.037		18.36、16.1、7.3	3	36、60、
		17	1	沙壤	稀少地椒	2	2.091		25.2、14.82、14.47	3	50 49、54
	扰动土	5	1	沙壤	无	2	2.008	1.1	17.2、2.7	3	32 62、40
		11	1	沙壤	无	2	2.037		16.5	3	30 35、56
		17	1	沙壤	无	2	2.091		12.5、10.3	3	54 40、55
后补连	土路	3	1	壤土	无	2				3	
	土路	7	1	壤土	无	2				3	
	弃土	32	1	沙土	无	2				3	
	弃土	32	1	沙土	无	2				3	
	弃土弃渣	32	1	渣土	无	2				2	
	弃土弃渣	32	1	渣土	无	2				2	
合计										34	

野外人工降雨试验场地远离村镇，没有自来水可以直接使用，只能因陋就简布设人工降雨设施。

试验小区要选在具有放置水箱的高地或高坡附近较低的位置布设。

试验用水的水箱应有 3 个：1 号是沉淀水箱，用于将远处运来或抽来的水进行沉淀；2 号水箱为蓄水箱，用于陈放清水；3 号水箱是稳压箱，用于为人工降雨试验提供压力稳定的水流。试验过程中，1 号水箱经沉淀后的上层清水通过水泵抽至 2 号水箱，2 号水箱的清水通过水泵抽至稳压箱，稳压箱设有溢流孔，用于保持稳压箱的水位不变，则稳压箱通过水管向降雨器提供的水流压力在整个试验过程中是不变的。

稳压水箱至降雨器之间通过软质水管输水，分别在输水管两端附近设置闸阀，稳压箱出口附近的闸阀用于粗调试验流量，位于试验棚附近的闸阀用于精调试验流量。

在试验小区上方搭建降雨试验棚，用于防止风的影响，试验棚要高于降雨器。降雨器的高度一般应高于地面 5 ~ 10 m，以确保雨滴的自由落体运动状态。在搭建试验棚过程中要避免踩踏试验小区。

降雨器及其喷头是经过率定的专用成套设备。在 2 m × 1 m 的小区上试验一般需要 6 个喷头的降雨器。

（二）观测方法

1. 试验雨强率定方法

每场降雨试验前，都要率定降雨的强度和降雨的均匀性。率定开始前，用防雨布将试验小区覆盖住，量测雨量的承雨杯放置于防雨布之上，沿试验小区长度方向均匀放置 3 排承雨杯，每排 2 个；每次雨强率定试验为 5 min，用标准雨量筒（ϕ20 cm）的专用量筒量取每个承雨杯中的水量 H_k，利用下式求得该次降雨的面平均雨强。模拟降雨的均匀程度必须保证在 85% 以上。

$$I = \frac{\sum H_k}{5n} \times \left(\frac{20}{d}\right)^2 \tag{3-13}$$

式中 I——雨强，mm/min；

n——承雨杯总数；

k——第 k 个承雨杯的编号；

d——承雨杯的内径，cm。

当降雨强度达到设计雨强、小区试验降雨均匀度也满足要求时，即可开始降雨试验，此时，去掉小区上覆盖的防雨布，开始计时、测流、取样等各项观测工作，同时，在小区四周布设承雨杯继续观测降雨量。

2. 径流过程观测

降雨试验开始后，用径流桶收集每个单位时段内流经小区出口的径流，通过用钢尺量测径流桶中的水深或用称重法获取各时段的径流总量，同时，对各时段的径流取样并分析其含沙量，经分析换算后可得到该时段的径流量和泥沙量。依此逐时段观测即可达到试验目的。

另外，在试验过程中还用染色剂示踪法实测了各类小区径流的汇流时间，以便为放水冲刷试验提供相关依据。

二、试验资料分析

（一）泥沙量分析

根据试验中各时段实测的样品资料，利用容量瓶置换法推求试验各时段样品中的泥沙量。其中容量瓶置换法的计算公式为：

$$W_{沙} = \frac{\gamma_s}{\gamma_s - \gamma}(W_{浑} - W_{清}) \tag{3-14}$$

式中 $W_{沙}$——样品中的泥沙质量，g；

γ_s、γ——泥沙和水的比重，g/cm^3；

$W_{浑}$、$W_{清}$——浑水加比重瓶和清水加比重瓶重，g。

由该时段浑水总量及样品的含沙量即可求得时段小区产沙量，由各时段的产沙量即可求得某小区在一场降雨试验中的产沙过程和总产沙量。

（二）清水径流量分析

利用试验实测的各时段浑水径流量资料，推求各相应时段的清水径流量。其计算公式为：

$$W_{清,i} = \frac{V_{样,i}}{V_{样,i} - V_{桶,i}} \times (W_{浑,i} - W_{沙,i}) \tag{3-15}$$

式中　$W_{清,i}$——第 i 时段在小区出口所接的总清水质量,g;

$W_{浑,i}$、$W_{沙,i}$——第 i 时段样品的浑水量和泥沙量,g;

$V_{样,i}$、$V_{桶,i}$——第 i 时段的样品体积和在小区出口所接的浑水总体积。

同时,结合小区面积资料,将计算得到的各时段清水径流量还原为时段面净雨。

(三)时段降雨入渗过程分析

利用试验各时段雨强资料和分析得到的时段面净雨,可计算各时段入渗量,进而计算各时段入渗率,计算公式为:

$$f_i = \frac{I_i - R_i}{\Delta t_i} \tag{3-16}$$

式中　f_i——第 i 时段的入渗率,mm/min;

I_i——第 i 时段雨强,mm/min;

R_i——第 i 时段净雨,mm;

Δt_i——时段长,min。

将各时段入渗率按时序过程点绘,即得到模拟降雨条件下的土壤入渗过程。

三、人工降雨试验成果

(一)原状土坡面模拟降雨入渗试验结果

根据 8 次人工降雨试验资料分析,按照上述方法分析得到原状土在不同坡度、不同雨强下的入渗率随时间的变化过程,如图 3-14 ~ 图 3-16 所示。

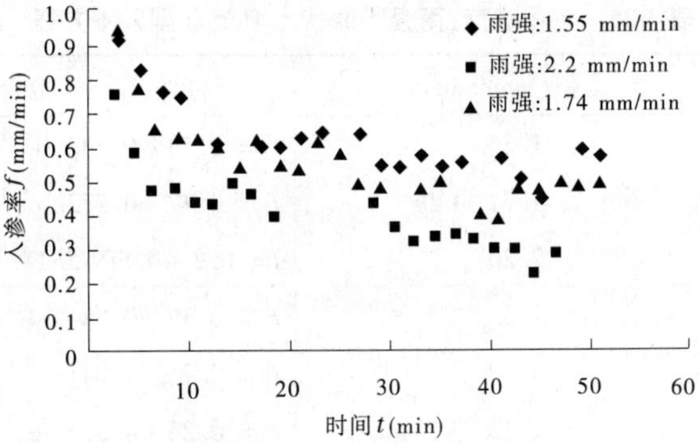

图 3-14　5°原状土降雨入渗过程

在入渗曲线分析过程中,将入渗资料拟合成幂函数型、Philip 型、Horton 型等线型,并分别将利用上述 3 种线型的计算值与实测值进行比较,结果表明,用 Horton 型拟合入渗方程计算得到的入渗曲线与实测点据的相关性最好。表 3-25 中所列成果,是根据试验资料拟合得到的原状土在不同坡度、雨强下的 Horton 型入渗方程。

为便于实际应用,将同一坡度下的原状土坡面模拟降雨试验的试验数据作为一个整体,利用 Horton 型入渗曲线分别拟合成不同坡度下原状土的入渗方程,结果见表 3-26。

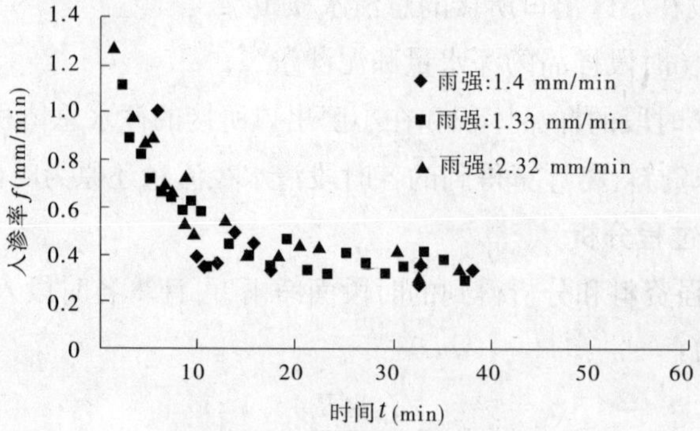

图 3-15 11°原状土降雨入渗过程

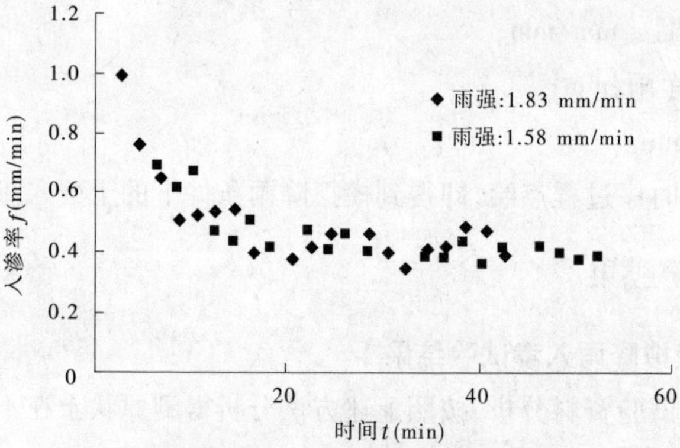

图 3-16 17°原状土降雨入渗过程

表 3-25 不同坡度、雨强下原状土 Horton 型入渗方程

坡度(°)	雨强(mm/min)	拟合方程
5	1.55	$f = 0.54 + 0.7328e^{-0.1812t}$
	1.74	$f = 0.47 + 0.3724e^{-0.0803t}$
	2.20	$f = 0.3 + 0.5895e^{-0.1357t}$
11	1.33	$f = 0.35 + 0.8846e^{-0.1565t}$
	1.40	$f = 0.25 + 1.041e^{-0.0945t}$
	2.32	$f = 0.28 + 0.8169e^{-0.0668t}$
17	1.58	$f = 0.2 + 0.3814e^{-0.0914t}$
	1.83	$f = 0.45 + 0.623e^{-0.0714t}$

表 3-26 不同坡度原状土坡面入渗方程

类型	坡度(°)	入渗方程
原状土	5	$f = 0.437 + 0.565e^{-0.1324t}$
	11	$f = 0.293 + 0.914e^{-0.1059t}$
	17	$f = 0.325 + 0.502e^{-0.0814t}$

(二)扰动土坡面模拟降雨入渗试验结果

利用9次人工降雨试验资料,分析计算得到扰动土在不同坡度、雨强条件下的入渗过程,见图3-17~图3-19。

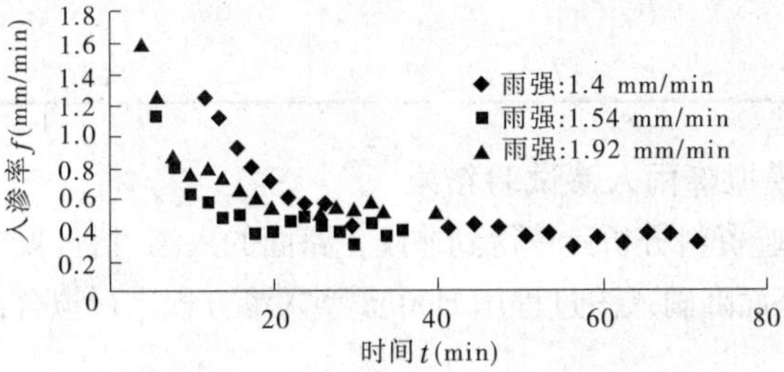

图3-17　5°扰动土降雨入渗过程

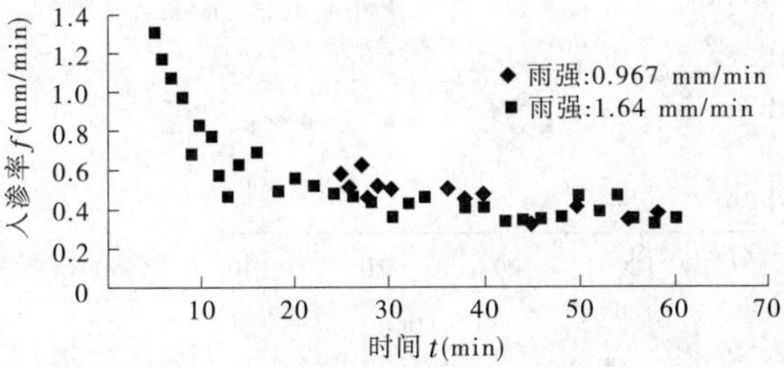

图3-18　11°扰动土降雨入渗过程

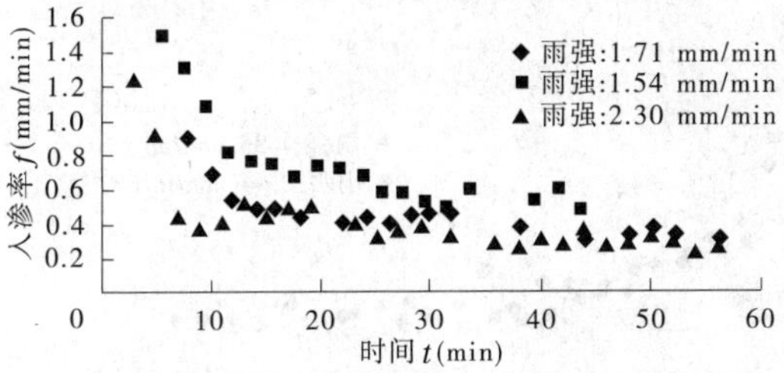

图3-19　17°扰动土降雨入渗过程

将不同坡度、雨强下的扰动土模拟降雨试验入渗过程拟合成Horton型入渗方程,结果见表3-27。综合分析后,得到不同坡度扰动土Horton型入渗方程,结果见表3-28。

表3-27　扰动土不同坡度、不同雨强入渗方程

坡度(°)	雨强(mm/min)	拟合方程
5	1.40	$f=0.37+1.3472e^{-0.0702t}$
	1.54	$f=0.52+1.429608e^{-0.1349t}$
	1.92	$f=0.37+1.1365e^{-0.1301t}$
11	0.967	$f=0.34+1.3129e^{-0.0875t}$
	1.64	$f=0.36+0.9201e^{-0.061t}$
17	1.54	$f=0.52+1.8772e^{-0.1392t}$
	1.71	$f=0.3+0.6419e^{-0.0723t}$
	2.30	$f=0.28+1.1529e^{-0.095t}$

表 3-28　不同坡度扰动土入渗方程

类型	坡度(°)	入渗方程
扰动土	5	$f=0.37+1.054e^{-0.0653t}$
	11	$f=0.35+1.137e^{-0.0743t}$
	17	$f=0.29+1.259e^{-0.0788t}$

(三)非硬化路面模拟降雨入渗试验结果

由6次模拟降雨试验资料分析计算得到非硬化路面的入渗过程,见图3-20、图3-21。将不同坡度、雨强下的非硬化路面降雨入渗过程用Horton型入渗方程进行拟合,结果见表3-29。

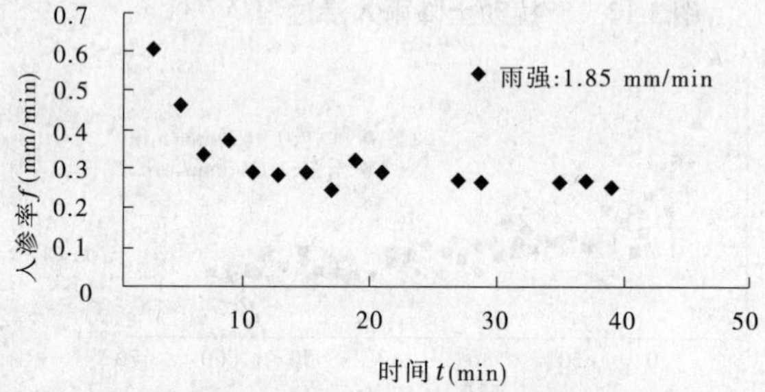

图 3-20　7°非硬化路面入渗过程

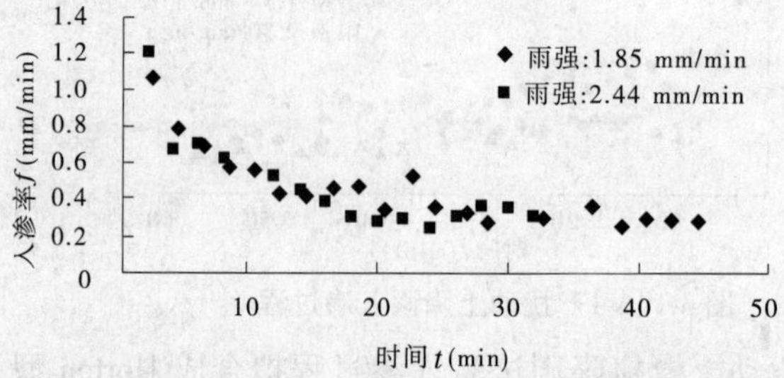

图 3-21　3°非硬化路面入渗过程

表 3-29　不同坡度入渗方程

类型	坡度(°)	入渗方程
非硬化路面	7	$f=0.265+0.3494e^{-0.1401t}$
	3	$f=0.29+0.9366e^{-0.1272t}$

(四)弃土弃渣模拟降雨入渗试验结果

弃土弃渣按颗粒组成分为弃土(成分以沙土为主,砾、石含量很少)和弃渣(成分以沙、土、砾、石为主)两种,按堆弃时间分为当年弃土、第四年弃土、第四年弃渣和第七年弃渣4种。在对当年弃土进行降雨入渗试验时,由于新弃土沙粒含量高,渗透性强,降雨强度调到降雨器最大强度(2.45 mm/min)仍然未产流,而导致渣土滑坡,因而未能获得降雨入渗过程。

1. 弃土模拟降雨入渗过程

根据弃土模拟降雨入渗试验资料，我们计算得到第四年弃土的降雨入渗过程如图 3-22 所示。Horton 型入渗回归方程见表 3-30。

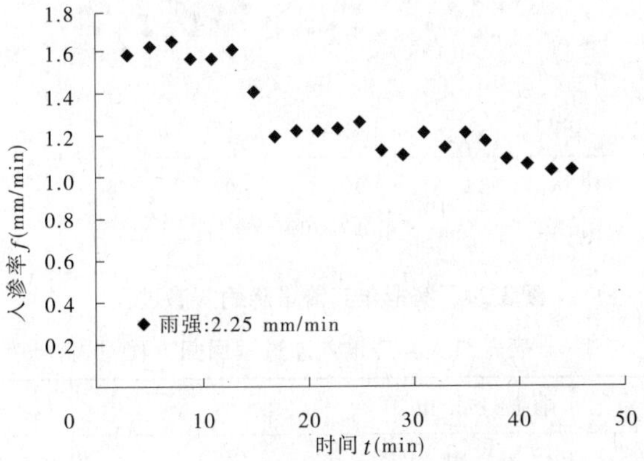

图 3-22　第四年弃土入渗过程

表 3-30　第四年弃土入渗方程

堆弃年份	雨强(mm/min)	拟合方程
第四年	2.25	$f = 1.13 + 1.1515e^{-0.0919t}$

比较弃土和原状土、扰动土的入渗过程可以发现，弃土的入渗能力远比原状土、扰动土的大，其原因主要与矿区弃土中含沙量较大、土质疏松及砾石等杂质含量较多有关，沙子和砾石杂质的存在增大了弃土中的空隙，降低了弃土的均一性，从而导致弃土单位时间内的入渗能力增大。

2. 弃渣模拟降雨入渗过程

第四年和第七年弃渣的降雨入渗过程如图 3-23 和图 3-24 所示。利用 Horton 型曲线拟合得到的入渗方程见表 3-31。第四年和第七年弃渣平均入渗过程的 Horton 型方程见式(3-17)和式(3-18)。

$$f = 0.95 + 0.5844e^{-0.0844t} \tag{3-17}$$

$$f = 0.75 + 1.1453e^{-0.0837t} \tag{3-18}$$

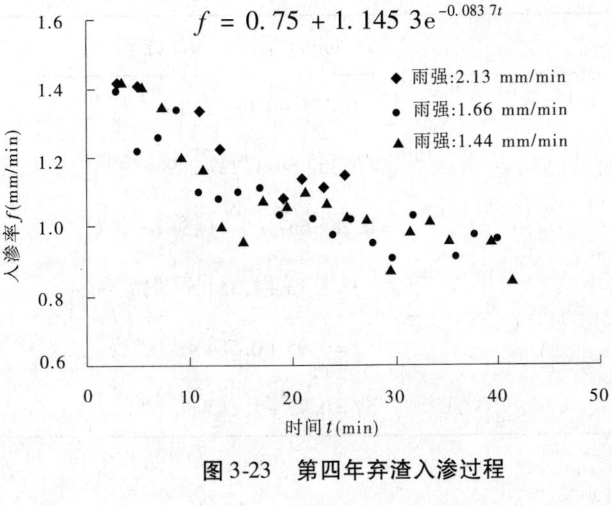

图 3-23　第四年弃渣入渗过程

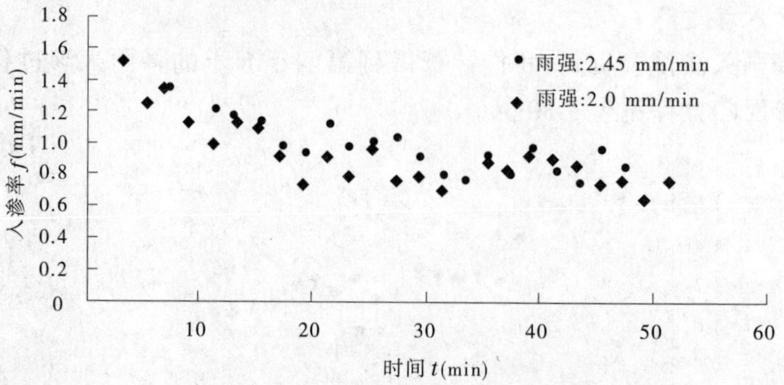

图 3-24　第七年弃渣堆降雨入渗过程

表 3-31　弃渣堆入渗过程回归方程

堆弃年份	雨强(mm/min)	拟合方程
第四年弃渣	1.44	$f=0.96+0.621e^{-0.0853t}$
	1.66	$f=0.94+0.461e^{-0.0762t}$
	2.13	$f=1.1+0.4637e^{-0.1059t}$
第七年弃渣	2.00	$f=0.85+0.9733e^{-0.1002t}$
	2.45	$f=0.75+1.1029e^{-0.1093t}$

(五)不同下垫面的入渗能力比较

根据各种下垫面在不同坡度、不同雨强下的试验数据,利用 Horton 型入渗曲线进行拟合,建立了可以描述不同下垫面平均入渗率的入渗方程。对拟合得到的不同下垫面平均入渗率的入渗方程进行了汇总,见表 3-32。从表中我们可以看出,在几种下垫面类型中,稳渗率大小依次为:第四年弃土、第四年弃渣、第七年弃渣、扰动土、原状土、非硬化路面。根据拟合入渗方程计算得到的不同下垫面入渗曲线见图 3-25。从图中可以比较直观地看出不同下垫面入渗率的差异。

表 3-32　不同下垫面的入渗拟合方程

下垫面类型	Horton 型拟合入渗方程
原状土	$f=0.355+0.680538e^{-0.109725t}$
扰动土	$f=0.3825+1.227289e^{-0.098775t}$
非硬化路面	$f=0.281667+0.744967e^{-0.132167t}$
第四年弃土	$f=1.13+1.1515e^{-0.0919t}$
第四年弃渣	$f=0.95+0.5844e^{-0.0844t}$
第七年弃渣	$f=0.75+1.1453e^{-0.0837t}$

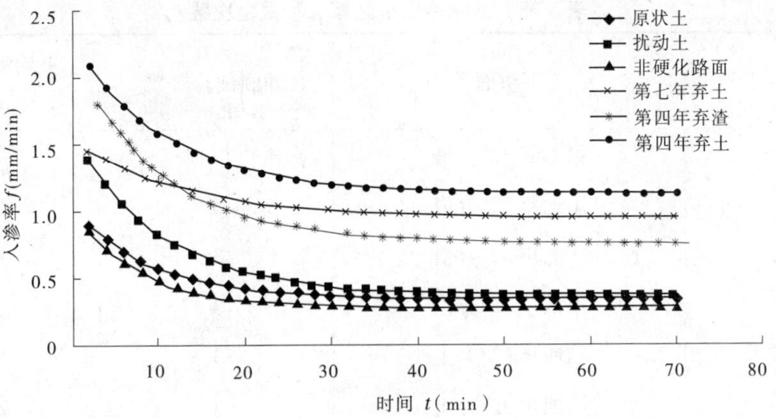

图 3-25　不同下垫面入渗曲线

第五节　放水冲刷条件下水土流失试验

人工降雨试验可以确定各类下垫面的土壤入渗方程,但此时小区上的水沙关系不能真实地反映实际情况,以水蚀为主的坡面上,其侵蚀的主要动力是坡面径流,坡面越长,径流量越大,径流的侵蚀能力越大,坡面水沙关系越接近实际情况,要利用小区试验确定各类下垫面在降雨过程中的水沙关系,比较便捷的方法是放水冲刷试验,而坡面模拟冲刷试验由于条件的限制,不能进行全坡长试验,为真实反映各类下垫面在全坡长降雨冲刷条件下的水沙关系,在进行小区冲刷模拟试验放水流量设计时,必须考虑各类下垫面的实际汇水面积问题。

一、试验布设与观测方法

(一)试验布设

按照试验设计要求,模拟冲刷试验在长 × 宽 = 10.0 m × 1.0 m 的小区上进行。把 1.0 m × 0.3 m 的钢板埋设在小区的周缘,钢板埋设的深度为 10 ~ 15 cm,下部用铁质V形收缩槽将小区出口处的径流收集到径流桶中,以便进行测定和分析。放水冲刷试验小区概况和试验次数见表 3-33。试验用供水系统在没有自来水的情况下,与前述人工降雨相同。

(二)试验观测项目

在原状土、扰动土、非硬化路面、弃土弃渣等不同下垫面上进行放水冲刷试验前,需测定下垫面的容重、土壤颗粒组成及每次试验前的土壤前期含水量,同时率定流量;试验过程中要测定各试验时段的径流量并取样,测定试验水温等。

(三)放水流量与试验时间

在对不同下垫面类型在不同频率降雨作用下的入渗、净雨过程的分析的基础上,用等流时线法分析不同下垫面汇水范围内的径流过程,据此确定的放水冲刷试验流量分别为 5、10、15、20、25 L/min。

放水冲刷试验时间根据实际情况而定,一般情况下,在进行模拟冲刷试验时,当前后连续几个时段在径流小区出口处所收集的径流量相差较小时,就停止试验;同时,模拟冲刷试

表 3-33　放水冲刷小区概况和试验次数

地点	下垫面	冲刷试验次数	平均重量含水率（%）
后补连	第七年 32°弃渣	3	8.2
	第七年 32°弃渣	3	14.85
	第七年 32°弃渣	3	13.04
	第四年 32°弃土	3	5.56
	第四年 32°弃土	3	10.27
	第四年 32°弃土	3	25.46
	当年 32°弃土	6	
	第四年 32°弃渣	4	19.39
	第四年 32°弃渣	3	10.127
大柳塔	5°原状坡面	5	8.1
	5°扰动坡面	4	10.14
	11°原状坡面	5	13.92
	11°扰动坡面	4	15.87
	17°原状坡面	5	18.21
	17°扰动坡面	4	11.1
	3°道路	5	13.37
	7°道路	5	12.84
	9°道路	5	12.00
小计		73	

验的放水历时还受放水流量大小和现有接样桶个数等条件的限制。模拟冲刷试验时间一般为 15 ~ 40 min。

(四)观测与分析方法

1. 放水流量率定方法

放水流量的率定采用体积法。

2. 径流泥沙过程观测

在试验开始后，产流初期每 1 min 取 1 次径流泥沙样。试验结束后，用量筒测定各个水样的径流量，用比重瓶置换法测定各水样中的泥沙含量；由于弃土弃渣冲刷试验过程中小区出口的径流泥沙量很大且含有较多的卵石等大粒径物质，上述测定方法已不适用，在实际试验过程中采用的方法是，随机抽取盛有某时段径流量的径流桶，静置一段时间后，倒掉桶中上层清水，测定桶中泥沙层的重量，在泥沙层中部取部分泥沙样，利用酒精烘干法测定泥沙样中的泥沙含量，据此反推桶中的泥沙量，多次测定取其平均值。水温用普通温度计测定，土壤含水量测定采用酒精烘干法。土壤容重采用环刀法，土壤颗粒组成采用筛分+沉降法。

3. 径流泥沙分析方法

放水冲刷试验中的径流泥沙分析方法，与人工降雨试验相同。

二、不同下垫面汇水面积调查及汇水时间的推求

（一）不同下垫面汇水面积调查

根据对神府东胜矿区坡面特征、沟壑密度、地貌特征等的调查分析结果，结合原生地面、扰动地面和非硬化路面的具体情况，在分析过程中取上述3种土地类型的典型降雨径流小区的水平投影坡长为30 m、坡宽为5.0 m，即取水平投影汇水面积为150.0 m^2。

在后补连矿弃土弃渣堆积区的实地调查发现，弃土弃渣堆积体坡面严重的土壤侵蚀主要是由于来自堆积体顶部上方的来水冲刷造成的。根据对后补连一典型弃土弃渣堆积体的现场调查测算结果知，堆积体顶部平台面积约为 $400\times100=40\ 000(m^2)$，周长约为1 000 m；发育于平台周边的坡面沟道条数约为50条，弃土弃渣堆平均坡长约为18 m。由此我们可以计算出，弃土弃渣堆顶部平台平均单沟汇水面积为 $400\times100/50=800(m^2/条)$，坡面单沟间平均宽度为 $1\ 000/50=20(m/条)$。由于实际弃土弃渣堆顶部平台单沟汇水区域可能极不规则，为便于计算，现将坡面每条沟道的平台汇水区域简化成长40 m、宽20 m的矩形，其宽边垂直于坡面沟道方向，另将坡面单沟平均汇水面积取为 $18\times20=360(m^2)$（斜面面积）。由于坡长水平投影长度为 $18\times\cos32°=15.26(m)$，为便于计算，现取水平投影坡长为16 m。因此，在降雨过程中，弃土弃渣堆坡面每条沟道的水平投影汇水面积为 $16\times20+40\times20=1\ 120(m^2)$。

（二）汇水时间的推求

在原状土、非硬化路面、扰动土的人工模拟降雨试验中用染色剂示踪法实测了坡面小区径流的汇流时间，在前两种坡面上水平投影坡长为2 m的降雨小区中，降落在前两种下垫面小区最上端的雨水流到小区出口所经历的时间平均为25 s，而在扰动土上为40 s。利用该资料，现将降落在前两种下垫面上坡长水平投影为30 m的汇水区域顶端的雨水流至出口断面的时间定为8 min，即取前两种下垫面汇水区域的汇水时间为8 min，取扰动土汇水区域汇水时间为10 min。

后补连弃土弃渣人工模拟降雨试验中，用染色剂示踪法实测了坡面小区径流的汇流时间，在弃土弃渣坡面上，降落在水平投影坡长为2 m的降雨小区最顶端的雨水流到小区出口所经历的时间平均为32 s，现取弃土弃渣堆坡面汇水时间为4 min。另外，由于弃土弃渣堆顶部平台的地面坡度很缓，水流速度很慢，现取降落至平台汇水区域最远端地面的雨水流至平台边沿的时间为10 min，则弃土弃渣总汇水时间为 $8+10=18(min)$。

按照上述径流过程推求原理，即可求得各试验小区入口处的冲刷试验流量。

三、水沙关系

（一）原生地面水沙关系

原生地面选择了5°、11°、17°三个坡度小区，各进行了5次放水冲刷试验。其水沙关系见图3-26～图3-28。

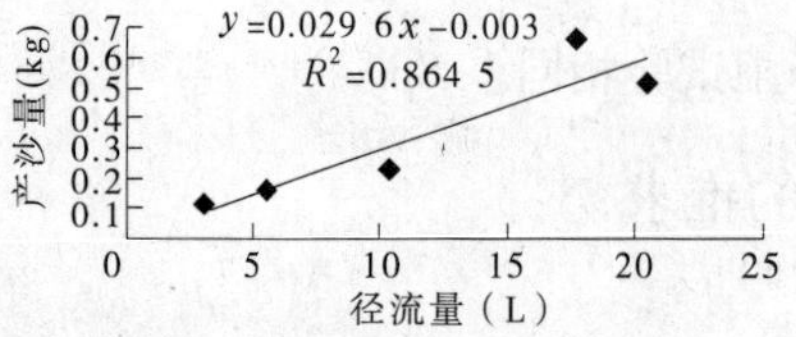

图 3-26　5°原生地面水沙关系

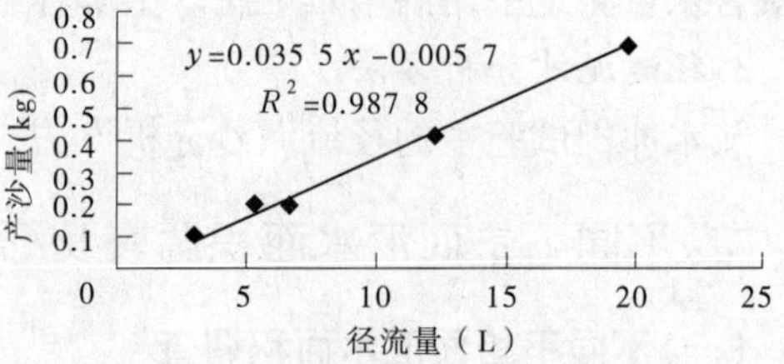

图 3-27　11°原生地面水沙关系

（二）扰动地面水沙关系

扰动地面选择了 5°、11°、17°三个坡度小区，各进行了 4 次放水冲刷试验。其水沙关系见图 3-29 ~ 图 3-31。

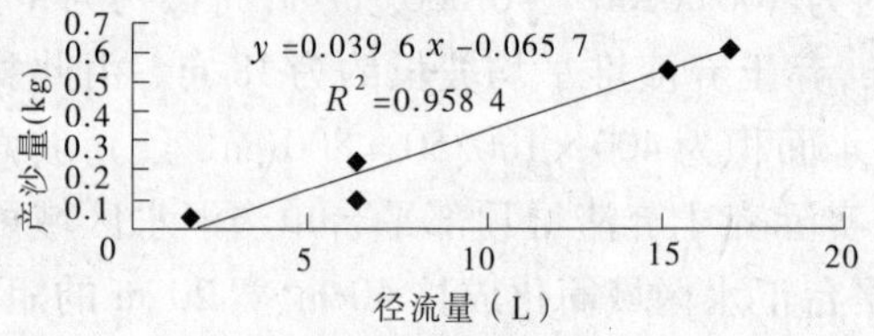

图 3-28　17°原生地面水沙关系

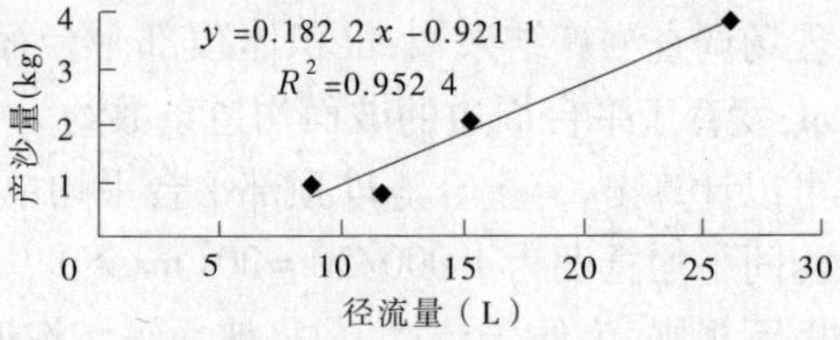

图 3-29　5°扰动地面水沙关系

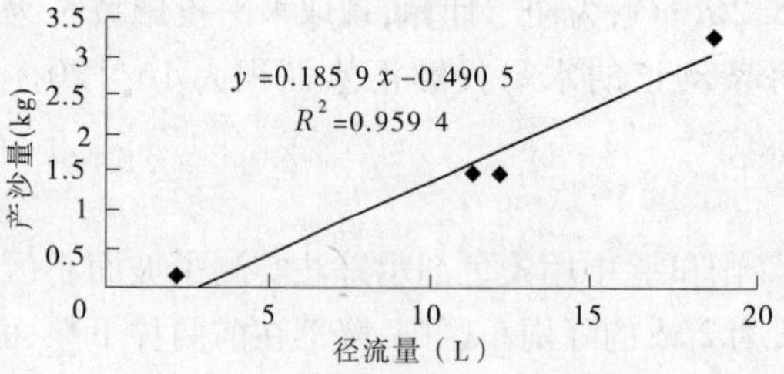

图 3-30　11°扰动地面水沙关系

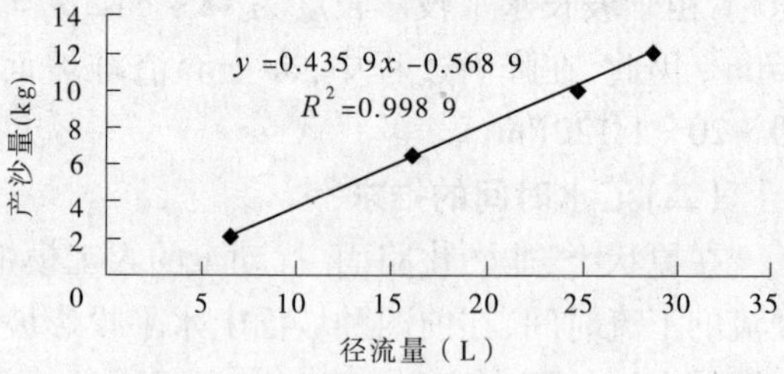

图 3-31　17°扰动地面水沙关系

（三）非硬化路面水沙关系

非硬化路面选择了 3°、5°、9°三个坡度小区，各进行了 5 次放水冲刷试验。其水沙关系见图 3-32 ~ 图 3-34。

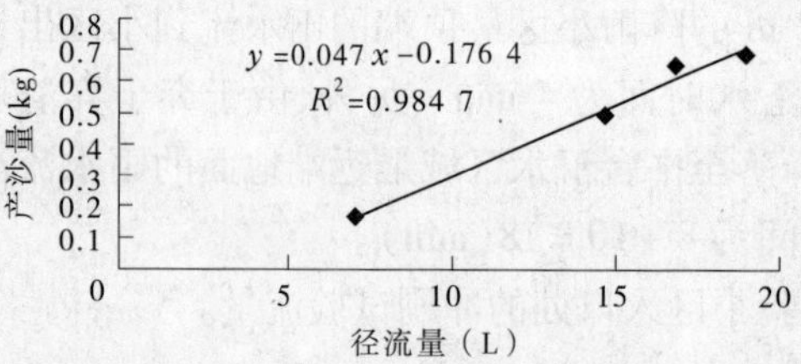

图 3-32　3°非硬化路面水沙关系

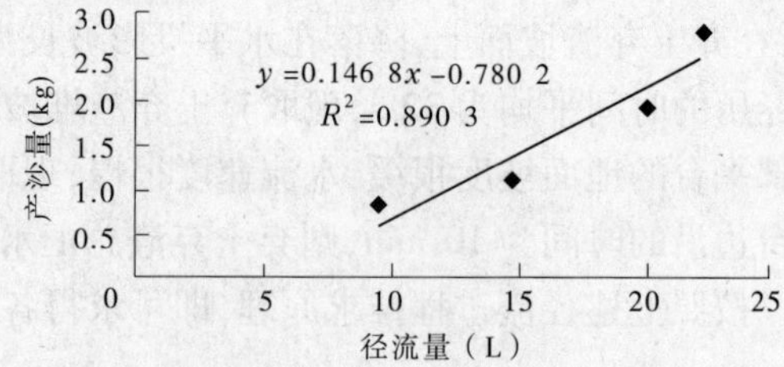

图 3-33　5°非硬化路面水沙关系

（四）弃土弃渣水沙关系

弃土坡面选择了当年的 3 个小区，各进行了 3 次共 9 次放水冲刷试验。其水沙关系见图 3-35。

此外还对第四年弃土的两个小区,各进行了 3 次共 6 次放水冲刷试验。其水沙关系见图 3-36。

弃渣坡面选择了第四年的两个小区,分别进行了 3 次和 4 次共 7 次放水冲刷试验,其水沙关系见图 3-37。选择第七年的 3 个小区,分别进行了 3 次共 9 次放水冲刷试验,其水沙关系见图 3-38。

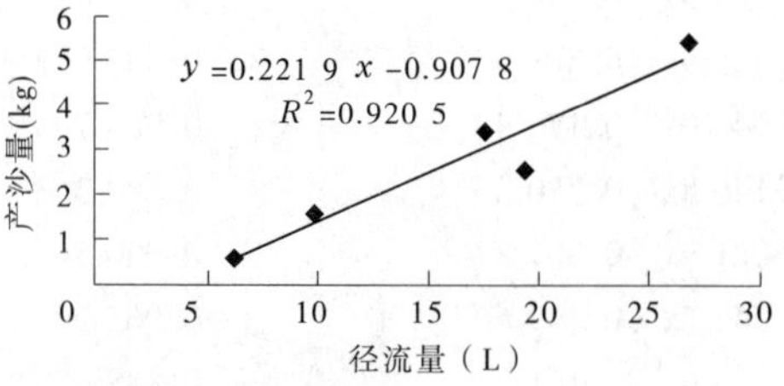

图 3-34　9°非硬化路面水沙关系

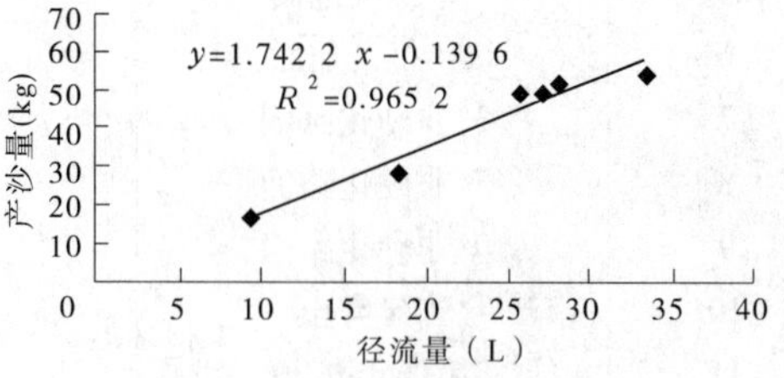

图 3-35　当年弃土水沙关系

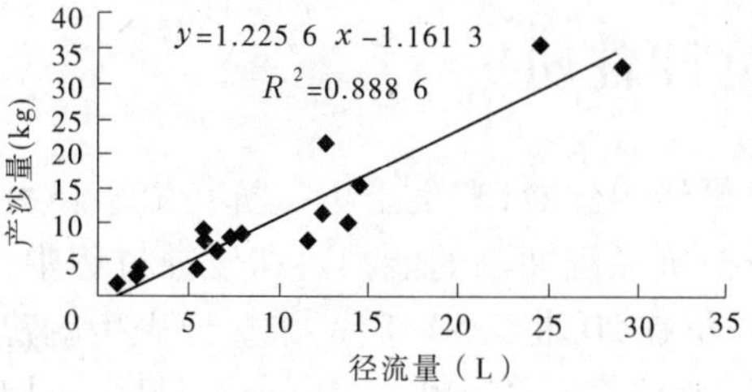

图 3-36　第四年弃土水沙关系

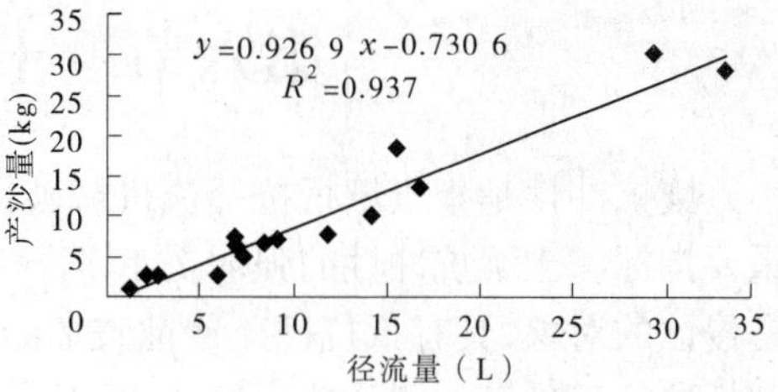

图 3-37　第四年弃渣水沙关系

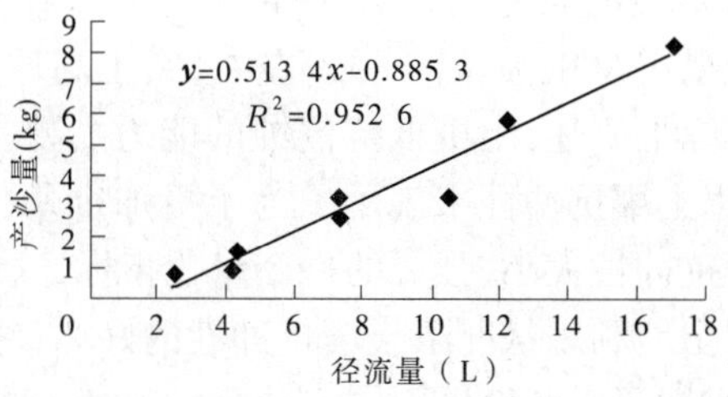

图 3-38　第七年弃渣水沙关系

由各类小区放水冲刷试验获得的水沙关系曲线图可以看出,随着径流量的增大,其侵蚀所产生的泥沙量也随之增大,径流量与侵蚀产沙量之间表现出了较好的线性关系。从图中可以看出,弃土堆积体上单位径流量所产生的泥沙量最大,原生坡面上单位径流量所产生的泥沙量最小,弃渣堆、扰动地面和非硬化路面上单位径流量的侵蚀产沙量依次介于上述二者之间。各类下垫面水沙关系曲线的拟合方程见表 3-34。式中 y 为产沙量(kg),x 为径流量(L)。

表 3-34　不同下垫面水沙关系

小区编号	小区名称	方　程	相关系数 R^2
1	5°原生地面	$y=0.029\,6x-0.003\,0$	0.864 5
2	11°原生地面	$y=0.035\,5x-0.005\,7$	0.987 8
3	17°原生地面	$y=0.039\,6x-0.065\,7$	0.958 4
4	5°扰动地面	$y=0.182\,2x-0.921\,1$	0.9524
5	11°扰动地面	$y=0.185\,9x-0.490\,5$	0.959 4
6	17°扰动地面	$y=0.435\,9x-0.568\,9$	0.998 9
7	3°非硬化路面	$y=0.047\,0x-0.176\,4$	0.984 7
8	5°非硬化路面	$y=0.146\,8x-0.780\,2$	0.890 3
9	9°非硬化路面	$y=0.221\,9x-0.907\,8$	0.920 5
10	当年弃土	$y=1.742\,2x-0.139\,6$	0.965 2
11	第四年弃土	$y=1.225\,6x-1.161\,3$	0.888 6
12	第四年弃渣	$y=0.926\,9x-0.730\,6$	0.937 0
13	第七年弃渣	$y=0.513\,4x-0.885\,3$	0.952 6

第六节　土壤抗冲性研究

土壤抗冲性是指土壤抵抗径流机械破坏推动下移的性能，它是土壤抵抗径流破坏特性的重要指标。土壤抗冲性的强弱揭示了土壤本身抵抗径流冲刷的能力。在侵蚀过程中，土壤是侵蚀的对象，具有抵抗径流侵蚀破坏的能力。早在 20 世纪 50 年代，朱显谟先生就曾把土壤抵抗径流破坏作用的能力区分为抗蚀和抗冲两种性能，并指出，在黄土上所见的土壤侵蚀现象常常是流失和冲刷同时进行，实际上冲刷过程进行的非常激烈，而大大掩盖了流失的强度（朱显谟，1982），土壤侵蚀量的大小和土壤抗冲性的强弱显著相关，而与土壤抗蚀性的关系不太明显；周佩华等（1993）的研究也表明，在黄土高原以各种类型的沟蚀为主，在片蚀和细沟侵蚀阶段，细沟侵蚀量占总侵蚀量的 80% 左右，黄土高原土壤侵蚀异常强烈的原因之一，就是土壤抗冲性弱。综上所述，土壤抵抗侵蚀的能力主要是其抗冲性，也就是说影响土壤侵蚀的地质因子可以用土壤抗冲性来表示。为了更加定量化地描述这种能力，就必须选择一个指标，即描述土壤抗冲性大小、强弱的一个量化指标，这就便于区分不同地区、不同下垫面几何形态，以及不同土地利用状况下土壤抗冲性的好坏，并进而对水土流失预测提供一定的参数和理论依据。对黄河中游地区不同下垫面抗冲性指标的试验研究和确定，能使人直观地了解各局部土壤在降雨作用下的流失程度，这就给开发建设扰动地面后的不同下垫面土壤新增冲刷量的确定奠定了基础。

一、土壤抗冲性研究方法概述

我国对土壤抗冲性的研究从 20 世纪 50 年代开始，试验研究方法不断改进和完善，先后采用的方法大体上有水中崩解法、原状土冲刷测定法、野外小区试验法及土壤理化性质测定法等 4 种。

（一）水中崩解法

取 5 cm^3 原状土壤放在孔径 1 cm 见方的铁丝笼内，在静水或流水状态下测定其崩解速度,用崩解速度来表示其抗冲性强弱。

(二)原状土冲刷测定法

原状土冲刷测定法最早由古萨克(V. B. GussaK,1946)提出,他设计了一个快速测定土壤可蚀性的仪器,即在不同流速下,测定每冲走 100 cm^3 土所需的水量,以此作为抗冲性指标。1964 年蒋定生设计了抗冲槽,用特制的取样器(3 cm×20 cm×4 cm)采集原状土样放置于槽中进行冲刷试验。苏宁虎、李勇、汪有科等采用扩大了尺寸的取样器(10 cm×20 cm×10 cm),以减小采样时对土体的扰动。刘国彬等在稳流水槽上加一层砂子,以增加粗糙度,减缓流速,使之更接近坡面实际情况,并在土壤中植物根系对抗冲性的影响方面进行了深入的研究。抗冲槽测定法是目前采用最多的方法,从土样受力情况而言,这种方法较抗冲仪前进了一大步,且测试方法简便,便于野外携带。

(三)小区放水法或径流小区观测资料统计法

即在野外设置 1 m×5 m 小区,在其上方按不同流量放水使土壤在已知冲刷力的径流作用下进行对比冲刷试验,根据冲力大小来衡量土壤抗冲性强弱。周佩华等首先使用这种方法进行抗冲性测定。

从 20 世纪 90 年代开始,周佩华(1993)、吴普特(1993)等利用有关试验站所的径流小区观测资料,进行了土壤抗冲性指标的研究,结果表明,以单位径流深的侵蚀模数 K_w 作为描述土壤抗冲性的指标是合适的,它既反映了径流冲刷动力因子的作用,也揭示了土壤本身抵抗径流冲刷的能力,并具有重要的实用价值(周佩华,1997)。

(四)土壤理化性质测定法

理化性测定主要分析土壤硅铁铝率、水稳性团聚体、入渗特征、机械组成、有机质等来评价土壤的可蚀性。国内的研究多以不同的计算方法,如分散率、侵蚀率、水稳性指数等计算可蚀性。考虑到黄土高原实际土壤侵蚀以推移为主要特征,这些土壤物理性质不足以全面和具体作为土壤易侵蚀和难侵蚀的标准(朱显谟,1993)。近来李勇、查轩等将土壤理化性质变化与植物根系作用联系起来,认为植物根系对理化性质的改善有重要作用,但未阐明这种作用机理。国外研究将小区土壤基本理化性质的分析与实测侵蚀资料联系起来,求出相关方程或制成诺谟图,以估测未知土壤的可蚀性大小,如 W. H. Wishehmeir 和 J. V. Mannering(1969)对 55 种土壤选择 16 个土壤特性指标值,采用 24 个统计量与土壤可蚀性进行回归分析。Wishehmeir 等(1971)选用粉粒含量、砂粒含量、有机质、结构和渗透度 5 项指标与标准小区测得的土壤可蚀性因子 K 值做可蚀性诺谟图。

二、黄河中游地区土壤抗冲性研究

(一)研究方法概述

这里对土壤抗冲性的研究,旨在分析黄河中游地区各地土壤抗冲性指标,为新增水土流失预测模型提供参数,而不对土壤抗冲性的机理、成因等进行理论方面的探讨。所以对土壤抗冲性的分析拟采用现成而且实用的方法,根据周佩华等(1997)的研究,在同一土体、同一坡度和相同土地利用情况下,单位径流深引起的侵蚀模数接近一个常数。因此,可以用单位径流深引起的侵蚀模数 K_w 作为衡量土壤抗冲性强弱的指标。单位径流深所引起的侵蚀模数,能比较直观地反映土壤抗冲性的强弱,计算比较简单,计算所需小区资料也易于获得,可作为土壤抗冲性的定量指标。单位径流深所引起的侵蚀模数越小,则土壤抗冲性越强,反之越弱。单位径流深的侵蚀模数是平均每 1 mm 径流深在单位面积(1 m^2)上产生的冲刷量(kg),而并非径流深度为 1 mm 时的侵蚀模数。

某类下垫面的土壤抗冲性指标,是由其小区多年的观测资料分析得到的。计算公式如下:

$$K_w = \frac{\sum W}{\sum h} \tag{3-19}$$

式中 K_w——该小区某年的土壤抗冲性指标,kg/(m^2·mm);

$\sum W$——该小区年侵蚀模数,kg/m^2;

$\sum h$——该小区年径流深,mm。

该小区多年 K_w 之均值 $\overline{K}_w$,即为该小区的土壤抗冲性指标。

(二)资料情况

黄河中游地区的黄委天水、西峰、绥德站和内蒙古水科院、中科院水保所、山西省水保所、山西忻州水保所、山西临汾水保所等单位,具有较丰富的径流小区试验资料,以下的成果是选择利用上述科研站所从 1945 年至 1994 年间 299 个径流小区共 1 315 场年的径流小区资料,同时,还利用"黄河中游地区开发建设项目新增水土流失预测研究"课题的 90 场区天然小区资料和 34 场人工降雨试验资料及部分放水冲刷试验资料分析获得的。

(三)土壤抗冲性影响因素

1. 降雨强度的影响

各科研站所的小区观测资料都没有降雨强度摘录值,所以只能利用人工降雨试验资料分析。前述课题在人工降雨试验时,分别采用了 1%、2%、5% 和 10% 等 4 种频率的降雨强度,根据各小区每一场人工降雨试验资料,分别分析了土壤抗冲性指标 K_w 与降雨强度 I 的关系,结果表明,K_w 值随着降雨强度 I 的加大而加大。图 3-39 ~ 图 3-41 分别为 3°土路面、第四年弃土和第七年弃土小区的土壤抗冲性指标 K_w 与降雨强度 I 的关系曲线。表 3-35 是由人工降雨试验获得的 K_w—I 关系方程。

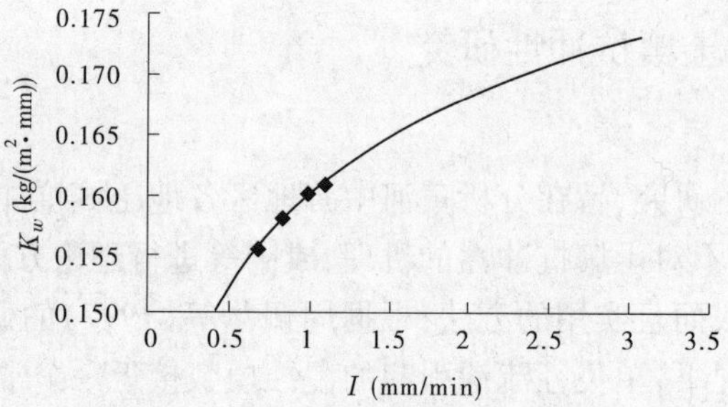

图 3-39 3°土路面 K_w—I 关系图

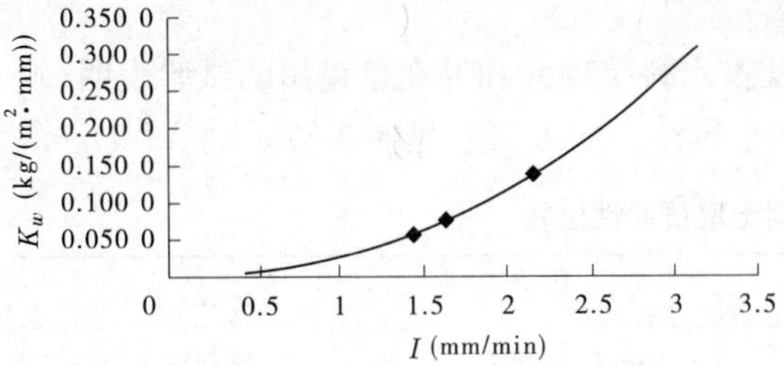

图 3-40　第四年弃土 K_w—I 关系图

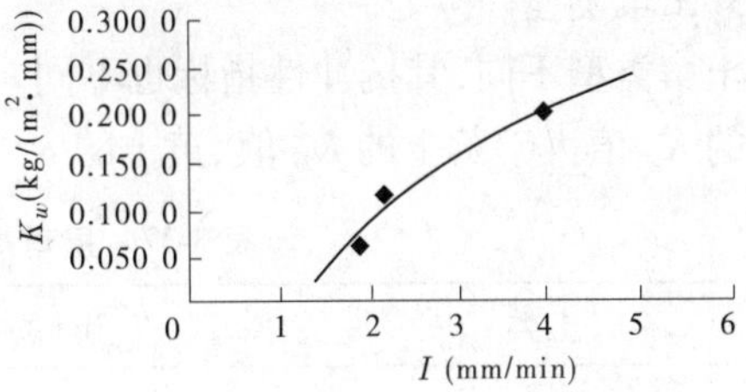

图 3-41　第七年弃土 K_w—I 关系图

表 3-35　人工降雨试验 K_w—I 关系

下垫面类型	K_w—I 关系方程	R^2
3°土路面	$K_w = 0.0116\ln I + 0.16$	0.987 1
第四年弃土	$K_w = 0.0259I^{2.1578}$	1.000
第七年弃土	$K_w = 0.1733\ln I - 0.0316$	0.942 4

2. 地面坡度的影响

对系列较长的小区资料分析可知，K_w 值与地面坡度 J 呈正相关变化。图 3-42 是羊道沟径流小区的土壤抗冲性指标与小区地面坡度的关系图，图 3-43 是黄河中游地区各试验站径流小区综合后的土壤抗冲性指标与地面坡度关系曲线。有关地区土壤抗冲性指标与地面坡度关系方程见表 3-36。

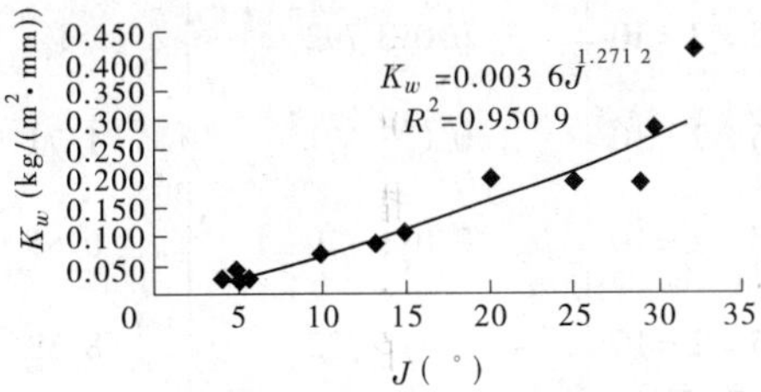

图 3-42　羊道沟 K_w—I 关系曲线

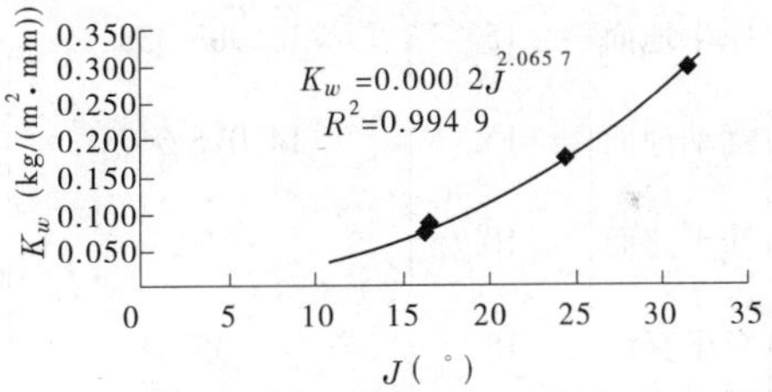

图 3-43　黄河中游地区(径流小区综合) K_w—I 关系曲线

表 3-36　不同站点 K_w—J 的关系式

站点	土地利用情况	关系式	R^2
天水	农地	$K_w = 0.011J^{0.0203}$	0.975 4
西峰	农地	$K_w = 0.0138J^{0.7142}$	0.966 3
离石	农地	$K_w = 0.0477e^{0.0436J}$	0.911 7
绥德	农地	$K_w = 0.1167\lg J - 0.1999$	0.983 0
河曲	综合	$y = 0.0075e^{0.0587J}$	0.957 7
东胜	农地	$K_w = 0.0046e^{0.1458J}$	0.986 2
五分地沟	黄土	$K_w = 0.6818J^{2.2486}$	0.959 4

3. 土壤类型

土壤类型不同，其抗冲性指标也不同。内蒙古水科院项元和等在皇甫川的试验表明，砒砂岩的 K_w 值大于黄土的 K_w 值、黄土的 K_w 值大于风沙土的 K_w 值，见表 3-37。

表 3-37　皇甫川不同土壤抗冲性比较

土类	砒砂岩	黄土	风沙土
K_w（kg/（m^2·mm））	0.071 4	0.065 8	0.003 3

开发建设产生的各类下垫面不同，其土壤抗冲性指标也不同，试验方法不同，同一类土壤的抗冲性指标值也有一定的差距。表 3-38 ~ 表 3-40 分别是神府东胜矿区天然降雨、人工降雨及放水冲刷试验条件下获得的土壤抗冲性指标值，结果表明，人工降雨试验条件下的抗冲性指标值最小，放水冲刷试验条件下的抗冲性指标值最大，对三种试验结果进行综合，其结果见表 3-41。同一地区各类下垫面的土壤抗冲性指标与原生地面——荒地抗冲性指标的比值也同时列于表内，当根据试验小区资料分析获得某一类下垫面的 K_w 值时，可参考上述比值确定其他下垫面的 K_w 值。

表 3-38　神府东胜矿区土壤抗冲性指标天然降雨试验结果

小区编号	冲刷地面类型	试验场次	小区坡度（°）	小区面积（m^2）	土壤抗冲性指标 K_w（kg/（m^2·mm））	抗冲性指标 K_w 与原生地面值之比
1	原生地面	15	13.983 333	5×2=10	0.013 792	1
2	扰动地面	15	14.016 667	5×2=10	0.023 601	1.71
3	沙土路面	10	3.92	5×2=10	0.011 779	0.85
4	弃土弃渣	15	35	5×2=10	0.115 532	8.38

表 3-39　神府东胜矿区土壤抗冲性指标人工降雨试验结果

小区编号	冲刷地面类型	试验场次	小区坡度（°）	小区面积（m^2）	土壤抗冲性指标 K_w（kg/（m^2·mm））	抗冲性指标 K_w 与原生地面值之比
1	原生地面	9	11	2×1=2	0.026 8	1
2	扰动地面	9	11	2×1=2	0.05	1.87
3	沙土路面	4	5	2×1=2	0.079 6	2.97
4	弃土弃渣	8	35	2×1=2	0.093 75	3.5

表 3-40　神府东胜矿区土壤抗冲性指标放水冲刷试验结果

小区编号	土地类型	试验场次	坡度（°）	小区面积（m^2）	模拟来水面积（m^2）	土壤抗冲性指标 K_w（kg/（m^2·mm））	抗冲性指标 K_w 与原生地面值之比
1	原生地面	15	11	10×1=10	150	0.040 598	1
2	扰动地面	11	11	10×1=10	150	0.224 227	5.52
3	沙土路面	12	5	10×1=10	150	0.331 993	8.18
4	弃土弃渣	7	35	10×1=10	1 120	0.512 717	12.63
5	堆弃沙土	27	35	10×1=10	1 120	1.225 102	30.18

表 3-41　神府东胜矿区土壤抗冲性指标综合值

下垫面类型	土壤抗冲性指标 K_w（kg/（m^2·mm））	抗冲性指标 K_w 与原生地面值之比
原生地面—荒地	0.116	1
扰动地面	0.325	2.8
沙土路面	0.336	2.9
人工土路面	0.136	0.85
渣土堆弃物	0.754	6.5
堆弃沙质土	2.088	18
砾质灌木区	0.011	0.09

4. 土地利用情况

土地利用情况不同，土壤抗冲性指标也不同。表 3-42、表 3-43、表 3-44 分别是羊道沟流域、辛店沟流域和南小河沟流域试验小区在不同土地利用条件下的土壤抗冲性指标统计值，由表可知，天然荒沟陡坡的 K_w 值最大，其余依次为农地、草地和林地，农村庄院的 K_w 值最小，土路的 K_w 值也较小；同是农地，但不同的作物因其收割的季节不同，其土壤抗冲性也不同，冬麦收割于汛期的初期，收割时对地面扰动较大，致使地面疏松而易受侵蚀，麦子收割后，作物减轻降雨对地表侵蚀的作用消除，所以其抗冲性指标最大，而其他春种秋收的农地的抗冲性相对较小一些。

综合黄河中游地区 20 个站点的小区试验资料，并将各地类与荒坡地的 K_w 值之比列入表 3-45 中，同时将各地的 K_w 值列于表 3-46 中，可作为确定各地土壤抗冲性指标时的参考值。

表 3-42　羊道沟试验小区土壤抗冲性指标统计

序号	地类	统计数量（场年）	平均坡度（°）	土壤抗蚀性指标 K_w 均值（kg/(m^2·mm)）
1	林地	19	31	0.046 2
2	土路	4	4	0.069 2
3	草地	14	27.8	0.098 1
4	农地	52	18.6	0.216
5	荒地	18	31.3	0.728 3
6	荒沟壁	6	—	1.164 8

表 3-43　辛店沟农地小区土壤抗冲性指标统计

序号	地类	统计数量（场年）	平均坡度（°）	土壤抗冲性指标 K_w 均值（kg/(m^2·mm)）
1	草地	12	32.0	0.080 014
2	高粱	43	22.80	0.143 855
3	豆地	26	22.60	0.169 031
4	洋芋	10	22.0	0.172 881
5	谷子	37	21.4	0.218 368
6	冬麦	2	26.0	0.505 198

表 3-44　南小河沟试验小区土壤抗冲性指标统计

序号	地类	统计数量（场年）	平均坡度（°）	土壤抗冲性指标 K_w 均值（kg/(m^2·mm)）
1	庄院	1	11.8	0.002 315 8
2	林地	27	34.5	0.034 511 1
3	草地	36	26.2	0.042 632 7
4	土路	6	0.7	0.056 654 4
5	农地	84	11.7	0.064 695 2
6	天然荒坡	2	23.6	1.593 025 1

表 3-45　黄河中游地区各地类 K_w 值比较

地类	农地	林地	人工牧草	荒坡地	各类地均值
区域平均值 K_w（kg/(m^2·mm)）	0.180 70	0.062 32	0.101 93	0.129 79	0.118 68
各地类与荒坡地 K_w 值之比	1.39	0.48	0.79	1.00	0.92

表 3-46　黄河中游地区有关站点土壤抗冲性指标 K_w 值　　（单位:kg/(m^2·mm)）

序号	类型区	站点	农地	林地	人工牧草	荒坡地	各类地均值
1	砒砂岩区	东胜忽尼图					0.146 33
2	丘一区	准旗五分地	0.047 72			0.008 56	
3	丘一区	皇甫川					0.065 01
4	丘一区	和林格尔					0.060 91
5	丘一区	河曲	0.232 70	0.033 17	0.020 68	0.084 67	0.122 40
6	土石山区	太原					0.027 99
7	高原沟壑区	隰县	0.047 71			0.094 01	
8	丘一区	离石羊道沟	0.241 52	0.041 69	0.055 38	0.575 38	0.199 68
9	丘三区	天水梁家坪	0.250 00	0.042 00	0.135 00		0.117 20
10	高原沟壑区	西峰南小河	0.090 44	0.031 17	0.095 37	0.250 60	0.093 21
11	丘一区	绥德辛店	0.225 72		0.095 81		0.216 06
12	丘一区	榆林王家沟	0.572 65		0.443 95	0.171 31	0.316 78
13	丘一区	靖边于家沟	0.070 45	0.045 18	0.029 99	0.026 11	0.047 43
14	丘一区	神木孟家沟	0.121 61	0.285 25	0.175 21	0.163 15	0.168 24
15	丘一区	子州岔巴沟					0.288 50
16	黄土阶地区	礼泉	0.015 00	0.000 30		0.002 80	0.009 85
17	高原沟壑区	长武	0.024 00		0.001 50	0.006 00	0.015 76
18	丘二区	志丹	0.196 50				0.129 06
19	丘一区	佳县	0.251 00		0.164 00		0.164 86
20	丘二区	安塞	0.014 90	0.019 80		0.025 00	0.009 79

第七节　黄河中游地区降雨侵蚀力

影响土壤侵蚀的因子主要包括气候、地质、地形、植被和人类活动等5个方面。其中,气候因子为动力因子,对于水蚀区而言,引起土壤侵蚀的动力因子是降雨及其产生的径流,而降雨是原动力因子。但是,在建立土壤侵蚀预报模型时,以降雨量、雨强或降雨历时等降雨特征因子作为预报因子，其效果并不理想，这就要寻求一个能综合反映降雨特征的因子作为预报因子。美国学者维斯奇迈尔（Wis. W. H. chmeier）等提出用"降雨侵蚀力"R 来表征降雨特征因子并将其应用于土壤流失通用方程（USLE）。

降雨侵蚀力，是降雨导致土壤产生侵蚀的能力。降雨侵蚀力的研究最早始于美国，我国对降雨侵蚀力的研究从 20 世纪 80 年代开始，综观我国对该领域的研究概况，尤以王万忠关于"黄土高原降雨侵蚀力"研究的成果（王万忠等，1996）对黄河中游地区涵盖能力最大，而且，利用该项研究提出的公式分析计算降雨侵蚀力，所需资料易于获得。所以，可采用降雨侵蚀力作为预报新增水土流失的气候因子。

一、次降雨侵蚀力

（一）次降雨侵蚀力计算公式

王万忠研究提出的次降雨侵蚀力计算公式为：

$$R_c = 0.012H_{60}^{1.071} I_{10}^{1.133} \tag{3-20}$$

式中 R_c——次降雨侵蚀力，m · t · cm/（hm² · h）；

H_{60}——降雨中最大 60 min 雨量，mm；

I_{10}——次降雨中最大 10 min 雨强，mm/h。

上述公式的结构表明，利用一般雨量站的资料即可分析计算某一次降雨的侵蚀力。

（二）次降雨侵蚀力影响因素

利用神府东胜矿区所在的乌兰木伦河流域内 3 个雨量站的资料，对次降雨侵蚀力的有关影响因子进行了分析，分别选择位于乌兰木伦河流域上、中、下游的韩家沟、大柳塔、王道恒塔雨量站 92 次、65 次和 74 次产流降雨资料，根据公式（3-20）对各站历次降雨侵蚀力进行分析，然后分析相关因子对 R_c 的影响。

1. 次降雨量对降雨侵蚀力的影响

对 3 个雨量站的资料分析表明，次降雨侵蚀力 R_c 与次降雨量 H_c 的关系比较散乱，线性相关系数 R^2 的数值分别为 0.318 5、0.408 3、0.228 5，可见，次降雨量对次降雨侵蚀力的影响不够显著。图 3-44 是大柳塔站的 R_c 与 H_c 关系图。

2. 次降雨中最大 60 min 雨量 H_{60} 对降雨侵蚀力的影响

分析表明，3 个站的次降雨最大 60 min 雨量与次降雨侵蚀力相关性都比较显著，相关系数 r^2 为 0.888 6 ~ 0.952 9，关系为乘幂型。典型关系图见图 3-45，关系式见表 3-47。

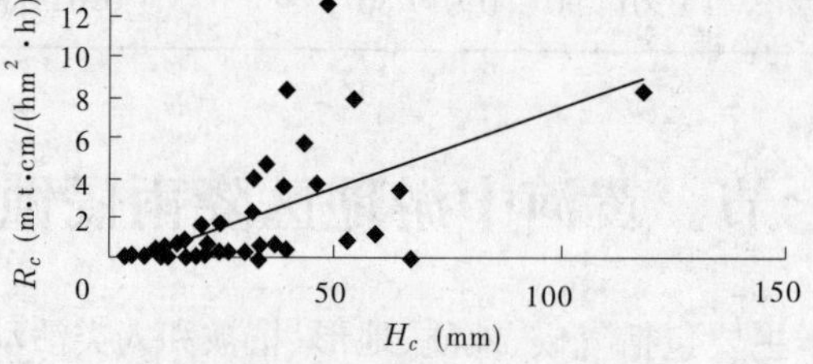

图 3-44 大柳塔站 R_c—H_c 关系图

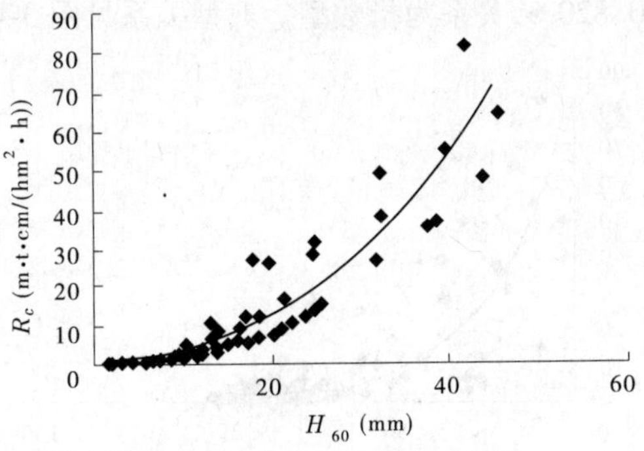

图 3-45　王道恒塔站 R_c—H_{60}关系

表 3-47　R_c—H_{60}关系表

雨量站	方程	相关系数 r^2
王道恒塔	$R_c = 0.0152 H_{60}^{2.2153}$	0.952 9
大柳塔	$R_c = 0.0139 H_{60}^{2.4741}$	0.888 6
韩家沟	$R_c = 0.0156 H_{60}^{2.1903}$	0.924 5

3. 次降雨中最大 10 min 雨强 I_{10}对降雨侵蚀力的影响

对 3 个雨量站的资料分析表明,次降雨中最大 10 min 雨强 I_{10}对降雨侵蚀力的影响非常显著,相关系数 r^2 为 0. 947 5 ~ 0. 965 2, 关系也为乘幂型。典型关系见图 3- 46,关系式见表 3- 48。

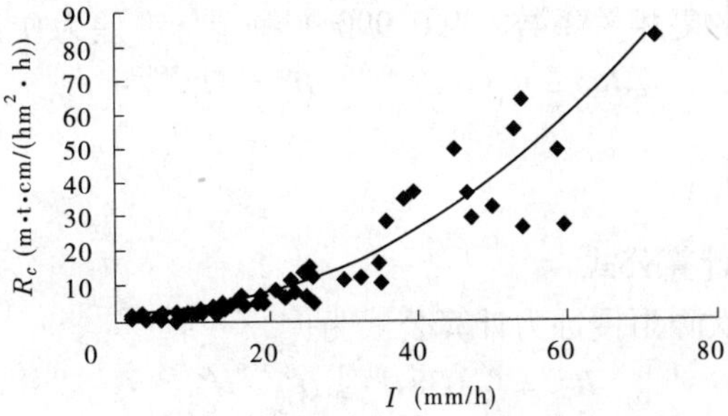

图 3- 46　王道恒塔站 R_c—I_{10}关系

表 3- 48　R—I_{10}关系

雨量站	方程	相关系数 r^2
王道恒塔	$R_c = 0.0145 I_{10}^{2.029}$	0.965 2
大柳塔	$R_c = 0.0204 I_{10}^{1.7537}$	0.953 5
韩家沟	$R_c = 0.0167 I_{10}^{1.9568}$	0.947 5

4. 降雨频率对次降雨侵蚀力的影响

在分别对各站不同历时次降雨的总体资料进行频率分析的基础上,确定所选择各次降雨的频率 P,再将 P 与 R_c 建立相关关系,结果表明,次降雨频率与次降雨侵蚀力显著相关,

相关系数 r^2 为0.708 4～0.820 6,关系为指数型。典型关系见图3-47,关系式见表3-49。

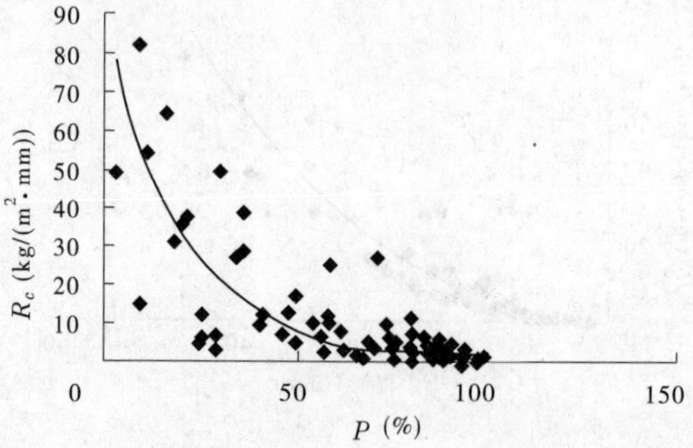

图3-47　王道恒塔站 R_c—P 关系

表3-49　R_c—P 关系

雨量站	方程	相关系数 r^2
王道恒塔	$R_c = 49.946e^{-0.0335P}$	0.800 0
大柳塔	$R_c = 26.96e^{-0.0518P}$	0.708 4
韩家沟	$R_c = 51.584e^{-0.0462P}$	0.820 6

(三)乌兰木伦河流域次降雨侵蚀力计算公式

以上分析结果表明,影响次降雨侵蚀力的主要因素有:次降雨中最大60 min降雨量、次降雨中最大10 min雨强和次降雨频率。据此,建立了乌兰木伦河流域次降雨侵蚀力计算公式,见式(3-21),该公式的复相关系数 r 为0.990 9,剩余标准差为0.231 5。

$$R_c = 0.008P^{-0.0091}H_c^{0.3339}I_{10}^{1.8607} \tag{3-21}$$

二、年降雨侵蚀力

(一)年降雨侵蚀力计算公式

王万忠研究提出的次降雨侵蚀力计算公式为:

$$R_n = 0.038H_{\geqslant 10}^{0.615}H_{10}^{0.961}H_{60}^{0.645} \tag{3-22}$$

式中　R_n——年降雨侵蚀力,m·t·cm/(hm²·h·a);

$H_{\geqslant 10}$——一年中大于10 mm的次降雨量之和,mm;

H_{10}、H_{60}——一年中最大10 min和最大60 min降雨量,mm。

只要有某地区降雨观测资料,即可利用上述公式计算得到该地区的年降雨侵蚀力的数值。

(二)年降雨侵蚀力 R_n 值和 R_n 等值线图

王万忠根据上述公式计算得到黄土高原有关站点的年降雨侵蚀力 R_n 值,见表3-50,并绘制成黄土高原年降雨侵蚀力 R_n 等值线图,见图3-48。

实际工作中如果需要求某点的年降雨侵蚀力 R_n,可在表3-50中或在图3-48中查找,也可根据与某点相邻点的 R_n 值内插求得。

表 3-50 黄土高原及邻近地区年降雨侵蚀力 R_n 值

站名	R_n	站名	R_n	站名	R_n	站名	R_n
唐乃亥	31.4	偏关	89.8	悦乐	98.6	兰村	119.5
贵得	20.9	河曲	117.4	庆阳	69.6	寨上	115.2
循化	29.0	皇甫	172.8	西峰	86.1	董茹	120.7
海晏	37.1	义门	118.8	毛家河	109.7	太原	120.0
桥头	49.0	草垛山	127.7	杨家坪	120.2	卢家庄	159.8
西宁	25.5	神木	75.3	雨落坪	82.1	独堆	136.9
大峡	37.6	温家川	91.4	延安	142.6	汾河二坝	141.5
民和	38.9	高家堡	100.0	柳林	127.0	文峪河水库	126.2
双城	84.3	高家川	162.6	淳化	127.9	义棠	132.5
李家村	103.3	申家湾	136.9	耀县	135.7	盘托	132.9
岷县	71.8	三岔堡	97.3	张家山	96.6	南关	129.7
多坝	91.6	五寨	82.4	平凉	89.7	石滩	130.3
武胜驿	52.8	岢岚	85.5	华亭	118.0	临汾	152.1
兰州	27.5	临县	150.2	武山	56.8	柴庄	129.4
靖远	33.3	圪洞	156.3	秦安	114.0	东庄	243.6
郭城驿	45.9	林家坪	130.8	南河川	58.3	浍河水库	190.0
会宁	44.2	吴堡	121.7	天水	62.8	吕庄水库	176.2
馋口	60.0	丁家沟	118.9	千阳	128.9	河津	138.5
下河沿	45.7	榆林	151.3	林家村	97.7	万荣	166.8
中宁	45.0	赵石窑	107.3	好峙河	86.0	南山底	204.8
贺堡	45.0	殿市	111.0	魏家堡	77.4	运城	159.4
韩府湾	62.3	横山	146.8	斜峪关	98.9	张留庄	140.2
固原	51.5	韩家峁	172.1	黑峪口	89.3	虢镇	126.5
下寨	58.1	靖边	92.5	涝峪口	107.0	灵口	194.4
青铜峡	29.4	青阳岔	104.6	秦渡镇	81.3	韩城	213.0
银川	31.4	子长	169.4	大峪	139.3	龙门镇	250.7
石嘴山	41.3	甘谷驿	136.9	西安	78.6	八里胡同	339.2
磴口	33.1	延安	150.2	咸阳	109.9	小浪底	320.6
临河	25.9	吉县	158.9	马王渡	115.0	垣曲	335.7
三湖河口	70.7	大村	132.0	罗李村	156.4	晋城	165.3
龙头拐	74.4	龙门	175.1	华县	95.9	阳城	180.3

续表 3-50

站名	R_n	站名	R_n	站名	R_n	站名	R_n
哈德门沟	105.5	金佛坪	132.2	潼关	119.0	沁源	200.3
阿塔山	80.6	志丹	113.2	大同	95.9	飞岭	193.3
包头	103.3	刘家河	130.5	左玉	78.9	长治	264.5
大脑包	129.5	张村驿	124.2	平鲁	87.6	隰县	137.0
旗下营	95.6	交口河	134.0	山阴	72.1	侯马	197.6
呼和浩特	99.4	黄陵	160.2	灵邱	104.8	隆务河口	25.9
和林格尔	75.2	壮头	106.1	忻县	102.7	泉眼山	35.7
东胜	85.9	大荔	117.0	岔上	75.1	景村	92.7
头道拐	88.7	环县	53.8	静乐	75.9	三门峡	244.9
准格尔	113.5	三岔	79.8	汾河水库	103.1	张村	96.6

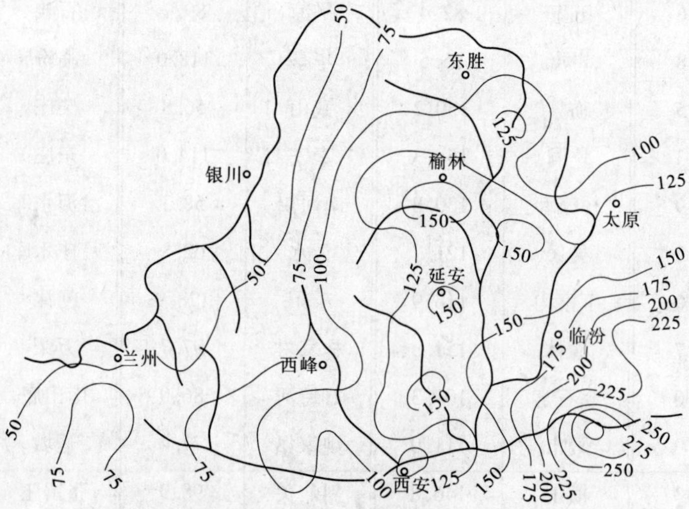

图 3-48　黄土高原年降雨侵蚀力 R_n 等值线

第四章　黄河中游地区开发建设项目水土流失试验研究成果

从20世纪80年代中期开始，许多单位对黄河中游地区开发建设产生的新增水土流失进行了试验研究，其中尤以黄委晋陕蒙接壤地区水土保持监督局在“黄河中游地区开发建设项目新增水土流失预测研究”课题中提出的成果比较系统。本章主要简单介绍该项目研究成果的主要内容。

第一节　开发建设新增水土流失预测方法简介

一、新增流失系数法

（一）方法简述

新增流失系数法是计算新增流失量最传统的方法，对于无水沙资料的地区尤为重要。所谓新增流失系数法，是计算开发建设项目弃土弃渣新增流失量的一种方法，它是在已知弃土弃渣堆放的位置、数量和新增流失系数的情况下推算新增流失量的。

对于直接堆弃于河道、沟谷中洪水位以下的弃土弃渣，即认为其流失率为100%，而堆弃在非河道、沟谷中且遭受水蚀的弃土弃渣即可用新增流失系数法计算。

（二）计算公式

开发建设过程中产生的弃土弃渣的新增流失量用下列公式确定：

$$\Delta W_S = \alpha W_S \tag{4-1}$$

式中　ΔW_S——新增水土流失量；

α——新增流失系数；

W_S——开发建设排弃渣土数量。

这种方法的关键是正确地确定新增流失系数，而开发建设产生的弃土弃渣量及其堆放位置一般在主体工程设计报告中有所交代。

开发建设项目新增流失系数与弃土弃渣数量、堆积部位、物料组成、暴雨洪水等因素有关。据对乌兰木伦河流域208个开发建设项目的调查分析，弃土弃渣总的流失率为32.42%，其中，弃土弃渣直接入河流失率为24.90%，建设项目附近堆积的弃土弃渣的流失率为7.52%。表4-1是该流域内9类171个项目就近堆弃渣土的流失系数，从表中可以看出，交通建设项目和小型煤炭生产项目就近弃土弃渣的流失系数较大，大中型煤炭生产项目弃土弃渣的主要流失形式是弃渣直接入河，而就近堆弃物的流失系数较小，如果不考虑弃渣直接入河，则就近堆弃物的流失系数平均是9.79%。但弃土弃渣的流失一般呈衰减趋势，不同时期新增水土流失系数是不同的，特别是随着开发建设项目进入运行期，在人们环境保护意识不断增强的情况下，矿区水土保持、河道整治以及复垦绿化等环境治理将加强，治理工程对水土流失会有一定的防护作用，前期受破坏严重的地区有些已被建筑物覆盖，被扰动的裸露地面逐渐趋于稳定，新的人为水土流失将会有所减少，但矿区开发增加水土流失这一趋势将是肯定的，这一期间的水土流失系数可减至10%左右。黄河水利科学研究院张胜利等(1994)对神府东胜矿区调查分析表明，在基建期新增水土流失系数可达20%～30%；中科院水利部水保所王占礼等(1994)对矿区不同地点调查认为，流失系数变幅较大，最大可达50%，其结果列于表4-2。

表4-1　乌兰木伦河流域各类开发建设项目弃土弃渣流失系数

序号	项目名称	生产建设规模	弃土弃渣总量（万 m^3）	弃土弃渣流失量（万 m^3）	流失系数（%）
1	1万～5万t煤矿(45座)	100.1万t/a	33.88	7.4649	22.03
2	5万～10万t煤矿(45座)	311万t/a	147.66	13.2564	8.98
3	10万～30万t煤矿(10座)	275万t/a	315.16	30.2144	9.59
4	神东公司大型矿(11座)	2190万t/a	3219.06	90.7107	2.82
5	铁路(3条)	107.3 km	748.93	190.9675	25.5
6	油路(11条)	207 km	862.33	174.0510	20.18
7	土路(24条)	281 km	204.83	32.7126	15.97
8	进矿油路(15条)	32.02 km	119.61	13.1397	10.99
9	进矿土路(7条)	18.97 km	14.03	2.4110	17.18
合计	171个项目		5665.49	554.9282	9.79

表4-2　矿区不同地点的弃土弃渣流失系数

地点	渣源与堆积部位	物料组成	暴雨洪水条件	流失系数(%)
马家塔	露天矿剥离，堆于河道边	沙、砾石、石块	河道洪水	49.5
补连塔	铁路弃渣，堆于河岸坡	土、碎石、风化石	坡面径流、沟道洪水	26.6
李家畔	采石弃渣，坡面堆积	碎石、石块	坡面陡、小沟洪水	39.6
武家塔	露天矿剥离，塬面沟坡堆积	沙石、废渣、风化物	风蚀、小沟洪水	0.8

二、新增土壤侵蚀系数法

(一)方法简述

开发建设产生的各类下垫面上的侵蚀模数比原生地面增加的量，与原生地面侵蚀模数之比即为新增土壤侵蚀系数。以原生地面侵蚀模数为基数，根据开发建设产生的各类下垫面的数量及其新增侵蚀系数，即可预测新增水土流失量。这种方法的关键是正确地确定新增土壤侵蚀系数。各类下垫面的面积可根据主体工程设计报告确定。

另外，开发建设产生的各类下垫面的表面抵抗水蚀的能力是逐年增加的，也就是各类下垫面的侵蚀模数是逐年衰减的，若干年后其抗冲性就与原生地面相同，这个“若干年”即是新增侵蚀模数的衰减期,用 T 表示,新增侵蚀模数逐年的衰减系数用 β 表示,则 $\beta = 1/T$。侵蚀模数逐年衰减的问题在预测过程中应予以考虑。

根据我们对潼关县采矿区、黄陵矿区及黑三角地区的调查,弃土弃渣的自然衰减期为 15 ~ 25 年,扰动地面的自然衰减期为 5 年左右,对于采取治理措施的下垫面,其衰减期根据水土保持治理方案确定。

(二)计算公式

开发建设过程中新增流失量计算公式如下:

$$W_L = \sum \Delta W_i \tag{4-2}$$

$$\Delta W_i = [N - \frac{N(N-1)}{2})\beta_i]\gamma_i M_0 F_i \tag{4-3}$$

式中 W_L——预测期内新增流失总量,t;

ΔW_i——第 i 类下垫面在预测期内的流失量,t;

γ_i——第 i 类下垫面的新增侵蚀系数;

F_i——第 i 类下垫面的面积,km^2;

M_0——原生地面侵蚀模数,t/(km^2·a);

β_i——第 i 类下垫面新增侵蚀模数的衰减系数,它为衰减期 T 的倒数;

N——预测年限,a。

新增侵蚀系数可参考表 4-3 确定。

表 4-3　开发建设不同下垫面新增土壤侵蚀系数

序号	下垫面类型	天然降雨试验结果	人工降雨试验结果	土壤侵蚀系数范围	新增土壤侵蚀系数范围
1	原生地面	1	1	1	0
2	扰动地面	1.46	2.97	1.4 ~ 3.0	0.4 ~ 2.0
3	沙土路面		3.7	3.0 ~ 3.7	2.0 ~ 2.7
4	沙壤土路面	2.64 ~ 2.91		2.2 ~ 3.0	1.2 ~ 2.0
5	壤土路面	2.16		≤2.2	≤1.2
6	弃土弃渣(综合)	2.37		≤3.0	≤2.0
7	第四年弃土弃渣		2.41	≤2.5	≤1.5
8	当年弃土	4.49		≤4.5	≤3.5
9	第四年弃土		3.11	3.11	2.11
10	第七年弃土		1.7	1.7	0.7
11	砾质灌木区	0.12		0.12	-0.88
12	砒砂岩(原生地面)	0.7		0.7	-0.3

注:原生地面是坡度为 11° ~ 17°、植被盖度小于 5% 的荒坡地,其侵蚀模数为 8 000 ~ 10 000 t/(km·a)。

三、数学模型法

(一)方法简介

数学模型法是根据试验研究建立起来的各类下垫面年侵蚀模数预测模型计算现状侵蚀量,其减去原生地面上的侵蚀量,即为新增流失量。

（二）计算公式

开发建设工程中新增流失量 W_L 用下式计算：

$$W_L = \sum \Delta W_i \tag{4-4}$$

$$\Delta W_i = [N - \frac{N(N-1)}{2}\beta_i]F_i(M_i - M_0) \tag{4-5}$$

式中 W_L——预测期内新增流失总量，t；

ΔW_i——第 i 类下垫面在预测期内的流失量，t；

F_i——第 i 类下垫面的面积，km^2，由主体工程设计资料确定；

M_i——第 i 类下垫面的侵蚀模数，$t/(km^2 \cdot a)$，由预测模型计算；

M_0——原生地面侵蚀模数，$t/(km^2 \cdot a)$，调查确定或由公式计算；

β_i——第 i 类下垫面新增侵蚀模数的衰减系数，它为衰减期 T 的倒数；

N——预测年限，a。

（三）各类新下垫面侵蚀模数的确定

不同地区有不同的侵蚀模数值，开发建设产生的各类新的下垫面的侵蚀模数也是如此，但不管何类地区，土壤侵蚀的规律是相同的，即影响土壤侵蚀的因子是相同的。土壤侵蚀模数值的主要影响因素有降雨、土壤、地形、植被和人类活动等 5 大类，开发建设产生的各类新的下垫面本身就是人类活动的产物，所以这一因素可不予考虑。另外，新的下垫面上的植被盖度一般小于5%，可按无植被状态考虑，则影响各类新下垫面侵蚀模数的主要因子有降雨、地形和土壤 3 类。

根据第三章所介绍的试验研究成果，对乌兰木伦河流域 208 个建设项目在 1986～1998 年间的 44 场产洪降雨作用下的新增土壤流失量进行了分析计算，同时，利用水文法结合水保法的方法进行了修正校核，最终确定每个项目的各类下垫面在历次产流降雨条件下的流失量、新增流失量和侵蚀模数，再根据这些成果和天然降雨、人工降雨及放水冲刷等 3 种试验获得的成果，建立各类下垫面的土壤侵蚀模数预报方程（见表 4-4）。公式形式为：

$$M_i = f(R, J_i, K_{wi}) \tag{4-6}$$

式中 M_i——第 i 类下垫面的年侵蚀模数，t/km^2；

R——年降雨侵蚀力，$m \cdot t \cdot cm/(hm^2 \cdot h \cdot a)$；

J_i——第 i 类下垫面地面坡度(°)；

K_{wi}——第 i 类下垫面土壤抗冲性指标，$kg/(m^2 \cdot mm)$。

表 4-4 年降雨侵蚀模数预报模型

下垫面类型	方程	相关系数
扰动地面	$M = 58.6R^{0.7507}K_w^{-0.2305}J^{1.0896}$	0.898 0
原生地面	$M = 60.2R^{0.8018}K_w^{0.0234}J^{0.6537}$	0.921 4
弃土弃渣坡面	$M = 517.7R^{0.8292}K_w^{-0.4492}J^{0.0249}$	0.917 6
弃土弃渣坡面（无坡度）	$M = 564.5R^{0.8419}K_w^{-0.4091}$	0.945 0

（四）参数确定

上述计算新增流失量公式中主要参数的确定方法如下。

R 值可参考表 3-50 确定,也可由图 3-48 内插确定,或利用第三章第七节所介绍的公式由实测资料分析计算;K_w 值可参考第三章第六节相关表确定;F_i 由主体工程设计资料确定;M_0 通过调查确定或由公式计算;β 为衰减期 T 的倒数,T 可根据当地实际情况确定。

(五)原生地面年侵蚀模数确定

当原生地面为荒坡时,其年侵蚀模数可直接由表 4-4 中的公式计算。当原生地面有较多的植被或有陡坡开荒情况时,可采用黄河流域第二次遥感普查时陕西片提出的年侵蚀模数计算公式[3]计算,公式形式如下:

$$M_0 = 18\, R^{0.2595} C^{-0.4310} V^{-0.4819} J^{1.0472} G^{0.4506} H^{0.2554} \tag{4-7}$$

式中 M_0——土壤侵蚀模数,t/(km^2 · a);

R——降雨侵蚀力,m · t · cm/(hm^2 · h · a),R 值确定方法同前;

C——地表土壤抗冲刷系数,它表示土壤抗蚀性的强弱,根据 C 值的测试计算过程,其单位为 L · s/g,该值由中科院水保所蒋定生等通过实地试验获得,黄土高原部分地区的 C 值见表 4-5,C 值可采用内插法取值;

V——植被覆盖度平均值,%,按水土保持调查规范实地调查,同时规定,当 $V=0$ 时取 $V=1$;

J——地面平均坡度(°),在 1∶10 万或 1∶5万或 1∶1万地形图上调绘获得,同时规定,当 $J<1°$ 时取 $J=1°$;

G——沟壑密度,km/km^2,在 1∶5万或 1∶1万地形图上量算,同时规定,当 $G<1$ 时取 $G=1$。

H——陡坡开荒或陡坡扰动地面密度,hm^2/km^2,同时规定,当 $H<1$ 时取 $H=1$。

表 4-5 黄土高原地区土壤抗冲刷系数

序号	县名	土壤抗冲刷系数(L · s/g)	序号	县名	土壤抗冲刷系数(L · s/g)
1	和林格尔	0.056	14	方山	0.115
2	清水河	0.023	15	离石	0.046
3	准旗	0.018	16	中阳	0.051
4	东胜	0.01	17	柳林	0.055
5	伊旗	0.02	18	石楼	1.127
6	偏关	0.057	19	永和	0.24
7	河曲	0.108	20	隰县	0.281
8	神池	0.06	21	大宁	0.305
9	五寨	0.102	22	蒲县	0.35
10	保德	0.038	23	乡宁	0.511
11	岢岚	0.025	24	吉县	0.766
12	兴县	0.066	25	府谷	0.62
13	临县	0.085	26	神木	0.022

续表 4-5

序号	县名	土壤抗冲刷系数（L · s/g）	序号	县名	土壤抗冲刷系数（L · s/g）
27	榆林	0.014	57	旬邑	0.91
28	横山	0.022	58	淳化	1.132
29	靖边	0.014	59	礼泉	0.795
30	定边	0.021	60	乾县	0.761
31	米脂	0.016	61	永寿	0.5
32	佳县	0.055	62	彬县	0.492
33	子州	0.025	63	长武	0.714
34	绥德	0.048	64	宝鸡	0.564
35	吴堡	0.056	65	麟游	0.61
36	清涧	0.105	66	千阳	0.751
37	子长	0.175	67	陇县	0.052
38	延川	0.305	68	盐池	0.047
39	延长	0.55	69	同心	0.066
40	延安	0.11	70	固原	0.148
41	安塞	0.103	71	泾阳	0.602
42	志丹	0.08	72	隆德	0.559
43	吴旗	0.08	73	海源	0.137
44	甘泉	0.177	74	西吉	0.026
45	富县	0.485	75	彭阳	0.132
46	宜川	0.597	76	兰州	0.125
47	洛川	0.548	77	永靖	0.115
48	黄陵	0.545	78	榆中	0.3
49	黄龙	0.591	79	定西	0.231
50	宜君	0.801	80	靖远	0.104
51	韩城	0.954	81	会宁	0.176
52	澄城	0.565	82	陇西	0.304
53	合阳	0.544	83	武山	0.355
54	白水	0.603	84	渭源	0.405
55	铜川	0.655	85	通渭	0.053
56	耀县	0.766	86	泰安	0.721

续表 4-5

序号	县名	土壤抗冲刷系数（L·s/g）	序号	县名	土壤抗冲刷系数（L·s/g）
87	甘谷	0.415	101	宁县	0.682
88	静宁	0.206	102	合水	0.306
89	庄浪	0.458	103	庆阳	0.08
90	天水	0.621	104	华池	0.085
91	青水	0.385	105	环县	0.023
92	张家川	0.827	106	太白镇	101.4
93	华亭	0.575	107	黄龙山林区	100.425
94	崇信	0.704	108	吕梁山西坡梢林区	99.85
95	灵台	0.655	109	三年生沙打旺	33.345
96	平凉	0.55	110	延安崂山梢林	102.4
97	泾川	0.75	111	方山县关山梢林区	99.45
98	镇原	0.301	112	长芒草灌坡地（固原）	99.45
99	西峰	0.586	113	毛乌素沙地沙丘	0
100	正宁	0.695			

第二节　开发建设水土流失后评估方法简介

水土流失后评估，是对已建开发建设项目或项目区域的水土流失进行评价。它是依据评价时段内所发生的降雨、开发建设弃土弃渣和扰动地面、原生地面土壤抗蚀性等情况，对项目或项目区的水土流失量进行分析计算。进行水土流失后评估的关键是确定流失量，而确定流失量又分为直接确定和间接确定两种方法。直接法是指通过一系列的分析计算可以直接获得新增流失量的方法，主要有水文法结合水保法和侵蚀过程模型法；间接法确定流失量的关键是正确确定侵蚀模数，只要确定了侵蚀模数即可确定新增流失量的方法，根据降雨资料确定侵蚀模数又可分为年降雨模型和次降雨模型。利用水文法结合水保法进行新增水土流失评估将在第七章介绍。

一、由年降雨资料分析新增流失量

由年降雨资料分析新增流失量，是指利用评估分析时段内逐年的降雨资料分析确定降雨侵蚀力，在此基础上确定侵蚀模数，进而分析新增流失量的方法。

（一）基础工作

由年降雨资料分析新增流失量的基础工作主要包括：

（1）收集降雨资料、确定降雨侵蚀力。收集项目区评估时段内各年的实测降雨过程资料，利用公式（3-22）分析确定逐年的降雨侵蚀力 R_n 值。

(2)确定土壤抗冲性指标值。如果当地具有长系列的径流小区观测资料,即可利用公式(3-19)分析确定项目区的土壤抗冲性指标 K_w 值;如果当地没有长系列的径流小区观测资料,即可参考表3-37～表3-45中的相关数值综合确定项目区的 K_w 值。

(3)调查确定各类下垫面的坡度值和面积。被评估项目区各类下垫面的坡度值和面积可根据工程竣工图分析确定。坡度值也可通过实地调查确定,这里需确定各类下垫面现在的坡度和原生(破坏前)地面的坡度。

(4)调查确定各类下垫面新增侵蚀模数的衰减系数。通过实地调查确定各类下垫面侵蚀模数的衰减期 T,则衰减系数为 $\beta = 1/T$。

(二)确定各类下垫面的侵蚀模数

根据上述资料,采用表4-4中的相关公式分析确定各类下垫面及其原生地面在评估期内各年的侵蚀模数,原生地面侵蚀模数也可利用公式(4-7)进行计算。

(三)新增流失量

新增流失量计算采用下式:

$$W_L = \sum_{i=1}^{m} \Delta W_i \tag{4-8}$$

$$\Delta W_i = \left[N - \frac{N(N-1)}{2}\beta_i\right] \sum_{j=1}^{N} (M_{ij} - M_{0j}) F_i \tag{4-9}$$

式中 W_L——评价期内建设项目新增流失量,t;

ΔW_i——第 i 类下垫面的流失量,t,$i = 1,2,\cdots,m$,m 为下垫面种类数;

F_i——第 i 类下垫面的面积,km^2;

M_{ij}——第 i 类下垫面第 j 年的计算侵蚀模数,$t/(km^2 \cdot a)$;

M_{0j}——第 i 类下垫面下覆原生地面的计算侵蚀模数,$t/(km^2 \cdot a)$;

N——评价时段长,a;

β_i——第 i 类下垫面新增侵蚀模数的衰减系数。

二、由次降雨资料分析新增流失量

(一)基础工作

由次降雨资料分析新增流失量的基础工作主要包括:

(1)收集降雨资料、确定降雨侵蚀力。收集项目区评估时段内逐次产洪降雨的实测过程资料,利用公式(3-20)分析确定其降雨侵蚀力 R_c 值。

(2)其他工作。土壤抗冲性指标值、各类下垫面的坡度值和面积、各类下垫面新增侵蚀模数的衰减系数的确定方法同前。

(二)确定各类下垫面的侵蚀模数

根据上述资料,采用表4-6～表4-8中的相关公式分析确定各类下垫面及其原生地面在逐次产洪降雨时的侵蚀模数。

(三)新增流失量计算

利用次降雨资料分析计算评估期内的新增流失量采用下式:

$$W_L = \sum_{i=1}^{m} \Delta W_i \tag{4-10}$$

$$\Delta W_i = \sum_{j=1}^{N} \Delta W_{ij} \tag{4-11}$$

$$\Delta W_{ij} = [1-(j-1)\beta_i] F_i \sum_{k=1}^{S} (M_{ik} - M_{0k})_j \tag{4-12}$$

式中 W_L——评价期内建设项目新增流失量,t;

ΔW_i——第 i 类下垫面的流失量,t,$i=1,2,\cdots,m,m$ 为下垫面种类数;

ΔW_{ij}——第 i 类下垫面地第 j 年的新增流失量,t;

F_i——第 i 类下垫面的面积,km^2;

M_{ik}——第 i 类下垫面第 j 年第 k 次降雨时的侵蚀模数计算值,t/km^2,$k=1,2,3,\cdots,S$,S 为第 j 年产流降雨次数;

M_{0k}——第 i 类下垫面下覆原生地面第 j 年第 k 次降雨时的侵蚀模数,t/km^2,$k=1,2,3,\cdots S$,S 为第 j 年产流降雨次数;

N——预测时段长,a;

β_i——第 i 类下垫面新增侵蚀模数的衰减系数。

表 4-6 次降雨侵蚀模数预报模型

下垫面类型	方程	相关系数
原生地面	$M=10.481\,4R^{0.357\,2}K_w^{1.039\,5}J^{0.211\,9}$	0.880 6
扰动地面	$M=3.399\,1R^{0.414\,5}K_w^{1.114\,3}J^{0.127\,87}$	0.866 1
弃土弃渣	$M=0.526\,5R^{0.608\,4}K_w^{0.814\,0}$	0.843 1
土路	$M=0.012\,8R^{0.852\,6}K_w^{0.117\,4}J^{0.224\,9}$	0.951 1

注:M 的单位为 kg/m^2;R 的单位为 $m \cdot t \cdot cm/(hm^2 \cdot h)$;$K_w$ 的单位为 $kg/(m^2 \cdot mm)$;J 的单位为(°)。

表 4-7 次降雨侵蚀模数预报模型

下垫面类型	方程	相关系数
扰动地面	$M=9.564\,0P_a^{0.255\,2}H^{1.123\,8}I^{1.195\,6}J^{1.238\,7}K_w^{-0.063\,5}$	0.908 4
原生地面	$M=1.937\,0P_a^{0.002\,9}H^{1.146\,2}I^{0.721\,2}J^{1.043\,0}K_w^{-0.309\,2}$	0.914 7
弃土弃渣	$M=2\,730.541\,3P_a^{0.248\,3}H^{1.028\,4}I^{0.866\,7}J^{0.360\,7}K_w^{-0.034\,3}$	0.893 0
弃土弃渣(没坡度)	$M=1\,332.929\,1P_a^{0.245\,7}H^{1.030\,2}I^{0.867\,7}K_w^{-0.009\,4}$	0.892 5

表 4-8 次降雨侵蚀模数预报模型(4 因子)

下垫面类型	方程	相关系数
扰动地面	$M=11.372\,2P_a^{0.253\,9}H^{1.122\,7}I^{1.194\,2}J^{1.230\,1}$	0.908 3
原生地面	$M=5.425\,4P_a^{0.004\,3}H^{1.139\,9}I^{0.714\,9}J^{1.033\,9}$	0.910 9
堆弃(没坡度)	$M=1\,338.449\,5P_a^{0.246\,4}H^{1.030\,7}I^{0.867\,4}$	0.892 5

三、侵蚀过程模型法

侵蚀过程模型就是根据开发建设项目新增水土流失机理,建立在超渗产流、非饱和下渗和初损后损等理论、方法基础上，利用各类下垫面土壤入渗方程及坡面径流的水沙关系，分析计算新增土壤流失量过程的方法，这种适应于在已经获得降雨资料情况下、计算次降雨新增土壤流失量的方法，可概括为如下计算模式。

(一)基础工作

1. 建立土壤入渗方程

如果当地或邻近类似地区有各类下垫面土壤入渗曲线，即可采用；如没有，则根据当地或邻近类似地区天然小区侵蚀试验或人工降雨入渗及放水冲刷试验结果，分析确定不同坡度原生地面、扰动地面、不同堆弃年限及不同物料组成的弃土弃渣或弃土和其他下垫面的入渗能力方程 $F=f(t)$ 与入渗率方程 $f=f(t)$；同时，建立坡面径流量与产沙量的关系 $W_{沙}=f(W_{水})$。

2. 前期影响雨量计算

计算某一开发建设项目在次降雨作用下新增产沙量时，需首先算出项目所在点的前期影响雨量，计算公式为：

$$P_a = KP_{t-1} + K^2P_{t-2} + K^3P_{t-3} + \cdots + K^{15}P_{t-15} \tag{4-13}$$

式中 P_a——t 日开始时的土壤蓄水量；

P_{t-1}——前一日的日雨量；

P_{t-2}——前两日的日雨量；

P_{t-15}——前 15 日的日雨量；

K——折减系数，小于 1 的常数，取 0.85。

如果建设项目为线状项目，上式中的 P_{t-j} 应按泰森多边形计算其平均值。如果没有产流降雨日前 15 天的雨量资料，可利用该时段各日多年平均值进行计算。

如果有产流降雨前当日的土壤含水率 θ，则可用其来计算 P_a。根据不同下垫面的影响土层厚度 H，由下式计算 $P_a=W$：

$$W = H \cdot \theta \cdot \gamma_s / \gamma_w \tag{4-14}$$

式中 W——以 mm 为单位的土壤水深；

γ_w——水的容重；

θ——土壤含水率；

γ_s——泥沙容重；

H——影响土层厚度，mm。

根据对野外小区降雨后不同下垫面土壤中湿润峰厚度的实测，乌兰木伦河流域不同下垫面的影响土层厚度为：原状土 150 mm，扰动土 200 mm，弃土弃渣 300 mm。

3. 项目点产流雨量计算

根据乌兰木伦河流域开发建设项目新增水土流失试验研究结果，雨强在 0.14 mm/min 以上的降雨都有可能产流，具体在什么情况下出现超渗产流，只有依不同的土壤前期含水率在具体计算中体现。首先确定项目点在哪两个雨量站之间，两雨量站可能产流的一次雨量用图距进行插补，插补出的一次降雨为该项目点的雨量。如雨量为标准筒雨量站资料，则可以流域内较近的自记雨量资料修正后的降雨过程作为计算雨量资料。

4. 净雨量的确定方法

净雨量为降雨量与入渗量之差，需逐时段分析计算超渗径流。

5. 径流量计算

根据各类下垫面的面积 S_i，即可计算其次降雨产生的径流量：

$$W_L = \frac{1}{1\,000}\sum_{t=1}^{n} h_t S_i \tag{4-15}$$

式中 W_L——某类下垫面上的净雨量，m^3；

h_t——第 t 时段的净雨量，mm；

t——计算时段数；

S_i——第 i 类下垫面面积，m^2。

6. 新增产沙量计算

根据各类下垫面的径流量 W_L 与该类下垫面和原生地面的水沙关系：

$$W_s = f(W_L) \tag{4-16}$$

即可分别求得该类下垫面和原生地面的产沙量，二者的差值即为新增产沙量 ΔW_i。总的新增产沙量为 $\sum_{i=1}^{m} \Delta W_i$，式中 m 为下垫面种类。

（二）模型适用条件

本模型适用于具有降雨观测资料、土壤入渗资料和坡面洪水径流的水沙关系等资料的项目区，一般适用于对开发建设区域进行水土保持后评估。

第五章　开发建设项目水土流失预测

第一节　开发建设项目水土流失预测概论

一、开发建设项目水土流失预测的基本概念

所谓开发建设项目水土流失预测，就是应用人们对水土流失的认识和掌握的规律，根据拟建项目所在区域的原地形地貌、土壤、植被、降水、大风等自然条件和水土流失类型，以及工程总体布局、施工工艺和时序，特别是扰动地表形式、强度和面积、弃土（渣）的形式和数量等情况，在全面调查和一定勘察、试验的基础上，分析工程建设过程中可能引起水土流失环节与影响因素，通过科学试验成果类比与周边同类工程的水土流失监测、实地调查成果，分析评价拟建项目的水土流失规律，确定各区在不同时段内的水土流失原因、形式、数量、强度及分布，定量预测各分区可能产生的水土流失总量和新增水土流失分布，定性分析水土流失的危害类型，同时还对可能损坏的水土保持设施及降低水土保持功能的设施数量、面积和工程进行评估。

二、水土流失预测的目的和意义

在开发建设项目水土保持方案编制中，水土流失预测是非常重要和必不可少的环节。编制水土保持方案的基本出发点，就是为了防治工程建设中造成的水土流失，只有对流失的程度、流失的数量、流失的形式和时空分布有了初步的认识，方案编制才能做到有的放矢，各种措施才能做到因害设防、科学布设，是布设水土保持措施的重要依据；水土流失预测的结果还可为项目主体工程的选址（线）、布局、工艺设计提供修正依据，凡是预测结果显示将造成难以修复的环境危害，或可能存在重大生态环境安全隐患和造成重大经济损失的项目，主体工程都应进行适当变更；水土流失预测的结果还是界定业主单位环境保护责任范围（包括时间范围和空间范围）和水土流失补偿费征收的依据，同时也是水土保持监督执法的重要依据。此外，水土流失预测还应用于开发建设项目水土保持治理效果的后评估，利用这种方法也可对开发建设项目集中区域的人为水土流失量进行分析，为制定区域水土保持方案提供技术依据。

三、开发建设水土流失预测的历史和现状

20 世纪 80 年代，随着黄河中游地区开发建设规模的不断增大，特别是煤气田资源开发项目和大批路、电等配套项目的迅猛发展，造成当地水土流失剧增，建设项目所带来的人为水土流失逐步引起了人们的重视。“七五”、“八五”期间，国家有关部门组织中科院等单位对开发建设项目新增水土流失及其对环境的影响进行了大量研究，国家自然科学基金、水利

部水沙变化基金和水利技术开发基金、黄委水土保持基金也相继开展了此项研究，取得了一系列研究成果。1991 年颁布实施的《中华人民共和国水土保持法》规定了开发建设项目水土保持工作的"三同时"制度，从此，开发建设项目水土流失预测作为一项重要内容广泛应用在水土保持方案编制中。10 多年来，经广大科研人员和设计人员在实践工作中的不断摸索，使预测的方法、步骤不断完善提高，为生态环境的治理提供了良好的技术支撑。

四、开发建设项目水土流失表现形式

开发建设活动新增水土流失的主要表现形式有以下几种：

(1)开发建设过程中因废弃的土、岩石或其混合物未采取水土保持措施而任意堆放所产生的水土流失，其侵蚀方式有重力侵蚀(泻溜、崩塌、泥石流等)、水蚀(渣土堆表面的水蚀、渣土直接入河被水冲走)和风蚀。重力侵蚀和水蚀为主要侵蚀方式。

(2)开发建设或生产过程中因破坏地表土壤结构、破坏地面植被、开挖岩土使土壤基岩裸露而造成新的地表面(土质面或岩质面)抗蚀力下降，比原地表增多了新的水土流失，其侵蚀形态以水蚀、风蚀为主。

(3)开发建设或生产过程中根据设计使移动后的岩土按一定密实度在指定位置有序地堆放，因堆积体表面未采取水保措施或水保措施尚未发挥效能而产生水土流失，其侵蚀方式一般有水蚀、风蚀。

(4)开发建设或生产过程中因施行地下挖、采而导致地面裂陷(地表下沉、地面裂缝)，使地下水循环系统遭到破坏所产生的地表植被枯萎死亡、土地沙化而加重的风蚀、水蚀或穴陷、穴蚀等，它对生态环境的影响是长远的，而且是不可逆转的。

上述 4 种新的水土流失表现形式中，第一种我们称之为弃土弃渣的水土流失；第二种称之为裸露地貌的水土流失；第三种称之为堆垫地貌的水土流失；第四种称之为裂陷地貌的水土流失。根据观察，在开发建设项目中，第四种破坏地貌目前范围不大，其新增水土流失机理复杂，一般不作为重点区域进行研究。将裸露地貌和堆垫地貌统称为"人为扰动地面"。所以，开发建设项目新增水土流失(也称人为水土流失)的主要来源地是弃土弃渣和人为扰动地面(以下简称扰动地面)这两种下垫面。

任何开发建设项目产生人为水土流失的主要方式都不外乎上述几大类，只是建设项目的类型不同、所在的地貌类型区不同，其产生扰动地面、弃土弃渣的数量及其特征不同，进而导致了人为水土流失量的不同。

五、水土流失预测中存在的问题

(一)预测值与实际情况存在一定差距，预测结果不够切合实际

差距最大的地方是弃土弃渣流失量，按照主体工程设计，土石方经平衡后弃方很小，但在实际施工过程中，为了施工企业的效益，一般是就近"弃余"或"挖缺"，使实际弃方远远大于设计值，而这些弃方又未进入防治范围，导致人为水土流失量较大，其原因一方面在于业主对水土保持工作不够重视，另一方面在于主体工程设计者和方案编制者与业主交流较少。

(二)类比法比较粗糙，越类比越远

类比法确定土壤侵蚀模数的关键是，要求项目建设区与引用资料的类比区(试验区)在气候、地形地貌、土壤、植被等方面都具有较强的相似性，而在实际工作中，某一项目引用了

类比区的试验资料后，其他项目以某一项目为类比项目，进而引用某一项目所采用的侵蚀模数值进行水土流失预测，这种以项目进行类比而不以试验区类比的预测方法，导致了项目建设区与原始类比区（试验区）渐行渐远的状况发生。

（三）侵蚀模数确定方法比较单一

在现行水土保持方案编制中，侵蚀模数确定的方法比较少，在缺乏试验资料的地区更是如此，而类比法是必用的方法，有些编制单位仅采用在某一个项目上一年或几个月的实测资料，不进行降雨或风力的修正，也不进行地形、土壤、植被盖度的修正，便直接以此确定侵蚀模数，导致了侵蚀模数不符合实际和水土流失量预测不准状况的存在。

（四）植被恢复期定的比较短

目前在进行水土流失量预测时，植被恢复期一般采用1～2年，实际需要3～5年，这样会导致预测新增水土流失量比实际量偏小。

第二节　水土流失预测单元划分与预测时段

一、预测单元划分

建设项目水土流失预测一般都是以主体工程的分部工程为单元进行的，同时考虑临时施工场地及施工期生活区。

对于线形项目，由于其战线长、弃土弃渣量较大，为便于水土保持工程建设的管理和水土保持监督检查，最好以施工标段为预测单元。对于建设规模比较大的厂、矿公路和铁路专用线，也应单独列项按线形工程进行预测。

对于地形地貌及地表复杂的项目区还要进行二级甚至三级分区，分区应符合以下要求：

（1）侵蚀类型相同。

（2）地形地貌、扰动地表的物质组成相近。

（3）扰动方式相似。

（4）土地利用现状基本相同。

（5）降雨特征值（降雨量、强度与降雨的年内分配等）基本一致。

二、预测时段

建设项目水土流失预测期一般划分为建设期和生产运行期2个时段。项目建设期为从施工准备期开始到主体工程投产的中间时段；主体工程投入生产运行后即进入生产运行期。

预测时段按最不利的情况考虑，超过雨季（风季）长度的按一年计算，不超过雨季（风季）长度的按占雨季（风季）长度的比例计算。

（1）建设类项目（水保工程实施期与主体工程建设期相一致的项目），如铁路、公路、专用场地、线路工程（通信、输电）、管道工程、水利水电工程等，水土流失预测以建设期为主，但运行初期（植物措施尚未完全发挥水土保持功能的时段）也应进行预测。

（2）生产类项目（水保工程实施期包含建设期和生产期的项目），如矿产企业、冶金、建材、化工、火力发电厂等项目，则应分别对建设期和生产期进行预测，运行期预测至方案服务期末；本方案服务期满后另行编制方案。

某煤矿水土流失预测时段及一级预测区域划分见表 5-1。

表 5-1　某煤矿水土流失预测时及预测区域

预测区域	建设期	植被恢复期	运行期
工业场地	2005-03 ~ 2006-06	2006-07 ~ 2007-07	2006-04 ~ 2014-07
回风工业场地	2005-03 ~ 2005-10	2005-11 ~ 2006-11	
铁路专用线	2005-03 ~ 2005-10	2005-11 ~ 2006-11	
进场公路	2005-03 ~ 2005-10	2005-11 ~ 2006-11	
运煤公路	2005-03 ~ 2005-10	2005-11 ~ 2006-11	
风井公路	2005-03 ~ 2005-10	2005-11 ~ 2006-11	
排矸场	2005-03 ~ 2006-06	2006-07 ~ 2007-07	
临时施工场地	2005-03 ~ 2006-06	2006-07 ~ 2007-07	
临时生活区			

第三节　水土流失预测的内容

水土流失预测内容包括工程扰动原地貌、损坏土地和植被的面积;弃土、弃渣量预测;损坏水土保持设施的面积和数量;可能造成的水土流失面积、流失总量以及可能造成的水土流失危害。

一、工程扰动原地貌及破坏水土保持设施数量预测

对于工程占地、扰动原地貌损坏情况的预测,主要采用实地调查和图面直接测量相结合的方法进行,即根据主体工程可行性研究报告的工程征占地资料、施工道路布设等相关资料,利用设计图纸,结合实地分区抽样调查,计算确定扰动地貌的面积、占压土地面积、植被损坏的面积及程度、土地利用现状和各种设施的背景值等。

二、弃土、弃石、弃渣量预测

弃土弃石、弃渣量的预测内容主要包括:主体工程、临建工程、附属设施(如交通运输、供水、供电、通信和生活设施等)、取土(石料、沙)料场等生产建设过程中的弃土(石、渣)、表土剥离、工业和生活垃圾等的位置、占地面积、数量、坡度等多方面的预测。

三、可能造成的水土流失面积及流失量

可能造成的水土流失面积及流失量是指在不采取任何措施的前提下,开发建设可能产生的水土流失量,一般包括可能造成的水土流失面积、背景侵蚀模数分析预测、扰动后侵蚀模数分析预测和自然恢复期的侵蚀模数分析预测三部分。

四、水土流失危害预测分析

开发建设项目施工活动所造成水土流失的危害往往具有潜在性,因此必须在汇总并综合分析水土流失预测成果,就防治措施体系和水土保持监测提出指导性意见的同时,对水土流失可能造成的危害进行预测和分析。分析的内容包括对土地资源和土地生产力可能造成

的影响分析，对河流行洪、防洪的影响，可能形成泥石流危险性的分析评价，可能出现地面塌陷等危害的分析，周边环境可能造成影响的分析评价，集中排水对下游（河沟道、耕地、道路等）的冲刷影响，对水环境的影响，如施工生产、生活用水排放对区域水环境的影响。

第四节　水土流失预测方法及资料获取

一、工程扰动原地貌及破坏水土保持设施数量预测

对于原地貌、土地及植被损坏情况的预测，主要采用实地调查和图面直接测量相结合的方法进行，即根据主体工程可行性研究报告的工程征占地资料、施工道路布设等相关资料，利用设计图纸，结合实地分区抽样调查，计算确定扰动地貌的面积、占压土地面积、植被损坏的面积及程度、土地利用现状等。一般线形工程项目预测应以施工标段来进行统计，点（片）状工程项目以功能区来进行统计，如某煤矿和某线形项目水土保持设施占地预测内容见表5-2、表5-3。对于水土保持设施的界定，水利部《关于对水土保持设施解释问题的批复》（水利部[1996]393号）中所确定的是指具有防治水土流失功能的一切设施的总称，山丘区的台、川、滩等平耕地也具有水土保持功能，是水土保持工程设施的一部分。

表5-2　某煤矿破坏水土保持设施面积预测表　（单位：hm^2）

预测区域	梯田	林地	草地	荒地	坝地	其他	小计
工业场地							
回风工业场地							
铁路专用线							
进场公路							
运煤公路							
风井公路							
排矸场							
临时施工场地							
临时生活区							
合计							

表5-3　线形项目破坏水土保持设施预测表　（单位：hm^2）

标段	标段编号	里程（km）	便道长（km）	梯田	林地	草地	荒地	坝地	其他	小计
N1										
N2										
N3										
N4										
…										
临时施工场地										
临时生活区										
合计										

二、弃土、弃石、弃渣量预测

通过查阅设计和现场实测资料，对弃土、弃石、弃渣分别进行统计分析。

三、侵蚀模数预测

(一)原地面侵蚀模数预测方法

我国对以水蚀为主的水土流失规律研究开展的较早，具有比较系统的研究成果；风蚀研究开展的较少，对开发建设水土流失规律研究的更少。目前，我国水土流失预测主要有以下几种方法。

1. 查《侵蚀模数图》或《输沙模数等值线图》法

可参考各地水文手册和各地侵蚀模数图。它适用于水蚀区和风蚀区。也可查输沙模数等值线图。由地(市)水文手册中年输沙模数资料，用泥沙输移比进行推算。山区、丘陵区小流域沟道的泥沙输移比取1。

2. 水土保持试验(试验)研究成果引用法

可以利用全国水土保持试验站、所的观测资料，也可利用全国或专项水土流失遥感普查成果图建设项目平面布局图比较，确定建设项目各分部工程所在区域的土壤侵蚀类型与侵蚀强度，如表5-4所示是陕西黄河流域部分试点流域和试验流域的侵蚀模数，表5-5、表5-6是内蒙古水科院在皇甫川流域的试验资料。

表5-4　陕西黄河流域部分小流域侵蚀模数

小流域名称	所在县	面积(km^2)	类型区	侵蚀模数($t/(km^2 \cdot a)$)
彩兔沟	神木	6.81	风沙区	1 344
李家沟	神木	6.75	丘一区	16 359
高满沟	佳县	6.41	丘一区	15 717
黄草梁沟	横山	3.85	丘一区	10 076
榆林沟	米脂	65.6	丘一区	15 160
王阳洼	子洲	5.9	丘一区	15 607
王茂沟	绥德	5.97	丘一区	15 143
杨家渠	清涧	5.23	丘一区	16 751
张家沟	子长	4.61	丘一区	14 670
郭家河	延长	10.07	丘二区	7 593
孙家岔	绥德	10.6	丘一区	17 313
郑家沟	佳县	13.61	丘一区	10 034
奥庄则	神木	19	丘一区	4 865
上砭沟	延安	18.37	丘二区	2 992
碾庄沟	延安	54.2	丘二区	4 143
纸坊沟	志丹	5.09	丘二区	6 361

续表 5-4

小流域名称	所在县	面积(km²)	类型区	侵蚀模数(t/(km²·a))
袁　沟	吴起	7.92	丘二区	11 901
水银河	陇县	4.24	丘三区	2 998
王伙场	吴起	8.36	丘五区	4 616
杨虎台	靖边	5.51	丘五区	1 256
张家沟	靖边	31.6	丘五区	9 811
岔沟河	甘泉	8.08	林区	668
郑家沟	黄龙	9.78	林区	200
莆家沟	荀邑	8.64	塬区	1 461
候庄沟	黄陵	2.65	塬区	1 103
润镇沟	淳化	94.59	塬区	1 500
金水沟	合阳	98.1	阶地区	600
挂印嘴	澄城	2.95	阶地区	800
芝麻湾	大荔	4.56	阶地区	500
魏家沟	岐山	5.19	阶地区	1 042
业池沟	临潼	7.85	阶地区	1 271
皂峪河	户县	5.71	土石山区	550
稻峪湾	周至	4.94	土石山区	100

表 5-5　皇甫川流域不同类型小流域平均多年侵蚀模数

小流域类型	小流域条数	面积(km²)	砒砂岩面积占比(%)	侵蚀模数(t/(km²·a))
以砒砂岩为主	208	1 402.9	59.5	15 936 ~ 19 000
以黄土或红土为主	233	1 369.2	26.8	6 500 ~ 9 942
以风沙为主	69	468.7	18.9	6 710 ~ 7 200

表 5-6　皇甫川流域不同土地的风蚀(1988 ~ 1989 年平均值)

土地类型	植被覆盖度(%)	风蚀深度(cm)	风蚀模数(t/(km²·a))
沙地天然草地	<5	2.3	34 500
沙地人工草地	50	0.1	1 500
覆沙黄土天然草地	<5	0.6	6 000
覆沙黄土柠条林地	37	0.16	2 400
砒砂岩天然草地	<5	1.0	15 000
砒砂岩人工草地	40	0.4	8 000
荒地	<5	2.5	

表 5-7 是韭园沟流域沟间地和沟谷地侵蚀模数。

表 5-7　韭园沟流域沟间地和沟谷地侵蚀模数

流域面积（km^2）	观测时段	年均降雨（mm）	未治理状态下侵蚀模数（t/(km^2·a)）		
			流域平均	沟间地	沟谷地
70.1	1954～1964 年	546.8	18 123	7 168	21 962

3.《土壤侵蚀强度分类分级标准》法

由实地调查得到的地形（坡度）、地貌（风蚀区还是水蚀区）、植被资料，依据《土壤侵蚀强度分类分级标准》确定。可用于扰动前侵蚀模数的分析，也可分析确定部分下垫面扰动后的侵蚀模数。

4. 实地调查法

通过实地调查各类下垫面的面蚀量和沟蚀量，确定侵蚀模数。

实际工作中，可根据所拥有的资料情况，选择不少于 3 种比较成熟的方法进行预测，但按照现行有关规定，类比法必须采用。

5. 引用遥感普查成果法

将项目建设区的地形图套绘在同比例的水土流失遥感普查成果图——土壤侵蚀强度分级图上，确定项目建设区各侵蚀强度级别的范围和面积。

6. 数学模型法

数学模型是根据土壤侵蚀试验研究建立起来的用于计算侵蚀模数或侵蚀量的各种公式。目前，最著名的数学模型是美国土壤保持局承认的土壤流失方程，该方程参数的地区性比较强，各因子的求算比较复杂，且它适用于坡度不大的坡面侵蚀，在我国可真正应用该方程的区域目前还不多。

在我国，尽管该项工作从 20 世纪 50 年代开展研究，有关科研院所建立了一些方程，但由于研究缺乏统一协调和系统性，目前还没有权威机构正式承认的、可适用大范围的土壤侵蚀方程。下面介绍两个模型。

1）由遥感普查成果建立的模型

该数学模型即是公式（4-7），是在黄河流域第二次水土流失遥感普查中，由黄委绥德水土保持科学试验站建立的，模型的使用方法如前所述。

建立该模型采用了黄河流域陕西片 32 个试点或试验小流域的资料，小流域的面积范围为 2.65～98.1 km^2，从模型建立的环境条件来看，该模型主要适用于以水蚀为主的小流域或某一地块单元的土壤侵蚀模数计算。

2）由试验建立的模型

该模型由黄委晋陕蒙接壤地区水土保持监督局在开展“黄河中游地区开发建设项目新增水土流失预测研究”课题时，根据实施天然降雨定位观测、人工降雨和放水冲刷试验资料建立起来的。

（1）模型结构形式及因子获取方法

$$M = 60.2R^{0.8018}K_w^{0.0234}J^{0.6537} \tag{5-1}$$

式中　M——原地面侵蚀模数，t/(km^2·a)；

K_w——土壤抗冲性指标,kg/(m² · mm),它是项目区原地面多年平均单位径流深的侵蚀强度值,可由当地径流小区试验资料推求,可参考表3-46确定;

J——项目区扰动前原地面平均坡度(°),可在建设项目平面布置图(以地形图为底图)上量算;

R——降雨侵蚀力,m · t · cm/(hm² · h · a),根据建设项目所在地由表3-50中的数值内插确定,也可由下式计算:

$$R = 0.038 \sum H_{日\geq 10}{}^{0.615} H_{10}^{0.961} H_{60}^{0.645} \tag{5-2}$$

其中 $\sum H_{日\geq 10}$——一年中大于10 mm的日降雨量之和,mm;

H_{10}——一年中最大10 min雨量,mm;

H_{60}——一年中最大60 min雨量,mm。

根据上式计算得到乌兰木伦河流域中心位置大柳塔站的年降雨侵蚀力平均值为 R = 91.36 m · t · cm/(hm² · h · a)。

(2)模型适用范围

建立该模型的试验小区为植被覆盖度小于15%的荒坡,模型中未考虑植被因子,所以该模型适用于地表植被覆盖度小于15%的黄土水蚀区。

(二)扰动地面侵蚀模数预测

地面扰动后侵蚀模数的确定一般常用以下6种方法。

1. 现场人工降雨试验法

在项目建设区或与其下垫面条件相同的区域,利用野外人工降雨设备,对各类下垫面进行现场人工降雨试验或放水冲刷试验,依次确定各类下垫面在试验降雨条件下的侵蚀模数,然后根据项目建设区长期降雨观测资料的分析结果,对试验降雨条件下的侵蚀模数进行修正,作为应用侵蚀模数。

2. 侵蚀系数法

由侵蚀模数背景值、侵蚀系数确定扰动后各类下垫面侵蚀模数的方法。这种方法的关键是正确选用侵蚀模数背景值和侵蚀系数。

(1)侵蚀系数法公式

$$M_i = K_i M_{i0} \tag{5-3}$$

式中 M_i——第 i 类下垫面扰动后的侵蚀模数,t/(km² · a);

K_i——第 i 类下垫面的侵蚀系数;

M_{i0}——第 i 类下垫面的侵蚀模数背景值,t/(km² · a)。

(2)应用条件。缺乏较详细的开发建设新增水土流失试验资料,但已经确定了侵蚀模数背景值。侵蚀系数可参考表5-8中的数值确定。

3. 数学模型法

数学模型法是利用试验研究建立起来的数学公式计算各类下垫面侵蚀模数的方法。

1)扰动地面侵蚀模数计算模型

(1)模型形式

$$M = 58.6R^{0.7507} K_w{}^{-0.2305} J^{1.0896} \tag{5-4}$$

式中,R、J 和 K_w 含义同公式(5-1)。

表 5-8　侵蚀系数参考值

研究单位	试验地点	下垫面类型	天然降雨试验结果	人工降雨试验结果	土壤侵蚀系数范围
黄委晋陕蒙接壤地区水土保持监督局	神府东胜矿区（原地面为土质荒坡）	扰动地面	1.46	2.97	1.4~3.0
		沙土路面		3.7	3.0~3.7
		沙壤土路面	2.64~2.91		2.2~3.0
		壤土路面	2.16		≤2.2
		弃土弃渣（综合）	2.37		≤3.0
		第四年弃土弃渣		2.41	≤2.5
		当年弃土	4.49		≤4.5
		第四年弃土		3.11	3.11
		第七年弃土		1.7	1.7
		砾质灌木区	0.12		0.12
		砒砂岩（原生地面）	0.7		0.7
西北电力设计院	山西河津电厂 甘肃张掖电厂 甘肃连城电厂	综合		人工降雨	2.5~4.5
内蒙古水科院	皇甫川	综合		人工降雨	1.27~3.38

（2）模型适用条件。上述模型适用于新扰动下垫面侵蚀模数的计算。地表扰动后所形成的各类下垫面（包括弃土弃渣）的侵蚀强度是逐年衰减的，弃土弃渣的侵蚀模数衰减期（是侵蚀强度衰减到与原地面相当所需的时间）为 15~20 年，其他扰动地面侵蚀强度的衰减期为 3~5 年。

2）弃土弃渣坡面侵蚀模数计算模型

（1）模型形式

$$M = 517.7R^{0.8292}K_w^{-0.4492}J^{0.0249} \tag{5-5}$$

$$M = 564.5R^{0.8419}K_w^{-0.4091} \tag{5-6}$$

（2）模型适用条件。公式（5-5）适用于弃土弃渣堆坡度 J 可知的情况；公式（5-6）适用于弃土弃渣堆综合坡度的情况；式中符号意义同公式（5-1）。

4. 类比法

类比法是引用具有较强可比性的试验区水土流失实测资料或实测工程的水土流失资料进行水土流失预测的方法。

1）应用条件

预测工程建设区无开发建设水土流失试验研究资料或实测资料，同时，项目建设区与类比试验区或实测项目（已建工程）建设区具有较强的可比性。

2）类比条件

必须同时满足下列条件才可进行类比预测：

(1)实测工程未采用类比法进行水土流失预测。

(2)预测工程所在地与实测工程所在地影响水土流失的主要气候特征相同或相近。

(3)预测工程所在地与实测工程所在地的地形地貌、土壤及植被等下垫面特征相同或相近。

(4)预测工程与实测工程在开发建设过程中,所形成扰动地表的物质组成和坡度、坡长、侵蚀类型相同或相似,且所产生弃土弃渣的堆积形态、堆放位置相同或相似。

(5)预测工程所在地与实测工程所在地的水土流失特征相同或相似。

3)类比内容与指标

类比内容与指标见表5-9。

表5-9　类比内容与指标比较

类比项目		实测(已建)项目	预测项目
类比内容	所在地区	所在地、县	
	气候特征	平均年、汛降雨量和蒸发量,大风天数、扬沙尘天数	
	地形地貌	地貌类型、沟壑密度、地面平均坡度	
	土壤类型	土壤种类、各类土层厚度	
	植被	植被类型、植被盖度	
	土壤侵蚀类型	水蚀、风蚀,或二者皆有	
	扰动地表	扰动形式:破坏地表土壤结构、破坏植被,扰动地面平均坡长、坡度,主要侵蚀类型	
	弃土弃渣	物质组成:沙、土、渣或混合物;堆放位置:平、凹、坡地或沟谷、沟岸;堆放形态:山状、平台状、平铺、顺坡或散乱堆积	
类比指标	侵蚀模数背景值	采用值	拟用值
	扰动地面侵蚀模数	采用值	拟用值
	弃土弃渣侵蚀模数	采用值	拟用值

5.流失系数法

流失系数法是预测弃土弃渣水土流失量的一种方法。它仅适用于以水蚀为主的弃土弃渣流失量的分析计算。

1)预测公式

$$\Delta M = KM_Q \tag{5-7}$$

式中　ΔM——弃土弃渣流失量;

K——流失系数,无资料时可参考表5-10中的数值;

M_Q——弃土弃渣量。

2)适用条件

流失系数法适用于水蚀区沿沟、坡堆放的弃土弃渣流失量预测。

表 5-10　神府东胜矿区弃土弃渣流失系数

研究单位	地点	渣源与堆弃位置	物料组成	侵蚀营力	流失系数
中科院水保所	马家塔	露天矿剥离，堆于河谷边，无防护措施	沙、砾石、石块	河道洪水	0.495
	补连塔	铁路弃渣，堆于河谷边，无防护措施	土、碎石、风化石	坡面径流、沟道洪水	0.266
	李家畔	采石弃渣，沟坡堆积，无防护措施	碎石、石块	坡面径流、支沟洪水	0.396
	武家塔	露天矿剥离，缓坡堆积，无防护措施	沙、土、废渣	小沟洪水	0.008
黄河水利科学研究院	神府东胜矿区	矿区建设弃土弃渣，无防护措施	土石混合物	坡面径流、沟道洪水	0.2～0.3
黄委晋陕蒙接壤地区水土保持监督局	乌兰木伦河流域	208 个建设项目的弃土弃渣主要堆积于岸边、沟坡、沟谷	土、土石混合物	坡面径流、沟道洪水	0.324

6. 实测法

实测法也叫现场样方调查法。它是通过对类比项目（已建项目）的现场水土流失样方的调查，确定该工程开发建设产生的各类下垫面的侵蚀强度，进而为预测工程侵蚀强度的确定提供参考依据。比如，通过对类比工程的路基、路堑、碾压地面、弃土弃渣堆进行侵蚀厚度、侵蚀沟体积的调查测量，来计算这类工程已发生的侵蚀强度，以此作为预测工程侵蚀模数确定的参考依据。

1）实测法应用条件

实测法应同时满足类比法中的应用条件和类比条件中（2）～（5）的各项要求。

2）实测法步骤

（1）通过对主体工程设计资料的分析，确定该预测项目可能产生新增水土流失的下垫面类型及其水土流失类型，作为在类比工程上进行实地调查、观测的范围和内容的依据。

（2）根据（1）的结果进行新增水土流失观测、调查设计，确定面蚀量和沟蚀量观测、调查小区的数量、位置、实测内容及方法。

（3）按（2）的结果，在类比工程项目区布设调查、观测小区。

（4）按设计方法进行观测、调查。

3）实测内容

（1）降雨量观测。

（2）土壤侵蚀强度。

4）实测法布点要求

（1）观测、调查小区的种类及其坡度基本能代表预测项目开发建设中产生的各类下垫面。

（2）观测、调查小区应封闭或在禁牧区内，且交通方便，距村镇近。

(3)雨量站应布设在观测、调查小区附近的居民院内。

(4)雨量站及观测、调查小区按《水土保持试验规范》(SD 239—87)要求布设。

5)观测、调查方法

(1)观测、调查方法按《水土保持试验规范》(SD 239—87)要求进行。

(2)土壤侵蚀模数分析按《水土保持试验规范》(SD 239—87)要求方法进行。

6)观测、调查频次

(1)降雨量每年观测一个汛期。

(2)面蚀量每次产流降雨后观测。

(3)沟蚀量调查每年一次。

四、风蚀模数确定方法

在风蚀区建设项目,在进行水土流失预测时需预测风蚀量。风蚀模数的确定通常有下列5种方法。

(一)数学模型法

国内外风蚀量计算数学模型有许多,但应用比较简单的模型是R. A. 拜格诺的半经验模型:

$$Q = 0.52(U - U_t)^3 \tag{5-8}$$

式中 Q——土壤风蚀量,kg/(m^2·h);

U——平均风速,m/s;

U_t——起沙风速,m/s,起沙风速与地表沙土平均粒径成正比。

由上式根据当地的起沙风速和大风季节的平均风速及其延续时间、建设项目各分部工程风蚀面积及预测年限,即可计算得到该分部工程扰动后的风蚀量。

(二)侵蚀系数法

侵蚀系数法用于确定扰动后的侵蚀模数,方法与水蚀模数确定法相同。表5-11是中科院沙漠所分别对裸露沙黄土地和固定半固定沙地扰动前后进行风洞试验的结果,由表5-11可知裸露沙质土地的侵蚀系数为1.32~3.82;固定半固定沙地的侵蚀系数高达百倍之上,实际情况也是如此,固定沙地的侵蚀模数小于200 t/(km^2·a),一旦扰动变成大片无植被的流动沙地后,其侵蚀强度可达30 000 t/(km^2·a)甚至更大。另外,根据陕西省沙漠所研究,风沙区地貌破坏后,风蚀模数是原地貌的3倍以上。

由于国内风蚀研究开展的比较少,所以在实际工作中应尽量多地收集项目区所在地及其周边地区的风蚀研究成果,使扰动后的风蚀模数取值尽量合理。

表5-11 扰动沙土地风洞试验侵蚀系数

试验地点	神府东胜矿区					内蒙古乌海			
扰动地貌类型	裸露沙黄土					固定半固定沙地			
试验风速(m/s)	5	6	10	15	20	5	6	10	15
侵蚀系数	1.32	1.79	2.47	3.19	3.82	122	184	575	1 415

(三)《土壤侵蚀强度分类分级标准》法

本方法适用于风沙地貌扰动后侵蚀强度的确定。根据实地调查获得的扰动后的地面平均坡度、植被盖度及扰动范围，根据《土壤侵蚀分类分级标准》（SL 190—96）中风蚀强度分级标准确定侵蚀模数。

（四）类比法

与水蚀模数类比法相同。

（五）实测法

对于无任何风蚀参考资料的地区，可以选择大风季节在项目所在地进行风蚀对比观测，根据几场大风过程中扰动地面与未扰动地面的侵蚀模数，对比分析可获得侵蚀系数，再由扰动前侵蚀模数即可计算得到扰动后的侵蚀模数。

五、侵蚀模数调查实例

如前所述，侵蚀模数的确定是建设项目水土流失预测的关键所在。对于建设范围不大的点（片）状项目，可以按各分部工程的不同下垫面进行全面调查，但对于建设范围比较大的点（片）状项目和线形项目，只能将下垫面综合归类后按分部工程进行典型调查，并对弃土弃渣量较大的部位进行重点调查。由调查结果确定侵蚀模数，进而结合其他调查资料分析计算新增水土流失量。

各项内容的实地调查方法，参照有关技术规范。

下面调查实例是2006年西北地区及晋蒙两省（区）建设项目水土流失典型调查的部分成果。

（一）风沙区侵蚀模数调查实例

表5-12是根据《土壤侵蚀分类分级标准》（SL 190—96），对3个公路项目风蚀模数进行典型段调查的成果，侵蚀系数分别为6.30、3.07、76.67。

表5-12　风沙区建设项目典型段水土流失调查成果

项目名称	地貌类型	调查范围		植被盖度（%）		侵蚀强度级别		侵蚀模数（t/(km² · a)）		侵蚀系数
		长度（m）	扰动面积（hm²）	原地面	扰动地面	原地面	扰动地面	原地面	扰动地面	
陕蒙高速路	风沙区	500	4.05	65	5	轻度	极强度	1 350	8 500	6.30
榆乌路	风沙区	370	1.92	40	0	中度	极强度	3 750	11 500	3.07
神延铁路	风沙区	1 000	7.79	80	0	微度	极强度	150	11 500	76.67

（二）水蚀区侵蚀模数调查实例

表5-13是水蚀区13个建设项目水土流失调查主要成果（实际调查内容要比表中所列多），表5-14是利用调查成果及相关资料由数学模型分析得到的13个项目典型调查段的水蚀模数，由表5-14可见，扰动地面的侵蚀系数为1.14～3.11，弃土弃渣堆的侵蚀系数为2.57～9.52。

表 5-13　水蚀区建设项目水土流失典型调查成果

名称	调查区段		扰动地面					弃土弃渣					
	地貌类型	调查范围	形态	地表扰动类型		面积（hm^2）	平均坡度（°）	体积（万 m^3）	侵蚀面积（hm^2）	物料组成	坡度（°）	堆放位置	直接入河量（万 m^3）
				土壤	植被								
大石二级油路	丘陵	1 km	挖损	沙壤土	荒草	3.50	10	2.5	1.6	土石混合	30	岸坡	0.88
大柳塔至三不拉村土路	盖沙丘陵	10 km	挖损	沙壤土	人工灌木	15.10	8	3.2	0.1	沙壤土	45	岸坡	0.16
大柳塔至中鸡三级油路	黄丘	1 km	挖损	黄土	荒地、庄稼地	1.92	1	0.012	0.026	黄土	35	路边	0.21
西召乡村土路	砾质丘陵	1 km	半挖	黄土、砾石	荒草	0.80	3	边坡利用	0.06	土、砾	40	边坡利用	0
包神路 k157 – k158	丘陵	1 km	挖损	沙壤	耕地	5.00	10	3.7	0.2	土石混合	28	河岸边	1.11
包神路 k169 – k170 +250	丘陵	1.25 km	挖损	沙壤	耕地	5.00	5	8	0.65	石	30	河岸边	2.4
后补连露天矿	盖沙	整座矿	挖损	沙壤土	草地	7.33	6	598	18.3	土石混合	40	一级阶地	25.98
上湾井矿	盖沙	整座矿	挖损	沙壤土	耕地	31.87	8	75.3	6.5	土石混合	36	沟、坡	1.5
瓷窑湾井矿	盖沙	整座矿	挖损	沙壤土	荒地	56.00	5	60	3.5	土、砂	35	岸坡	2
武家塔井矿	盖沙	整座矿	挖损	沙壤土	水地	1.27	2	0.2	0.9	土、砂	35	依河	0.04
王哲平采石场	丘陵	全部	挖损	沙壤	荒草	5.00	10	6.5	3.25	石	45	依坡	0.1
油坊梁采石场	土石山	全部	挖损	石质	荒地	30.00	8	0.5	0.33	石	30	原坡面	1.3
王渠砖场	黄丘	全部	挖损	黄土	荒地	3.45	8	20	1.15	土、弃砖	45	王渠岸坡	6

表 5-14 水蚀区建设项目侵蚀模数分析成果

序号	类型	名称	侵蚀模数(t/(km²·a))			侵蚀系数	
			原生	扰动	弃土弃渣堆	扰动	弃土弃渣堆
1	公路	大石二级(油路)	9 628	29 901	31 882	3.11	3.31
2		大柳塔至三不拉村(土路)	8 321	23 448	32 205	2.82	3.87
3		大柳塔至中鸡(三级油路)	2 137	2 433	28 353	1.14	13.27
4		准旗西召乡村土路	4 383	8 053	32 111	1.84	7.33
5	铁路	包神路 k157 - k158	9 628	29 901	31 827	3.11	3.31
6		包神路 k169 - k170 + 250	6 120	14 050	31 882	2.30	5.21
7	煤矿	后补连露天矿	6 895	17 138	32 111	2.49	4.66
8		上湾井矿	8 321	23 448	32 027	2.82	3.85
9		瓷窑湾井矿	6 120	14 050	32 004	2.30	5.23
10		武家塔井矿	3 362	5 177	32 004	1.54	9.52
11	建材	王哲平采石场	9 628	29 901	32 205	3.11	3.34
12		油坊梁采石场	8 321	23 448	31 882	2.82	3.83
13		王渠砖场	12 550	23 448	32 205	1.87	2.57

第五节 预测结果分析

一、水土流失量预测的汇总及表格

为了便于对水土流失预测的结果进行分析,根据上述预测内容和水土流失预测结果综合分析的要求,用表格的形式汇总各项预测成果也是十分必要的。

但是,日常工作中不少编制人员所编制的汇总的表格形式存在很多不规范的现象。如有的只列了新增水土流失量,或者只列了分区水土流失总量和新增水土流失量,并没有汇总项目区的水土流失总量和新增水土流失总量;还有的将施工准备期和施工期的水土流失量之和作为建设期的水土流失总量,而把自然恢复期的水土流失量归到运行期中;甚至有的建设生产类项目就找不到建设期的水土流失总量,只有包括运行期水土流失量在内的水土流失总量等,这些不仅给综合分析带来了很多不便,而且给日后的报告书评审、报批造成了困难,甚至增加了报告书修改完善的时间,延误了报告书(报批稿)的报、批时间,无疑影响了工程项目审批的全局。

为此,根据预测结果分析和报后审查的需要,可将按预测单元、分水土流失总量和新增水土流失量汇总的预测成果设计为表 5-15 的形式。

二、水土流失预测结果的综合分析

水土流失预测结果综合分析,就是根据水土流失预测结果,分析指出产生水土流失的重点区域(地段)和时段,据此明确水土流失防治和监测的重点区域与时段,并对防治措施布设提出指导性意见。主要内容包括以下几个方面:

表 5-15　水土流失量预测成果汇总表

水土流失预测部位		水土流失总量 (t)	背景流失量 (t)	新增水土流失量 (t)	新增量百分率 (%)
厂区		2 283.1	181.2	2 101.9	24.5
施工生产生活区		1 285.2	102.0	1 183.2	13.8
进厂道路		368.6	47.3	321.3	3.7
循环水系统	引水管及取水区	490.4	24.4	466.0	5.4
	循环水压力区	586.9	29.2	557.7	6.5
	循环水排水区	641.8	33.6	608.2	7.1
弃土场		3 467.5	118.7	3 348.8	39.0
合计		9 123.5	536.4	8 587.1	100

(1)根据水土流失预测总量,明确产生水土流失(量或危害)的重点区域、地段和时段,指出水土流失防治和监测的重点区段与时段。

(2)在水土流失强度预测的基础上,提出应采取的防治措施的工程类型(如工程措施类还是植物措施类)和部分重点地段的具体措施。

(3)根据水土流失量的变化过程,提出防治工程(特别是临时防护措施)的实施进度要求。

(4)根据水土流失强度和总量的预测结果,明确检测的重点时段、重点区段,并附水土流失预测强度分布与时段图。

第六章　开发建设项目新增水土流失量调查与定额估算

在我国,有组织的开发建设项目水土流失量调查始于20世纪80年代初,黄委曾组织有关科研院所对黄河中游地区部分流域内修路、建房的水土流失量进行过调查研究。大规模、大范围的开发建设项目水土流失量调查开始于2005年,中国水利部、中国科学院和中国工程院共同组织开展的"中国水土流失与生态安全综合科学考察"活动中,实施了"全国开发建设项目人为水土流失调查"专项调查,黄委晋陕蒙接壤地区水土保持监督局承担了该专项调查中的"西北七省(区)开发建设项目水土流失典型调查"任务,本章重点介绍该典型调查的方法与成果。

第一节　开发建设项目水土流失调查

一、开发建设项目水土流失调查概述

(一)调查的目的和意义

开发建设项目水土流失调查,是通过对开发建设项目水土流失与水土保持情况的调查分析,获得不同地貌类型区内相同类型开发建设项目、同一类型区不同类型建设项目在开发建设前后的水土流失强度、新增水土流失量、开发建设过程中采取水土保持措施后的效益等水土流失估算定额指标。为全面调查开发建设项目所造成的水土流失分布、程度、危害和发展趋势,分析其发生和变化的原因;基本摸清我国开发建设活动造成的新增水土流失状况及其发展的基本态势;在技术层面上,获取区域各种类型建设项目水土流失指标,为科学系统地建立人为水土流失监测网络和开发建设项目水土流失评估提供支持;在管理层面上,为水土保持监督规范化建设服务,进一步推动开发建设项目水土保持工作,实现经济建设与生态环境建设协调发展;为我国生态环境的修复与重建、乃至国民经济的宏观决策和水土保持法律法规的修订完善等工作提供科学依据。

(二)调查的一般方法

调查的方法多种多样,实践证明,开发建设项目水土流失调查的形式以全面调查(普查)、典型调查、跟踪调查等最为行之有效,上述3种调查方式的调查深度一般是依次增加的。

开发建设项目水土流失调查的一般方法有以下几种:

(1)实地调查。

(2)典型建设项目水土保持方案的调查。

(3)利用开发建设新增水土流失试验研究成果调查。

(4)通过典型案例调查。

(5)数学模型法。

(6)同类型项目水土流失指标分析比较法。

二、典型项目水土流失调查

(一)典型项目水土流失调查的背景

典型调查的任务是,通过调查获得典型开发建设项目区原地貌水土流失强度、建设期未采取水土流失防治措施时的水土流失强度、建设期落实水土保持防治措施后的水土流失强度、建设期的新增水土流失量和水土保持效益。

根据《中国水土流失与生态安全综合科学考察开发建设项目水土流失典型调查方案》要求,在山区、丘陵区、风沙区、平原区等4个类型区内,分别开展公路、铁路、管线、渠道和堤防、输变电、电力、井采矿、露天矿、水利水电、城镇建设、农林开发和冶金、化工等12类共27个级别(类)的典型建设项目调查。

通过调查,每个典型项目(项目类)需获得如下定额指标:

(1)扰动(建设)前水土流失强度(侵蚀模数背景值)($t/(km^2 \cdot a)$)。

(2)建设期未采取措施时的水土流失量($t/(km^2 \cdot a)$)。

(3)建设期采取措施后的水土流失量($t/(km^2 \cdot a)$)。

(4)建设期新增水土流失量指标($t/(km^2 \cdot a)$)。

(5)建设期的水土保持效益($t/(km^2 \cdot a)$)。

西北片7省(区)包括陕西、甘肃、宁夏、青海、新疆等西北5省(区)及山西和内蒙古,国土面积429.7万km^2,地貌类型涉及黄土丘陵沟壑区、黄土高塬沟壑区、黄土阶地区、冲积平原区、土石山区、高地草原区、干旱草原区、风沙区、林区和戈壁荒漠区等10大类型区,各个类型区内几乎都有开发建设项目,为使典型建设项目在区域上具有代表性,项目组在2005年12月初至2006年2月底的3个月时间内,先后派出5个调查组赴兰州、呼和浩特、西安、北京及晋陕蒙接壤区各市县,对154个具有典型性、代表性的开发建设项目的水土保持方案进行了调查分析;派出4个调查组对晋陕蒙接壤地区的23个开发建设项目进行了实地调查。

利用已有的科研成果结合本项调查成果,通过综合分析获取西北7省(区)近年来主要类型开发建设项目的水土流失量估算定额指标,为评估推算该区域开发建设项目水土流失量提供技术依据。

(二)开发建设项目水土流失典型调查技术路线

1.典型调查项目选择的依据

1)理论依据

通过研究开发建设项目的成因、特点,水土流失表现形式分为弃土弃渣的水土流失、裸露地貌的水土流失、堆垫地貌的水土流失及裂陷地貌的水土流失等4种基本形式。根据调查和实地观察,在开发建设项目中,第4种破坏地貌目前范围不大,其新增水土流失机理复杂,就目前而言其水土流失比较轻微,不作为调查重点。将裸露地貌和堆垫地貌统称为"人为扰动地面"。所以,开发建设项目人为水土流失的主要来源地是弃土弃渣和人为扰动地面(以下简称扰动地面)这两种下垫面,调查分析时主要对这两类下垫面产生的水土流失量加以考虑。

2)实践依据

按照《中国水土流失与生态安全综合科学考察开发建设项目水土流失典型调查方案》的要求,建设项目典型调查,需调查12大类的268个典型项目。根据近年来西北7省(区)开发建设的实际状况,首先,有些项目属于缺项,如航运、码头、核电等,而交通、能源、水利、水电等项目比较多,其余项目则较少;其次,有些项目具有区域性分布特点,如本调查区域内的平原区范围较小,很多项目在该区域分布较少。所以,典型建设项目的选择,在类型上首先选择能源、交通、水利、水电等重点建设行业的项目进行调查;其次,在典型建设项目的区域分布上,尽量使所选的主要项目类型在山区、丘陵区、风沙区和平原区(包括戈壁荒漠平原区)都有分布。

实地调查项目的选择,考虑时间、气候、对项目熟悉程度及有以往的工作基础等因素,主要选择在晋陕蒙接壤地区。

2. 调查原则

(1)以收集现有资料为主,充分利用已有科研成果资料分析有关指标,并根据实地调查资料利用新增水土流失数学模型对部分典型项目的水土流失量进行了验证。

(2)现有资料以各地区各类建设项目的水土保持方案报告书为主。

(3)以重点项目为主。据不完全统计,在水利部 2000 ~ 2005 年批复水土保持方案的 298 个项目中,电力、交通和水利项目数量占到近 90%。这些数字虽然统计不全面,但从统计到的 298 个项目的分布情况(见表 6-1)可以看出,近年来我国的建设项目以能源和基础设施为主;另外,黄委晋陕蒙接壤地区水土保持监督局对黄河中游的乌兰木伦河流域所进行的调查也有类似的结果:该流域在 1986 ~ 1998 年间共开工建设了 208 个项目,其中能源、交通项目为 178 个,占总数的 86%。因此,对能源、交通、水利等几类项目进行了重点调查,同时兼顾其他数量较少的项目类型。

(4)实地调查为补充。对已有资料不能满足分析推算指标的重点项目,进行了实地调查。

(5)建设项目在建设期采取水土保持措施情况下的水土流失量,以实地调查为主,并参考以往监督检查过程中获得的资料。

(6)调查方法需简单快捷。

表 6-1　各类型大型建设项目所占比例

项目	电力	公路	煤炭	铁路	水利	油气管线	冶金化工	建材	石油天然气	合计
数量	140	54	41	11	31	8	8	3	2	298
比例(%)	47	18.1	13.8	3.7	10.4	2.7	2.7	1.0	0.67	100
累计比例(%)	47	65.1	78.9	82.6	93.0	95.7	98.4	99.4	100	

3. 调查技术路线

(1)通过对典型建设项目水土保持方案的调查分析,获得建设项目的基本情况,主要包括项目的扰动面积、建设期及项目建设区的背景侵蚀模数值等;同时,获得各类建设项目产生的弃土弃渣数量、占地面积和新增流失量及扰动地面的数量和新增流失量等指标,并由此(方案资料)直接分析得到各个典型建设项目未采取水土保持措施情况下的水土流失量指标($t/(km^2 \cdot a)$),包括未采取措施侵蚀强度和弃土弃渣直接入河流失率等指标。

(2)利用开发建设新增水土流失试验研究成果(侵蚀系数法)和(1)的调查结果,进一步分析确定各个典型建设项目未采取水土保持措施情况下的水土流失量指标($t/(km^2 \cdot a)$)。

(3)通过对部分重点典型建设项目的实地调查,获得应用数学模型法分析土壤侵蚀强度的实际资料,采用模型法分析确定部分重点典型建设项目扰动前后的土壤侵蚀强度,进一步确定侵蚀系数;同时,分析确定开发建设项目弃土弃渣的直接入河量比例和其他指标。

(4)通过典型案例调查分析,确定弃土弃渣直接入河量的比例和效益分析所需的有关指标。

(5)通过对方案资料直接分析法、侵蚀系数法、实地调查结合数学模型法等 3 种方法对同类型典型项目水土流失指标分析结果的比较,分别确定典型建设项目水土流失定额指标的基础指标系列、指标修正系数。

(6)由指标修正系数对典型建设项目水土流失定额基础指标系列进行修正,即得到修正后的典型建设项目水土流失定额基础指标系列。

(7)实地调查部分重点典型建设项目,分析确定其建设期采取水土保持措施后的水土保持效益(对比未采取水土保持措施的情况),再根据各类建设项目的特点,将重点典型建设项目的水土保持效益指标推广到所有典型建设项目上,得到典型建设项目建设期水土保持效益指标。

(8)对修正后典型建设项目水土流失基础定额指标系列中的个别突出数据进行评判后,再依据典型建设项目建设期水土保持效益指标进行分析,最后分析确定各类各级别建设项目水土流失量推算指标,包括扰动前的侵蚀模数(t/(km^2·a))、建设期未采取措施条件下的侵蚀模数(t/(km^2·a))、建设期采取措施后的侵蚀模数(t/(km^2·a))、项目建设新增水土流失指标(t/(km^2·a))和水土保持方案效益指标(t/(km^2·a))等。

(三)开发建设项目水土流失典型调查方法

开发建设项目典型调查分别采用通过水土保持方案调查法、根据典型区域试验研究成果推算法和实地调查结合数学模型法等3种方法,并以前两种方法为主,推算出典型建设项目水土流失基础指标,第3种方法只对重点实地调查项目进行分析,并据此结果与前两种调查方法得到的结果进行分析比较,得出修正系数,用以修正基础指标。

1. 实地调查结合数学模型法

1)调查内容与方法

实地调查的目的:一是通过对部分典型建设项目的实地调查,获取计算侵蚀模数的相关资料,利用有关数学模型计算项目建设前后项目区的土壤侵蚀模数,进而为分析确定建设项目水土流失指标提供技术依据;二是通过对部分典型项目调查资料的分析,为分析计算弃土弃渣水土流失强度提供技术依据。

根据时间、人力、物力等条件,在晋陕蒙接壤地区范围内实地调查了涉及公路、铁路、煤炭、电力、建材等5类23个项目,包括已经建成投入运行的和正在建设即将投入运行的项目,这些项目分布在丘陵、风沙和土石山等3个类型区中。每个项目调查的范围依据其类型不同而不同,线形项目选1 km左右有代表性的区段调查,点状和片状项目则全部调查;调查内容主要是计算侵蚀模数和侵蚀量所需的扰动地面的面积、坡度,弃土弃渣的数量及其直接入河量、面积、坡度,原生地面坡度,植被覆盖度等。

调查步骤如下:

(1)统一调查方法,制订调查方案,进行调查人员培训。为提高调查质量,在统一调查方法、制订调查方案的基础上,对参加实地调查的人员根据《典型建设项目水土流失与水土保持实地调查大纲》进行内业培训。同时对调查人员进行分组分工。

(2)试点项目调查,调整完善调查方案。选定丘陵区和风沙区各一个试点项目进行实地调查,对调查中发现的问题,及时分析总结,获取调查经验,调整完善调查方案。然后分组进行调查。

(3)实地勘察测量。对于实地需要确定的长度、高度、面积、体积、坡度、植被覆盖度等数据,有经验的调查人员利用皮尺、测绳、水准仪、经纬仪、坡度仪等现场测量;对所调查项目或项目段在建设期的弃土弃渣直接入河量,进行现场量算,结合已有资料综合分析确定,必要时调查当地预防监督部门历年(次)实测数据加以确定。实地调查项目的具体调查内容及其调查成果见表6-2。

表 6-2　典型项目实地调查成果

序号	项目		调查区段		扰动地面			弃土弃渣						建设时间
	类型	名称	地貌类型	调查范围（规模）	扰动类型	面积（hm^2）	坡度（°）	体积（万 m^3）	侵蚀面积（hm^2）	坡度（°）	原生地面坡度（°）	堆放位置	直接入河流失量（万 m^3）	
1	高速公路	榆靖高速	黄丘	0.69 km	挖损	2.91	4	44	16.6	16	10	沟、坡	0.90	1998～2002
2		陕蒙高速	风沙	0.5 km	挖损、堆垫	4.05	10	0	0	—	—	—	0	2005～2006
3		307 国道(子吴高速)	丘陵	0.655 km	挖损	17.38	13	78.4	3.9	33	13	沟、坡	6.92	2005～2006
4	普通公路	大石二级油路	丘陵	1 km	挖损	3.5	10	2.5	1.6	30	10	岸坡	0.88	1987
5		榆乌路	风沙	0.37 km	挖损、堆垫	1.12	10	0	0	—	—	—	0	2002
6		大柳塔至中鸡三级油路	黄丘	1 km	挖损	1.922	1	0	0	35	1	路边	0.21	2001
7		大柳塔至中鸡三级油路	盖沙	1 km	挖损	2.34	3	0.8	0.4	5	3	路边	0	2001
8	乡村公路	大柳塔至三不拉村土路	盖沙	10 km	挖损	15.1	8	3.2	0.1	45	8	岸坡	0.16	1988
9		准旗西召乡村土路	陵区	1 km	半挖	0.8	3	0	0.1	40	3	边坡利用	0	1996
10	铁路	包神路 k157－k158	丘陵	1 km	挖损	5	10	3.7	0.2	28	10	河岸边	1.11	1986～1989
11		包神路 k169－k170＋250	丘陵	1.25 km	挖损	5	5	8	0.7	30	5	河岸边	2.4	1986～1989
12		神朔铁路复线	山区	0.56 km	挖损	3.22	10	6.5	2.02	30	35	沟、坡	0.98	2001～2004
13		神延铁路复线	风沙	1 km	挖损、堆垫	7.79	10	0	0	—	—	—	0	2005～2006
14		瓷窑湾火车站	丘陵	1 座	挖损	1	7	0	0	—	7	—	0	1987
15	煤矿	后补连露天矿	盖沙	30 万 t/a	挖损	7.33	6	598	18.3	40	6	一级阶地	25.98	1988～1992
16		上湾井矿	盖沙	300 万 t/a	挖损	31.87	8	75.3	6.5	36	8	沟、坡	1.5	1987～1998
17		瓷窑湾井矿	丘陵	15 万 t/a	挖损	56	5	60	3.5	35	5	岸坡	2	1986～1996
18		武家塔井矿	盖沙	6 万 t/a	挖损	1.27	2	0.2	0.9	35	2	依河	0.04	1988～1989
19		榆家梁煤矿	丘陵	1 200 万 t/a	挖损、堆垫	17.11	22	57.2	1.4	37	32	沟坡	1.14	2000～2001
20	建材	王哲平采石场	丘陵	0.51 万 m^3/a	挖损	5	10	0.5	0.3	45	10	依坡	0.10	1987～2001
21		油坊梁采石场	山区	2.1 万 m^3/a	挖损	30	8	6.5	3.3	30	8	原坡面	1.3	1994～2001
22		王渠砖场	黄丘	200 万块/a	挖损	3.45	8	20	1.2	45	15	王渠岸坡	6	1987～2001
23	电力	清水川电厂	黄丘	2×300 MW	挖损	7.28	6	17.6	3.9	36	25	沟、坡	1.25	2004～2008

2）弃土弃渣调查成果

所调查的23个建设项目，共产生弃土弃渣982.4万 m^3，占地面积64.78 hm^2，弃土弃渣体积与占地面积之比平均值为15.17，即23个项目弃土弃渣平均堆积厚度为15.17 m；在建设期采取水土保持措施的情况下，弃土弃渣直接入河流失量52.87万 m^3，平均流失率为5.38%。见表6-3。

表6-3　典型项目弃土弃渣实地调查成果

序号	项目			调查区段		弃土弃渣				
	分类	类型	名称	地貌类型	调查范围（规模）	体积（万 m^3）	占地面积（hm^2）	直接入河量（万 m^3）	体积与占地面积之比	直接入河量比率（%）
(1)	(2)	(3)	(4)	(5)	(6)	(7)	(8)	(9)	(10)	(11)
1	线形项目	高速公路	榆靖高速	黄丘	0.69 km	44.00	16.56	0.90	2.66	2.05
2			陕蒙高速	风沙	0.5 km	0	0	0		
3			307国道（子吴高速）	丘陵	0.655 km	78.40	3.90	6.92	20.10	8.83
4		普通公路	大石二级油路	丘陵	1 km	2.50	1.60	0.88	1.56	35.20
5			榆乌路	风沙	0.37 km	0	0	0		
6			大柳塔至中鸡三级油路	黄丘	1 km	0.80	0.40	0.21	2.00	26.25
7			大柳塔至中鸡三级油路	盖沙	1 km	0	0	0		
8		乡村公路	大柳塔至三不拉村土路	盖沙	10 km	3.20	0.10	0.16	32.00	5.00
9			准旗西召乡村土路	陵区	1 km	0	0	0		
10		铁路	包神路k157－k158	丘陵	1 km	3.70	0.20	1.11	18.50	30.00
11			包神路k169－k170＋250	丘陵	1.25 km	8.00	0.70	2.40	11.43	30.00
12			神朔铁路复线	山区	0.56 km	6.50	2.02	0.98	3.22	15.08
13			神延铁路复线	风沙	1 km	0	0	0		
14		车站	瓷窑湾火车站	丘陵	1座	0	0	0		
		小计				147.10	25.48	13.56	5.77	9.22
15	点（片）状项目	煤矿	后补连露天矿	盖沙	30万t/a	598.00	18.30	25.98	32.68	4.34
16			上湾井矿	盖沙	300万t/a	75.30	6.50	1.50	11.58	1.99
17			瓷窑湾井矿	丘陵	15万t/a	60.00	3.50	2.00	17.14	3.33
18			武家塔井矿	盖沙	6万t/a	0.20	0.90	0.04	0.22	20.00
19			榆家梁煤矿	丘陵	1 200万t/a	57.20	1.40	1.14	40.86	1.99
20		建材	王哲平采石场	丘陵	0.51万 m^3/a	0.50	0.30	0.10	1.67	20.00
21			油坊梁采石场	山区	2.1万 m^3/a	6.50	3.30	1.30	1.97	20.00
22			王渠砖场	黄丘	200万块/a	20.00	1.20	6.00	16.67	30.00
23		电力	清水川电厂	黄丘	2×300 MW	17.60	3.90	1.25	4.51	7.10
		小计				835.3	39.3	39.31	21.25	4.71
	合计					982.4	64.78	52.87	15.17	5.38

其中,14 个线形项目在建设期共产生弃土弃渣 147.1 万 m^3,占地面积 25.48 hm^2,弃土弃渣体积与占地面积之比为 5.77,即弃土弃渣平均堆积厚度为 5.77 m;弃土弃渣直接入河流失量 13.56 万 m^3,流失率为 9.22%。9 个点(片)状项目在建设期共产生弃土弃渣 835.3 万 m^3,占地面积 39.3 hm^2,弃土弃渣体积与占地面积之比为 21.25,即弃土弃渣平均堆积厚度为 21.25 m;弃土弃渣直接入河流失量 39.31 万 m^3,流失率为 4.71%。

上述结果表明,线形建设项目的弃土弃渣堆放比点(片)状项目分散,流失率大于点(片)状项目。弃土弃渣调查结果中的有关指标,将作为推算建设期弃土弃渣流失强度指标的主要技术依据。

3)实地调查项目侵蚀模数计算

以上述调查资料为基础,利用表 4-4 中的数学模型分别计算开发建设项目各类下垫面的土壤侵蚀模数。模型中有关参数确定如下:

(1)降雨侵蚀力 R。对于神府东胜矿区附近的项目,采用上述课题的研究成果。取 R = 91.36 m·t·cm/(hm^2·h·a),对于其他地区的,R 取该项目所在地的数值。

(2)土壤抗冲性指标 K_w。由于实地调查的项目都在晋陕蒙接壤区内,所以土壤抗冲性指标值也采用上述课题研究成果。见表 6-4。

(3)模型中的地面坡度 J,则取各类下垫面的平均坡度。

表 6-4 侵蚀模数计算指标

下垫面类型	土壤抗冲性指标 K_w(kg/(m^2·mm))		降雨侵蚀力 R
	数值	抗冲性指标 K_w 对原生地面值之比	
原生地面	0.116	1	神府东胜矿区取 91.36 m·t·cm/(hm^2·h·a)
扰动地面	0.232	2	
沙土路面	0.244	2.1	
人工土路面	0.07	0.6	
渣土堆弃物	0.522	4.5	
砾质灌木区	0.01	0.09	

根据上述指标按表 4-4 中的公式即可计算每个建设项目扰动前、后的侵蚀模数。开发建设项目不同下垫面新增土壤侵蚀系数见表 4-3,计算结果见表 6-5。表中各个建设项目的原生地面、扰动地面侵蚀模数和弃土弃渣侵蚀模数,由上述方法确定。

建设期未采取措施情况下的平均侵蚀模数,根据各个建设项目扰动地面面积、弃土弃渣占地面积及它们的侵蚀模数(模型法)值,按面积加权平均法确定,见表 6-5 中第(8)栏。

各个建设项目弃土弃渣直接入河产生的流失量模数,根据直接入河渣量、扰动地面面积和弃土弃渣占地面积之和、建设期等数量分析确定,结果见表 6-5 中第(9)栏。由该结果进一步分析可知,23 个项目平均侵蚀系数(扰动后的侵蚀模数与扰动前侵蚀模数之比)为 3.14。

表 6-5　实地调查项目水土流失指标　（单位：t/(km²·a)）

序号	项目类型	项目名称	类型区	原生地面侵蚀模数（模型法）	弃土弃渣侵蚀模数（模型法）	扰动地面侵蚀模数（模型法）	建设期末采取措施侵蚀模数（模型法平均）	直接入河流失量模数（调查推算法）
(1)	(2)	(3)	(4)	(5)	(6)	(7)	(8)	(9)
1	高速公路	榆靖高速	丘陵	8 365	40 039	9 625	35 502	27 678
2	高速公路	陕蒙高速	风沙	1 350	0	8 500	8 500	0
3	高速公路	子吴高速	丘陵	14 899	33 458	28 526	29 430	195 113
4	普通公路	大石二级油路	丘陵	9 628	31 882	29 901	30 523	310 588
5	普通公路	榆乌路	风沙	3 750	0	11 500	11 500	0
6	普通公路	大柳塔至中鸡三级油路	丘陵盖沙	2 137	28 353	2 433	2 433	196 670
7	普通公路	大柳塔至中鸡三级油路	盖沙	3 750	225 000	11 500	42 668	0
8	乡村公路	大柳塔至三不拉村土路	丘陵	8 321	32 205	23 448	23 505	18 947
9	乡村公路	准旗西召乡村土路	丘陵	4 383	32 111	8 053	10 726	0
10	铁路	包神路 k157 - k158	丘陵	9 628	31 827	29 901	29 976	128 077
11	铁路	包神路 k169 - k170 + 250	丘陵	6 120	31 882	14 050	16 240	252 632
12	铁路	神朔铁路复线	丘陵	8 702	22 877	15 211	18 166	168 321
13	铁路	神延铁路复线	风沙	150	0	11 500	11 500	0
14	车站	瓷窑湾火车站	丘陵	7 626	0	20 273	20 273	0
15	煤矿	后补连露天矿	盖沙	6 895	32 111	17 138	27 829	456 145
16	煤矿	上湾井矿	盖沙	8 321	32 027	23 448	24 901	6 397
17	煤矿	瓷窑湾井矿	盖沙	6 120	32 004	14 050	15 107	6 050
18	煤矿	武家塔井矿	盖沙	3 362	32 004	5 177	16 304	33 180
19	煤矿	榆家梁煤矿	丘陵	3 961	22 908	4 167	5 584	55 429
20	建材	王哲平采石场	丘陵	9 628	32 205	32 205	32 205	2 426
21	建材	油坊梁采石场	土石山	8 321	32 205	31 882	31 914	10 039
22	建材	王渠砖场	丘陵	12 550	31 882	32 205	32 122	165 899
23	电力	清水川电厂	丘陵	12 130	45 586	16 265	26 493	67 084

2. 利用试验研究成果推算

1）相关研究成果简介

（1）西北电力设计院在山西河津电厂、甘肃张掖电厂、甘肃连城电厂等工程中进行了人工降雨试验，其结果是：黄土、沙土等原地貌经过扰动后，其侵蚀系数为 2.5 ~ 4.5。

(2)由黄委晋陕蒙接壤地区水土保持监督局完成的水利部水利技术开发基金项目“黄河中游地区开发建设项目新增水土流失预测研究”课题，以降雨—入渗—产流原理、土壤侵蚀原理及河流产(输)沙理论为基础，在开发建设产生的各类下垫面上进行了天然降雨、人工降雨、放水冲刷等试验，研究结果表明，在相同的降雨条件下，各类下垫面的土壤侵蚀系数(扰动后的地面侵蚀模数与原地面侵蚀模数之比)为1.4～4.5，其上限的平均值为3.13，见表4-3。

根据上述课题研究成果，对神府东胜矿区所在的乌兰木伦河流域1986～1998年期间开工建设的大小208个项目进行了新增水土流失量分析。研究结果表明，在乱采乱挖和不重视建设过程中水土保持工作的情况下，208个项目在13年间所产生的13 681.53万t弃土弃渣，有3 407万t直接堆弃在河道中流失掉，弃土弃渣直接入河流失比率为24.9%。

2)建设期未采取措施侵蚀模数推算方法——侵蚀系数法

项目建设期未采取措施情况下的侵蚀模数，可根据扰动前的侵蚀模数背景值用侵蚀系数法求得。上述第(1)项试验结果的侵蚀系数为2.5～4.5；第(2)项试验研究的侵蚀系数平均值为3.13；实地调查结合数学模型法得到的结果为3.14。本项调查中，确定侵蚀系数取3.20。

3.典型案例调查

典型案例调查是为了推算建设项目在建设期的弃土弃渣直接入河流失率和水土保持效益。选择鲁能山西河曲电厂铁路专用线西石沟弃渣场——依河岸堆放弃土弃渣流失率典型案例进行调查分析。

该工程为丘陵区单轨铁路，2002年7月开工，2004年秋后竣工，工期3年(3个汛期)。西石沟弃渣场是该工程最大的渣场，约9万m^3弃土弃渣直接堆弃在西石沟的右岸约160 m范围内，使该段沟谷束窄约1/3，渣堆高25～30 m，渣坡35°以上。2003年汛前，在沟道弃堆下游修了一座12 m高的拦渣坝，总库容15.62万m^3，坝控流域面积8.4 km^2。该工程弃土弃渣的处理在大型建设项目中具有代表性。2005年7月调查时，该坝基本淤满，该坝实际拦蓄泥沙2.25个汛期。2002～2005年黄河中游地区的降雨属于正常年份，坝控制流域范围内的地表来沙量，按当地现状平均侵蚀模数(10 000 t/(km^2·a))计算，每年为6.2万m^3，2.25年(2.25个汛期)内共拦蓄流域地表泥沙14.0万m^3、弃土弃渣1.62万m^3。平均每年拦渣约0.72万m^3，也就是说，堆置在西石沟沟岸的弃土弃渣，在没有任何防护措施和正常降雨状况下，平均每年被洪水冲走约8%，建设期3年内即可被洪水冲走24%左右，共2.16万m^3，这一结果与乌兰木伦河流域建设项目新增水土流失试验研究成果基本一致(建设期弃土弃渣直接入河流失率为24.9%)。

实施拦渣坝防护措施后，在建设期内共拦蓄弃土弃渣1.62万m^3，直接入河弃土弃渣的水土保持治理效益为75%。

该项工程总弃渣量21.43万m^3，其他弃渣或被利用，或堆弃于路基和坡地上，或被挡墙所拦挡，无直接入河情况。即整个铁路线弃土弃渣直接入河流失量主要发生在西石沟，建设期3年的流失量为2.16万m^3，占弃土弃渣总量的10.1%。

上面的典型案例调查结果表明，在丘陵区或山区实施项目建设，即使在采取治理措施的情况下，弃土弃渣也有直接入河流失量，但直接堆弃在河(沟)岸边的弃土弃渣，一旦采取拦渣坝、挡渣墙等措施后，弃土弃渣直接入河流失率显著小于未采取措施状况下的流失率。二者相差3倍以上。

4. 弃土弃渣直接入河流失率综合分析

由于弃土弃渣直接入河造成的水土流失量在开发建设水土流失总量中占有较大的比重,所以必须对其进行分析,以便在建设项目水土流失定额指标中加以考虑。

由实地调查分析得到的结果是,线形项目弃土弃渣直接入河流失率为9.22%,点(片)状项目弃土弃渣直接入河流失率为4.71%,而且这个流失率是在建设期采取水土保持措施情况下发生的。

由典型案例调查得到的结果是,在建设期采取水土保持措施情况下线形项目弃土弃渣直接入河流失率为10.1%。

"黄河中游地区开发建设项目新增水土流失预测研究"课题研究成果表明,乌兰木伦河流域建设项目弃土弃渣直接入河流失率为24.9%,这个比例比较大,这是由于神府东胜煤田开发初期,在"国家、集体、个人一起上"的思想指导下存在着乱采乱挖现象,特别是在省(区)界河谷中为争抢煤炭资源进行的开采,导致了大量的弃土弃渣被洪水冲走,再加上水土保持法尚未颁布实施,开发建设过程中基本未采取水土保持措施,所以流失率较大,但这个比例与典型案例调查分析的结果(即建设期无措施情况下流失率24%)基本接近,从这个角度看,典型案例调查成果是比较可信的。

根据上述调查及试验研究结果,本项调查中,建设期采取措施情况下的弃土弃渣直接入河流失率采用如下数值:线形项目弃土弃渣直接入河流失率采用10%;点(片)状项目弃土弃渣直接入河流失率采用5%。

建设期未采取措施情况下的弃土弃渣直接入河率,是上述指标的2.4倍。

5. 通过建设项目水土保持方案调查

1)侵蚀模数调查推算

大型开发建设项目水土保持方案是经具有水土保持方案编制资质的设计单位实地勘测后编制,并经水利部组织专家评估、论证后审定的技术报告,建设项目竣工后又由水利部组织对照方案进行了验收,每个项目水土保持方案中的相关数据应该是真实的或科学的,它可作为开发建设项目水土流失调查的重要技术依据。

对开发建设项目水土保持方案调查的主要目的,一是通过方案直接获得某个建设项目建设前的水土流失强度背景值、建设期未采取水土保持措施情况下新增水土流失量;二是通过方案调查分析得到某个建设项目在建设过程中的扰动地面和弃土弃渣数量及弃土弃渣的面积,为采用其他方法推算流失量提供依据。

a. 调查内容与调查方法

该项调查主要是从已经实施或正在建设的开发建设项目的水土保持方案(报批稿)中摘录有关内容,主要包括项目基本情况、所在地的土壤侵蚀类型、水土保持方案审批情况、开竣工时间、项目在各个类型区的占地面积、弃土弃渣和扰动地面及其水土流失情况等。调查内容见表6-6。

调查查阅2000年初至2005年底开工建设的各类建设项目的水土保持方案,首先对开发建设项目比较集中的陕西、内蒙古、甘肃及晋陕蒙接壤地区建设项目的水土保持方案进行重点调查,其次调查查阅新疆、青海、宁夏、甘肃等地部分建设项目的水土保持方案。另外,在晋陕蒙接壤地区调查了公路、煤炭、焦化、建材等中小型项目的水土保持方案。

表 6-6 典型开发建设项目基本情况调查表

编号	省、自治区、直辖市	市	县	土壤侵蚀类型区	所属流域		项目名称	建设单位	项目（企业）性质	项目类型	项目基本情况			侵蚀模数背景值（t/(km² · a)）	年均降水量（mm）	年均大风日数（d）	年均风速（m/s）	水土保持方案落实情况			
					江、河名称	支流级别					立项时间	开、竣工时间	投产时间					审批单位	审批时间	实施时间	竣工时间

编号	项目名称	规模		级别	调查范围（位置）	占地面积									分部工程名称	弃土弃渣					扰动地面		
		设计	实际			平原区		山区		丘陵区		风沙区		合计		堆弃位置	数量（万 m³）	占地面积（hm²）	建设期新增流失量（t）	运行期年新增流失量（t/a）	扰动面积（hm²）	建设期新增流失量（t）	运行期年新增流失量（t/a）
						长度（km）	占地面积（hm²）	长度（km）	占地面积（hm²）	长度（km）	占地面积（hm²）	长度（km）	占地面积（hm²）										

建设项目所在区域的侵蚀模数背景值，采用该项目水土保持方案中的数值。

项目建设过程中未采用水土保持措施情况下的侵蚀模数，分别采用根据方案调查成果直接推算法和侵蚀系数法两种方法。前者是根据由方案调查得到的建设期、建设期扰动地面面积及其流失量、弃土弃渣面积及其流失量等数据推算；后者是根据由方案调查中所获得的侵蚀模数背景值，乘以利用相关研究成果所确定的未采取措施情况下侵蚀系数3.2，得到建设期未采取措施情况下的侵蚀模数。

b.采用水土保持方案调查的典型项目分布情况

采用水土保持方案调查的典型项目主要分布于西北片7省(区)，为了弥补典型项目调查的不足，还调查了其他省区的4个项目。通过对水土保持方案的调查的项目共154个，其中，陕西、甘肃、宁夏、青海、新疆、山西、内蒙古分别有63、21、4、1、3、12、46个；从项目类型上分，公路27个，铁路8个，管线10个，渠道和堤防9个，输变电5个，电力30个，井采矿24个，露天矿9个，水利水电15个，城镇建设4个，农林开发1个，冶金、化工12个，可以看出，近年来，开发建设项目主要集中在交通、能源、电力、水利水电、化工等行业；另外，这些项目在山区、丘陵区、风沙区和平原区分布数量分别为50个、39个、17个和48个。典型项目分布见表6-7、表6-8，这154个项目中有27个是同类重复项目，所以，通过方案调查实际得到127个项目的资料，尚未调查到的项目主要分布在港口、航运、管线、渠道和堤防、露天矿、农林和冶金化工等项目，其原因主要是调查区域内近年来这些项目建设的少。典型项目基本情况见附表6-1-1~附表6-1-12。

表6-7 典型建设项目分布表一

(单位:个)

项目	陕西	宁夏	甘肃	青海	新疆	山西	内蒙古	其他	合计
公路	12		6				8	河南(1)	27
铁路	2				1	1	3	河南(1)	8
管线	5	1			1	1	2		10
渠道、堤防	3		4			1	1		9
输变电	2					2	1		5
电力	8	3	2		1	2	14		30
井采矿	17					2	5		24
露天矿	3						5	西藏(1)	9
水利水电	4		6	1		2	2		15
城镇建设	4								4
农林开发			1						1
冶金、化工	3		2			1	5	西藏(1)	12
合计	63	4	21	1	3	12	46	4	154

表 6-8　典型建设项目分布表二　　　　(单位:个)

类型区	公路	铁路	管线	渠道、堤防	输变电	电力	井采矿	露天矿	水利水电	城镇建设	农林开发	冶金、化工	合计
山区	10	2	2	3	2	2	8	6	8	1	1	5	50
丘陵区	3		3	1	1	10	11		5	1		4	39
风沙区	2	2	3		1	1	4	2		1		1	17
平原区	12	4	2	5	1	17	1	1	2	1		2	48
小计	27	8	10	9	5	30	24	9	15	4	1	12	154

c. 调查成果

典型项目侵蚀模数背景值、用 2 种方法推算的建设期未采取措施情况下的侵蚀模数值，分别见附表 6-2-1 ~ 附表 6-2-12 中第(5)、(6)、(7)列数据。

2)弃土弃渣入河流失量调查分析

根据水土保持方案中的弃土弃渣数量及其占地面积、扰动地面面积和其他调查方法获得的有关指标，综合分析确定各类项目弃土弃渣直接入河水土流失率指标(强度)，作为建设项目水土流失估算定额指标确定的参考依据。

每个项目的水土保持方案中都有弃土弃渣数量及其占地面积，个别无占地面积的，根据实地调查结果，按点(片)状项目弃土弃渣平均堆积厚度 21.25 m、线形项目弃土弃渣平均堆积厚度 5.77 m，确定其占地面积，再根据线形项目和点(片)状项目的弃土弃渣直接入河流失率分别为 10% 和 5%，确定各个典型项目的弃土弃渣直接入河流失量，最后根据建设项目扰动地面总面积(包括扰动地面面积和弃土弃渣占地面积两部分)、建设期，即可推算得到每个典型项目的弃土弃渣直接入河流失率指标，计算结果见附表 6-3-1 ~ 附表 6-3-12 中最后一栏数值。对各类项目的弃土弃渣直接入河流失率指标进行平均值计算，即得到各类项目的弃土弃渣直接入河流失率指标。结果见附表 6-4-1、附表 6-4-2 中第(8)栏数值。

6. 建设项目水土保持效益调查

1)调查原则

建设项目水土保持效益调查，是为分析确定项目在建设期采取措施后的水土流失强度及水土保持方案效益等 2 个指标。建设项目水土保持效益调查是比较复杂、费时的工作，又没有成熟的经验可供借鉴，调查难度和任意性都比较大。所以，此项调查的原则是：只针对重点项目类型的典型项目进行实地调查，且数量不宜过多，对项目情况比较熟悉，以少数典型项目的调查成果作为其他类型项目指标推求的依据。

2)调查内容

近几年开工建设的项目以公路、电力、井采矿、水利水电等 4 类项目居多。典型调查应以这 4 类项目为主，根据实际情况，实地调查的项目选择公路、铁路、电力和井采矿等 4 类 9 个项目。

3)调查方法

建设期采取措施后的水土保持效益为建设期各项措施的拦蓄量与建设期未采取措施的流失量之比。其中，建设期各项措施的拦蓄量，是建设期各分部工程所有扰动地面、弃土弃渣采取措施前后流失量之差的和;建设期未采取措施的流失量是建设期各分部工程所有扰动地面与弃土弃渣未采取措施情况下的流失量之和。

弃土弃渣如果堆放在坡地和平凹地,则只考虑其表面的水蚀量。

弃土弃渣如果依河(沟)岸边堆弃,则还要考虑其直接入河冲走(流失)量,其流失率采用典型案例调查的结果,取8%;采取拦渣坝措施的,其拦蓄量由拦渣坝的库容、坝上游弃土弃渣逐年可被洪水冲走量、建设期限等确定。

弃土弃渣采取挡渣墙措施防护后,只考虑其表面的水蚀量。

弃土弃渣坡面采用生物措施防护的,在建设期不考虑其水土保持效益,但弃土弃渣表面抗蚀力恢复时间按10~15年考虑,以此来确定其建设期逐年的侵蚀强度。

原生地面、扰动地面、弃土弃渣表面的流失量,由其侵蚀模数、面积分析计算;弃土弃渣直接入河流失量由调查确定。

上述有关数量确定后,先对每个典型项目或典型项目的每个分部工程的效益分别进行计算,然后分析计算整个典型建设项目或典型项目段建设期采取措施后的水土保持效益。

实地调查了9个正在建设或已经建成、刚投入运营的项目的38个分部工程及工程部位。对于某个项目将其分为若干个分部工程逐个调查,每个分部工程将其分为若干个部位逐个部位进行调查。调查中除参考有关设计技术资料确定宏观数字外,其他数据经实地调查获得,或据实地调查资料推算。

(1)扰动地面调查。扰动地面的几何性数据,利用皮尺、坡度仪等现场量算;不同治理程度的侵蚀模数,除根据《土壤侵蚀分类分级标准》(SL 190—96)现场确定外,还需实地调查模型法所需的资料,以便为采用数学模型法分析确定侵蚀模数奠定基础。

在调查扰动地面的同时,还要对原生地面的情况按照《典型建设项目水土流失与水土保持实地调查大纲》进行调查。

(2)弃土弃渣调查。弃土弃渣的数量及几何尺寸,利用皮尺、坡度仪等现场量算;弃土弃渣采取挡渣墙后的最大拦蓄率,可根据渣堆的高度、坡度(根据对乌兰木伦河流域的调查,弃土弃渣堆一般情况下的稳定坡度为30°以下)、挡渣墙的高度、正常暴雨洪水条件等,进行现场估算确定;依河岸堆弃的弃土弃渣的流失率,由前述典型案例调查分析确定;弃土弃渣直接入河流失量除现场调查外,主要利用已有成果及调查走访当事人或当地群众分析确定;侵蚀模数除根据《土壤侵蚀分类分级标准》(SL 190—96)确定外,还需据调查资料采用其他方法(数学模型法或侵蚀系数法)分析确定。

4)调查结果

对9个典型项目的38个分部工程或工程部位的水土保持效益调查成果见表6-9。由表可见,建设项目建设期各分部工程的水土保持效益依据措施类型不同而不同,效益为29.1%~84.7%,平均为49.7%;项目之间的效益差别比较大,风沙区项目的效益较小。

典型建设项目建设期水土保持效益调查成果汇总见表6-10。由表可知,点(片)状项目的效益高于线形项目;点(片)状项目的效益为50.2%~84.7%,平均为63.75%;线形项目的效益为29.1%~47.1%,平均为38.44%。

根据上述调查成果结合各类建设项目的特点,所有典型建设项目的水土保持效益计算采用重点典型建设项目的水土保持效益指标值,结果见附表6-5。建设项目在建设期采取措施后的水土流失强度指标,将根据上述效益分析结果分析确定。

表 6-9 典型建设项目建设期水土保持效益调查成果

序号	项目名称	地貌类型	分部工程	扰动类型/弃渣位置	弃渣量（万 m^3）	扰动面积（hm^2）	措施类型	原生地面侵蚀模数（t/(km^2·a)）	建设期未采取措施的侵蚀模数（t/(km^2·a)）	建设期采取措施的侵蚀模数（t/(km^2·a)）	建设期效益（%）
1	神东公司榆家梁煤矿	丘陵区原地面盖度小于30%	行政区	破损		4.93	植物加工程	5 000	8 000	3 750	53.1
			筛选厂、铁路装车站	破损		8.42	植物加工程	18 000	30 000	24 000	20.0
			副井区	破损		3.76	植物加工程	18 000	30 000	26 000	13.3
			弃渣场	沟岸	57.2	1.4	拦渣坝				87.5
			合计			18.51					84.7
2	蒙达电厂一、二期	平原区原地面盖度40%	厂区	破损		476.28	植物加工程	3 750	20 000	6 500	67.5
			供水设施	破损		170.31	植物加工程	3 750	20 000	8 500	57.5
			储灰场及道路	平凹地		407.87	植物加工程	3 750	20 000	9 000	55.0
			合计			1 054.46					61.0
3	托克托电厂三期	平原区原地面盖度45%	厂区	破损		22.83	植物加工程	3 750	15 000	3 750	75.0
			供水工程	破损		29.21	植物加工程	3 750	15 000	8 000	46.7
			弃渣场	平凹地			开孔混凝土砖护坡				0
			合计			52.04					59.1
4	河曲电厂铁路专线	黄丘区原地面盖度小于30%	路堑坡度30°	挖掘		48.00	工程护坡	18 000	30 000	22 000	26.7
			路基	山坡弃渣	8.43	1.45	挡墙高 1.4 m	18 000	81 000	48 600	40.0
			隧洞	沟岸弃渣	9		拦渣坝				75.0
			隧洞	山坡弃渣	4	0.69	挡墙高 2 m、长 100 m	18 000	81 000	48 600	40.0
			合计		21.43	50.14					50.2
5	榆靖高速公路	黄丘区原地面盖度70%	弃渣场坡度16°	沟坡	44.00	16.56	植物护坡盖度25%	1 750	33 458	19 869	47.0
			路堑坡度37°	挖掘		0.18	挡墙高 2 m 植物护坡	1 750	15 000	7 050	53.0
			路基边坡坡度35°	堆垫		0.08	植物护坡盖度40%	1 750	15 000	7 050	53.0
			施工场地坡度4°	破损		1.00	植物措施盖度40%	1 750	15 000	6 167	58.9
			路基	堆垫		1.66	油面		15 000	500	96.7
			合计			19.48					47.1

续表 6-9

序号	项目名称	地貌类型	分部工程	扰动类型/弃渣位置	弃渣量（万 m^3）	扰动面积（hm^2）	措施类型	原生地面侵蚀模数（t/(km^2·a)）	建设期未采取措施的侵蚀模数（t/(km^2·a)）	建设期采取措施的侵蚀模数（t/(km^2·a)）	建设期效益（%）
6	榆乌普通公路	风沙区原地面植被盖度70%	施工道路场地	破损		0.19	无措施	3 750	11 500	8 050	30.0
			取土场	挖掘		0.33	无措施	3 750	11 500	9 200	20.0
			路基边坡	堆垫		0.20	植物措施盖度30%	3 750	11 500	6 500	43.5
			路基	堆垫		0.41	土基、油面	3 750	11 500	1 000	91.3
			合计			1.13					29.1
7	神延铁路	风沙区原地面植被盖度90%	路基边坡	堆垫		3.18	工程、植物护坡，盖度36%	1 350	11 500	6 500	43.5
			施工场地	碾压破损		0.59	无措施	1 350	11 500	8 050	30.0
			取土场	挖掘		2.00	无措施	1 350	11 500	9 200	20.0
			路基	堆垫		2.02	石子、铁轨	1 350	11 500	500	95.7
			合计			7.79					34.0
8	神朔铁路复线	土石山区原地面盖度小于30%	路堑	挖掘坡度60°		0.44	第三年上浆砌石护坡面积0.125 hm^2	6 500	18 000	13 700	23.9
			路基边坡	堆垫坡度35°		0.27	第三年上植物护坡，盖度30%	6 500	18 000	12 000	33.3
			碾压地表	破损		1.28	无措施	6 500	18 000	13 500	25.0
			路基	堆垫		1.23	石子、铁轨	6 500	18 000	500	97.2
			弃渣场	山坡	4.37	0.49	无措施	6 500	33 458	25 370	24.2
			弃渣场	山坡	0.92	0.21	挡墙长10 m、高1.5 m	6 500	33 458	15 222	54.5
			弃渣场	沟岸	5.92	1.32	护坡长150 m、高2 m	8 000	33 458	15 492	40.7
			合计			5.24					41.3
9	陕蒙高速	风沙区原地面植被盖度90%	取土场	挖掘		0.86	部分植物措施	1 350	11 500	8 000	30.4
			路基边坡	堆垫		0.31	植物措施	1 350	11 500	6 500	43.5
			碾压地表	破损		0.89	沙障	1 350	11 500	6 500	43.5
			路基	堆垫		2.00	覆土	1 350	11 500	6 500	43.5
			合计			4.06					40.7

表 6-10　典型建设项目建设期水土保持效益调查成果汇总

所有项目		点(片)状项目		线形项目	
项目名称	效益(%)	项目名称	效益(%)	项目名称	效益(%)
神东公司榆家梁煤矿	84.7	神东公司榆家梁煤矿	84.7	榆靖公路	47.1
蒙达电厂	61	蒙达电厂	61	陕蒙高速	29.1
托克托电厂	59.1	托克托电厂	59.1	榆乌普通公路	34
河曲电厂铁路专线	50.2	河曲电厂铁路专线	50.2	神延铁路	41.3
榆靖高速公路	47.1			神朔铁路复线	20
陕蒙高速	40.7				
榆乌普通公路	29.1				
神延铁路	34				
神朔铁路复线	41.3				
9 个项目平均	49.7	4 个项目平均	63.75	5 个项目平均	42.44

第二节　建设项目水土流失定额估算

一、建设项目水土流失定额估算依据

(一)侵蚀模数背景值定额 M_0 估算的依据

项目建设区侵蚀模数背景值定额 M_0 是其他水土流失定额估算的基础，所以该指标的确定需非常慎重。在本项调查中，各类建设项目的侵蚀模数背景值是以其水土保持方案中采用值 M_0 为主要参考依据进行确定的。同时，参考《黄河流域黄土高原输沙模数分区图》及各省(区)土壤侵蚀强度分布图加以调整。

由于西北 7 省(区)地域辽阔，土壤侵蚀强度差异较大，比如，黄河中游地区丘陵区比其他地区的同一类型区的侵蚀强度高，而山区、风沙区和平原区的侵蚀强度则低于其他地区。因此，将西北 7 省(区)分为黄河中游地区和其他地区(非黄河中游地区)两个区域进行建设项目水土流失定额估算。

此外，在同一地区的同一类型区中，侵蚀模数背景值的变幅不能太大。

(二)建设期未采取措施侵蚀模数定额估算 M_j 的依据

如前所述，建设项目在建设期未采取水土保持措施情况下，水土流失由两部分组成，一是项目建设区和直接影响区包括弃土弃渣在内的各类下垫面地表因降雨、径流冲刷而产生的侵蚀量；二是弃土弃渣直接入河遭洪水冲刷而产生的流失量。

其水土流失定额的估算主要依据如下。

1. 未采取措施情况下地表侵蚀模数定额估算依据

(1)依据水土保持方案中对建设期水土流失量预测的结果，直接分析得到估算定额。

(2)依据项目建设区的侵蚀模数背景值定额 M_0，由侵蚀系数(侵蚀系数 a)法分析确定估算定额。

(3)根据由水土保持方案直接分析法、侵蚀系数法、实地调查结合数学模型法等3种方法分别分析得到的结果,综合分析确定建设期未采取措施情况下的水土流失强度的基础估算定额 M_{jc} 和估算定额修正系数 k。

(4)依据基础估算定额和估算定额修正系数,确定修正后的估算定额 M_j。

2. 弃土弃渣直接入河流失率估算依据

通过水土保持方案调查建设项目的弃土弃渣情况,可以获得建设过程中的弃土弃渣数量。在山区、丘陵区只要有弃土弃渣产生,就有弃土弃渣直接入河流失的可能。其流失率估算以"通过建设项目水土保持方案调查"中弃土弃渣入河流失量调查分析结果为依据,同时由实地调查结果和方案推算结果进行比较后,确定修正系数。

(三)建设期采取措施后侵蚀模数定额 M_{cs} 估算的依据

建设期采取水土保持措施后的水土流失强度估算定额确定依据如下:

(1)修正后的估算定额 M_j。

(2)依据实地调查项目建设期水土保持效益确定的各类建设项目水土保持效益指标 k(见附表6-5)。

(四)新增水土流失 ΔM 及水土保持效益定额 ΔM_j 估算的依据

(1)项目建设新增水土流失指标的估算依据是:建设期未采取水土保持措施的修正后的水土流失估算定额 M 和侵蚀模数背景值定额 M_0。

(2)建设项目的水土保持方案效益定额估算依据是:建设期采取水土保持措施前后的估算定额 M 和 M_{cs}。

二、建设项目水土流失定额估算方法

(一)侵蚀模数背景值定额 M_0 估算方法

1. 通过水土保持方案直接估算

项目建设区侵蚀模数背景值定额 M_0,直接采用其水土保持方案中所用的值,其结果见附表6-2中第(5)栏所列数值。

2. 项目建设区侵蚀模数背景值定额 M_0 的调整

对1中确定的 M_0,参考《黄河流域黄土高原输沙模数分区图》及各省区土壤侵蚀强度分布情况,以黄河中游地区和西北其他地区(非黄河中游地区)区域内的同一类型区中侵蚀模数背景值基本接近的原则加以调整,调整后的侵蚀模数背景值 M_0 的汇总结果见附表6-4-1、附表6-4-2中第(5)栏。

3. 修正系数

将实地调查结合数学模型法分析得到的 M_0 与上述调整后的 M_0 进行比较,见表6-11第(9)栏。结果表明,两种调查方法得到的侵蚀模数背景值定额 M_0 基本接近,它们(两种方法计算的 M_0)的比值的平均值为0.993,说明侵蚀模数背景值定额不需要做系统性的修正,只需对个别突出数据进行评判。评判后的 M_0 结果见附表6-4-1和附表6-4-2中第(5)栏数据。可以看出,各类型的建设项目所在区域侵蚀模数背景值定额 M_0 山区和平原区很接近,一般为600~1 500 t/(km^2·a);风沙区一般为2 500~4 000 t/(km^2·a);丘陵区最大,一般为8 000 ~ 17 000 t/(km^2 · a)。

上述结果就是该指标的最终定额估算指标。

(二)建设期未采取措施侵蚀模数定额 M_j 估算方法

1. 未采取措施地表侵蚀模数定额估算方法

建设项目在建设期未采取水土保持措施情况下,其水土流失定额的估算,以水土保持方案中的 M_j、建设期的扰动地面面积及其流失量、弃土弃渣量流失量及其占地面积、建设年限等数据为基础,分别采用直接推算法和侵蚀系数法等2种方法分析计算确定。

1)直接推算法推求 M_j

用建设期扰动地面与弃土弃渣表面新增流失量之和除以扰动地面与弃土弃渣占地面积之和,再除以建设期限后,加上侵蚀模数背景值定额,即得到 M_j。其结果见附表6-2-1 ~ 附表6-2-12 中第(6)栏数值。

2)侵蚀系数法推算 M_j

侵蚀系数法是以侵蚀模数背景值定额 M_0 为基数,用该基数乘以侵蚀系数 a 即得到建设期未采取措施情况下侵蚀模数 M_j 的又一个系列值,即 $M_j = a \times M_0$。侵蚀系数采用"利用试验研究成果推算"2)中所确定的值,取 $a = 3.20$。计算结果见附表6-2-1 ~ 附表6-2-12 中的第(7)栏数值。

3)未采取措施侵蚀模数基础估算定额指标 M_{jc} 和修正系数 k 的确定

以上用2种方法分析,分别确定了 M_j 的2个系列值。另外,用数学模型法和侵蚀系数法,对实地调查的重点典型项目的 M_0 和 M_j 进行分析。将方案调查法和实地调查法同时对11个项目的 M_0 和 M_j 分析结果加以比较,见表6-11。建设期未采取措施的侵蚀强度 M_j 分别采用了2种调查方法、4种分析计算方法,计算结果分别见表6-11 第(4)、(5)、(7)、(8)栏,M_j 的比值见表6-11 第(10) ~ (15)栏。由表6-11 可知:

(1)由水土保持方案直接推算的 M_j 值比其他3种方法分析结果都大,而根据方案资料用侵蚀系数法分析的值与实地调查分析计算的2种结果比较接近,它们的比值分别为1.001 和0.995。

(2)由实地调查法分析的2种结果基本相近,它们的比值为1.098,说明实地调查得到的 M_j 比较真实(但它的系列短,不能作为基础估算定额)。

综上所述,建设期未采取措施侵蚀模数基础估算定额指标 M_{jc},拟采用由方案资料用侵蚀系数法分析得到的数值;修正系数应采用由实地调查资料分别用数学模型法和侵蚀系数法分析得到的值与 M_{jc} 之比值的平均值0.998,由于该修正系数接近1.0,所以基础估算定额指标不需要修正。

2. 弃土弃渣直接入河流失率定额估算方法

弃土弃渣直接入河流失率定额估算,首先确定采取措施情况下的定额,在此基础上确定未采取措施的估算定额。

1)基础估算定额指标

弃土弃渣直接入河流失率指标按照"通过建设项目水土保持方案调查"2)中所述方法分析得到的结果,见附表6-4-1、附表6-4-2 中第(8)栏。由于用该方法确定的指标系列比较长,所以它将作为建设期采取措施弃土弃渣直接入河流失率的基础估算定额指标。

这里必须再次指出的是,上述基础估算定额指标是建设期采取措施情况下的。

表 6-11 不同推算方法水土流失指标比较

项目名称	类型区	方案调查法			实地调查法			$\frac{(6)}{(3)}$	$\frac{(4)}{(5)}$	$\frac{(4)}{(7)}$	$\frac{(4)}{(8)}$	$\frac{(7)}{(5)}$	$\frac{(8)}{(5)}$	$\frac{(8)}{(7)}$
		侵蚀模数背景值 (t/(km^2·a))	建设期未采取措施侵蚀模数 直接推算法 (t/(km^2·a))	建设期未采取措施侵蚀模数 侵蚀系数法 (t/(km^2·a))	侵蚀模数背景值 (t/(km^2·a))	建设期未采取措施侵蚀模数 数学模型法 (t/(km^2·a))	建设期未采取措施侵蚀模数 侵蚀系数法 (t/(km^2·a))							
(1)	(2)	(3)	(4)	(5)	(6)	(7)	(8)	(9)	(10)	(11)	(12)	(13)	(14)	(15)
高速公路	丘陵	8 500	8 500	27 200	13 003	27 204	41 609	1.530	0.313	0.312	0.204	1.000	1.530	1.530
	风沙	3 200	3 800	12 160	1 350	8 500	4 320	0.422	0.313	0.447	0.880	0.699	0.355	0.508
普通公路	丘陵	8 770	46 335	19 520	6 973	22 834	22 313	0.795	2.374	2.029	2.077	1.170	1.143	0.977
	风沙	2 840	12 400	20 800	3 750	34 744	12 000	1.320	0.596	0.357	1.033	1.670	0.577	0.345
乡村公路	丘陵	8 000	151 929	25 600	8 123	22 791	25 994	1.015	5.935	6.667	5.845	0.890	1.015	1.141
铁路单线	丘陵	17 275	198 211	55 281	9 628	29 976	30 810	0.557	3.586	6.612	6.433	0.542	0.557	1.028
铁路复线	丘陵	20 000	78 298	64 000	6 120	16 240	19 584	0.306	1.223	4.821	3.998	0.254	0.306	1.206
火电	丘陵	8 751	11 737	28 002	12 130	19 851	38 815	1.386	0.419	0.591	0.302	0.709	1.386	1.955
井采矿	丘陵	3 917	23 526	12 535	16 388	8 866	12 675	4.184	1.877	2.654	1.856	0.707	1.011	1.430
	风沙	5 551	78 935	17 763	6 868	18 889	21 977	1.237	4.444	4.179	3.592	1.063	1.237	1.163
露天矿	风沙	3 779	33 576	12 093	6 895	27 829	22 063	1.825	2.776	1.207	1.522	2.301	1.824	0.793
平均						21 611	22 924	0.993	2.169	2.716	2.522	1.001	0.995	1.098

2)修正系数

对7个实地调查项目弃土弃渣直接入河流失率的分析结果与对同类项目由方案调查资料推算弃土弃渣直接入河流失率结果进行比较,比较结果见表6-12。由表可知,根据方案资料推算得到的弃土弃渣直接入河流失率,比实地调查项目的弃土弃渣直接入河流失率小,后者与前者的比值平均为2.29。取修正系数为2.30。

表6-12 不同调查方法弃土弃渣直接入河流失率指标比较

序号	项目类型	类型区	弃土弃渣直接入河流失率(t/(km² · a))		(4)/(5)
			实地调查	方案推算	
(1)	(2)	(3)	(4)	(5)	(6)
1	高速公路	丘陵	27 678	34 846	0.79
2	普通公路	丘陵	18 947	5 064	3.74
3	铁路复线	丘陵	168 321	289	582.42
4	井采矿	丘陵	55 429	17 801	3.11
5	露天矿	土石山	10 039	34 877	0.29
6	露天矿	丘陵	165 899	54 407	3.05
7	火电厂	丘陵	67 084	77 239	0.87
平均					2.29

3)建设期采取措施后弃土弃渣直接入河流失率估算方法

首先对基础估算定额指标中的个别突出数据进行评判(调整),调整后的结果见附表6-4-1、附表6-4-2第(9)栏,在此基础上按2.30的系数进行修正,即得到建设期采取措施弃土弃渣直接入河流失率估算定额。

4)建设期未采取措施弃土弃渣直接入河流失率估算方法

根据典型案例调查结果,未采取措施后弃土弃渣直接入河流失率估算定额,将修正后得到的采取措施后弃土弃渣直接入河流失率估算定额扩大3.0倍即是。

(三)建设期采取措施后地表侵蚀模数定额 M_{cs} 估算方法

建设期采取水土保持措施后,各类下垫面的水土流失强度估算定额 M_{cs},由建设期未采取措施估算定额指标 M_j 和各类项目建设期水土保持效益指标 k 分析确定。计算公式为:

$$M_{cs} = (1 - k) M_j$$

(四)新增水土流失 ΔM 及水土保持效益定额 ΔM_j 估算方法

新增水土流失定额及水土保持方案效益定额指标,先按地表侵蚀和弃土弃渣直接入河流失两部分分别估算,然后再汇总。估算方法如下:

(1)项目建设新增水土流失估算定额 ΔM,由侵蚀模数背景估算定额 M_0 和建设期未采取措施侵蚀强度定额 M_j 分析确定。计算公式为:

$$\Delta M = M_j - M_0$$

弃土弃渣直接入河流失率估算中,其侵蚀模数背景值为零。

(2)建设期水土保持方案效益估算定额指标 ΔM_j,由建设期采取水土保持措施前后的侵蚀强度指标 M_j 和 M_{cs} 分析确定。计算公式为:

$$\Delta M_j = M_j - M_{cs}$$

三、开发建设项目水土流失估算定额的调整

(一)基础估算定额的调整

1. 地表侵蚀基础估算定额调整

地表侵蚀的侵蚀模数背景值,经调整后的数值分别见附表6-4-1、附表6-4-2中的第(5)栏和附表6-6-1、附表6-6-2中的第(3)、(8)、(13)、(18)栏;未采取措施情况下的侵蚀模数不作调整。

2. 弃土弃渣直接入河基础估算定额调整

弃土弃渣直接入河流失的侵蚀模数背景值为零;建设期采取措施情况下弃土弃渣直接入河流失率,以本章第二节中"建设期未采取措施侵蚀模数定额 M_j 估算方法"之"弃土弃渣直接入河流失率定额估算方法"中确定的基础估算定额为参考,同时参考实地调查成果,并依据不同建设项目的特点进行调整,调整后的弃土弃渣直接入河流失率基础定额指标见附表6-4-1、附表6-4-2中第(9)栏。

(二)基础估算定额的修正

根据前述估算方法,只需对弃土弃渣直接入河流失率的基础估算定额进行修正。

1. 采取措施后弃土弃渣直接入河流失率修正

由"建设期未采取措施侵蚀模数定额 M_j 估算方法"之"弃土弃渣直接入河流失率定额估算方法"3)中确定的估算方法,建设期采取措施后的弃土弃渣直接入河流失率的修正系数为2.30,所以该项修正是在附表6-4-1、附表6-4-2中第(9)栏数据的基础上乘以2.30,即得到修正后的估算定额。结果见附表6-7-1、附表6-7-2中第(5)、(10)、(15)、(20)栏数据。

2. 未采取措施弃土弃渣直接入河流失率修正

本章第二节中"建设期未采取措施侵蚀模数定额 M_j 估算方法"之"弃土弃渣直接入河流失率定额估算方法"4)中确定的估算方法,建设期未采取措施弃土弃渣直接入河流失率的修正系数为3.0,它是在附表6-7-1、附表6-7-2中第(5)、(10)、(15)、(20)栏数据的基础上乘以3.0,即得到修正后的估算定额。结果见附表6-7-1、附表6-7-2中第(4)、(9)、(14)、(19)栏数据。

四、开发建设项目水土流失估算定额及其适用范围

(一)开发建设项目水土流失估算定额

1. 开发建设项目地表侵蚀水土流失估算定额

典型开发建设项目侵蚀模数背景值,见附表6-6-1、附表6-6-2中第(3)、(8)、(13)、(18)栏,将其扩大3.20倍即是建设期未采取措施侵蚀模数估算定额,见附表6-6-1、附表6-6-2中(4)、(9)、(14)、(19)栏数据,再将该数据与附表6-5中相应类型区中相应类型项目的水土保持效益相乘,即得到建设期采取措施后侵蚀模数估算定额,见附表6-6-1、附表6-6-2中第(5)、(10)、(15)、(20);项目建设新增水土流失指标,由建设期未采取措施水土流失定额与侵蚀模数背景值相减得到,见附表6-6-1、附表6-6-2第(6)、(11)、(16)、(21)栏中数据;项目建设水土保持方案效益指标,由建设期采取措施前后侵蚀模数估算定额相减得到,见附表6-6-1、附表6-6-2第(7)、(12)、(17)、(22)栏中数据。

2. 开发建设项目弃土弃渣直接入河流失率估算定额

开发建设项目弃土弃渣直接入河流失率估算定额见附表6-7-1、附表6-7-2,弃土弃渣直接入河流失率背景值为零;项目建设弃土弃渣直接入河新增水土流失指标,由建设期未采取措施水土流失定额与侵蚀模数背景值相减得到,见附表6-7-1、附表6-7-2第(6)、(11)、(16)、(21)栏中数据;项目建设水土保持方案效益指标,由建设期采取措施前后弃土弃渣直接入河流失率估算定额相减得到,见附表6-7-1、附表6-7-2第(7)、(12)、(17)、(22)栏中数据。

3. 开发建设项目水土流失综合估算定额

开发建设项目水土流失综合估算定额,由开发建设项目地表侵蚀模数估算定额和弃土弃渣直接入河流失率估算定额两部分组成。估算定额成果见附表6-8-1、附表6-8-2。该成果作为本次开发建设项目水土流失典型调查的最终成果,可为估算调查区域各类开发建设项目水土流失量及水土保持效益提供参考。

(二)开发建设项目水土流失估算定额适用范围

1. 适用区域

本项调查所得到的开发建设项目水土流失估算定额,适用于陕西、甘肃、宁夏、青海、新疆、山西、内蒙古等7省(区)。其中,附表6-8-1中的估算定额指标,适用于黄河流域各类开发建设项目的水土流失及水土保持效益估算,附表6-8-2中的估算定额指标,适用于除黄河流域以外的西北7省(区)其他范围。

2. 适用类型

由于本次在西北片7省(区)调查中,没有调查到航道改造、码头建设、风力发电、核电站、抽水蓄能电站和定向用材林开发等6类建设项目,同时也未调查到在平原区有水库、水电站建设项目,所以附表6-8-1、附表6-8-2中的估算定额指标,适用于除上述6类项目及平原区水库、水电站项目外的各类项目。

附表 6-1-1　公路典型开发建设项目基本情况调查表

编号	省、自治区、直辖市	市	土壤侵蚀类型区	所属流域	项目名称	项目基本情况			侵蚀模数背景值（t/(km²·a))	年均降水量（mm）	水土保持方案落实情况	
						立项时间	开、竣工时间	投产时间			审批单位	审批时间
1	内蒙古	鄂尔多斯	风蚀	黄河	丹东至拉萨国道主干线巴拉贡—新地公路工程	2002	2003～2005		5 000	154.8	水利部	
2	内蒙古		水蚀	辽河	阿荣旗至北海省际通道（内蒙古境）经棚至大板公路		2002-07～2004-10	2004-10	3 500	357.6	水利部	
3	内蒙古	呼和浩特	水蚀	黄河	呼和浩特铝厂自备电厂进场公路	2003-12			3 000	343.9	水利部	2004-03
4	内蒙古	鄂尔多斯	水蚀	黄河	鄂尔多斯市东胜区万利镇昌汉沟煤矿	2004	2005～2006	2006	8 000	325.8	鄂尔多斯市水利局	2005
5	内蒙古	鄂尔多斯	水蚀	黄河	伊金霍洛旗新庙镇三界塔大桥及接线公路	2005	2005-04～2006-11	2006-11	8 000	357.3	鄂尔多斯市水利局	2005-06
6	内蒙古	鄂尔多斯	水蚀	黄河	鄂尔多斯市悖牛川矿区路桥责任有限公司边贾线府谷公路工程		2003～2004	2004-12	360	21.3	内蒙古自治区水利厅	2003-11
7	陕西	西安、渭南	水蚀	黄河	国道主干线（GZ40）二连浩特—河口陕西境内禹门口—阎良段高速公路		2002～2005	2005	1 000	555		
8	陕西	汉中	水蚀	长江	316 国道主干线城固—汉中—褒河段公路改建工程		2004～2006	2006	400	1 050		
9	陕西	铜川、延安	水蚀	黄河	铜川—黄陵一级公路工程	1993	1998～2000	2001	150	641.5		
10	陕西	汉中、宝鸡	水蚀	长江	姜眉公路汉中段		1999-04～2001-12	2002	1 925	910		
11	陕西	西安	水蚀	黄河	陕西省秦岭植物园田峪口至紧牛坪段公路工程	2002	2002-10～2003-03	2003	700	825	陕西省水土保持局	2002-05
12	陕西	商洛	水蚀	黄河、长江	洛南—洪门河二级公路建设工程	2000	2000～2001	2002	2 837	739.9		
13	陕西		水蚀	长江	国道主干线（G40）陕西境西汉高速公路三河水库改线段及宁陕连接线工程		2004-11～2007	2008	730	880.5		

续附表 6-1-1

编号	项目名称	规模（km）	级别	占地面积								分部工程名称	弃土弃渣					扰动地面		
				平原区		山区		丘陵区		风沙区										
				长度（km）	占地面积（hm^2）	长度（km）	占地面积（hm^2）	长度（km）	占地面积（hm^2）	长度（km）	占地面积（hm^2）		堆弃位置	数量（万 m^3）	占地面积（hm^2）	建设期新增流失量（t）	运行期年新增流失量（t/a）	扰动面积（hm^2）	建设期新增流失量（t）	运行期年新增流失量（t/a）
1	丹东至拉萨国道主干线巴拉贡—新地公路工程	52	一级	52	266.97								平地	1	0.5	100		416.67	17 376	4 883.7
2	阿荣旗至北海省际通道（内蒙古境）经棚至大板公路	116.7	一级			89.7	636.1						沟坡	227.93	42.9	17 975		636.1	129 869	64 934.5
3	呼和浩特铝厂自备电厂进场公路	2.2	普通公路	2.16	3.19								凹地	0.45				3.19		
4	鄂尔多斯市东胜区万利镇昌汉沟煤矿		乡村公路		0.56													0.56	806	
5	伊金霍洛旗新庙镇三界塔大桥及接线公路	9.8	二级											0.6		9 000		33.53	3 092	
6	鄂尔多斯市悖牛川矿区路桥责任有限公司边贾线府谷公路工程							50.44						12.5	2.32			297.65	23 340.59	9 336.16
7	国道主干线（GZ40）二连浩特—河口陕西境内禹门口—阎良段高速公路	176.8	高等级									弃土渣场		482.02	62.07	1 716 400		3 101.82	339 900	37 300
8	316 国道主干线城固—汉中—褒河段公路改建工程	41	普通									无	无	无	无	无	无	98.76	898	180
9	铜川—黄陵一级公路工程	93.9	普通			93.85	510.8					弃土渣场	荒坡、荒沟、河滩及沟台	667.13	110.28	205.37		510.8	216 300	25 500
10	姜眉公路汉中段	49.1	普通			49.072	108.65					弃土渣场	漫滩	162.78	21.5	1 754 000		76.43	158 000	19 902
11	陕西省秦岭植物园田峪口至紧牛坪段公路工程	17.5	乡村级			17.445	14.21					临时堆土场	河滩地	0.393	1.31	1 770		14.21	5 600	1 300
12	洛南—洪门河二级公路建设工程	48.2	乡村级			48.173	80.79					弃土渣场	沟坡	108.6	14.38	2 302	70	80.79	8 300	215
13	国道主干线（G40）陕西境西汉高速公路三河水库改线段及宁陕连接线工程	16.3	高级			16.284	72.79					弃土渣场	河滩地	254.89	32.4	377 600		79.12	6 042	528

续附表 6-1-1

编号	省、自治区、直辖市	市	土壤侵蚀类型区	所属流域	项目名称	项目基本情况			侵蚀模数背景值	年均降水量	水土保持方案落实情况	
						立项时间	开、竣工时间	投产时间	(t/(km^2·a))	(mm)	审批单位	审批时间
14	陕西	汉中	水蚀	长江	国道主干线(GZ40)二连浩特—河口陕西境内洋县—勉县段高速公路	2003	2003～2006	2006	2 000	884.4		
15	甘肃		水蚀	长江	迭部—九寨沟公路(迭部段)工程		2006-08～2008-12		400	625.5	甘肃省水利厅水土保持局	
16	甘肃		水蚀	黄河、长江	S210 线腊子口至巴仁口公路铁尺梁隧道工程		2006-08～2009-07		300	625.5	甘肃省水利厅水土保持局	
17	甘肃		风蚀	黄河	连霍国道主干线(GZ45)嘉峪关至安西一级公路工程	2004-12	2004～2006		5 500	66	水利部水保监测中心	2004-01
18	甘肃	平凉	水蚀	黄河	华亭至庄浪公路工程		2004-08～2006-08		6 100	602.5	甘肃省水利厅水土保持局	2004-07
19	甘肃	天水	水蚀	黄河、长江	连霍国道主干线(GZ45)宝鸡天水高速公路牛背至天水公路工程	2004-03	2005-09～2009-09		1 150	680	水利部水保监测中心	2004-01
20	河南	南阳、邓州	水蚀	淮河	南阳—邓州高速公路		2002～2005	2005	1 100	805.8		
21	陕西	榆林			府准三级公路				25 000	450		
22	陕西	榆林	水蚀	黄河	榆靖高速公路	1998	2000-07～2003-09	2003-10	3 200		陕西省水保局	2000-12
23	内蒙古	鄂尔多斯		黄河	东胜—苏家河畔					400.2		
24	内蒙古	鄂尔多斯		黄河	包头—磴口公路		2003	2005		295.8		
25	内蒙古、陕西		风蚀	黄河	包府线东胜至杨家坡段				12 400	360	伊盟水土保持勘测规划队	
26	陕西	西安	水蚀	黄河	西安—涝峪口高速公路						水利部	2001
27	甘肃	天水	水蚀	黄河、长江	宝天高速公路		2005-09	2009-09	2 711	600		

续附表 6-1-1

编号	项目名称	规模(km)	级别	占地面积								分部工程名称	弃土弃渣					扰动地面		
				平原区		山区		丘陵区		风沙区										
				长度(km)	占地面积(hm^2)	长度(km)	占地面积(hm^2)	长度(km)	占地面积(hm^2)	长度(km)	占地面积(hm^2)		堆弃位置	数量(万 m^3)	占地面积(hm^2)	建设期新增流失量(t)	运行期年新增流失量(t/a)	扰动面积(hm^2)	建设期新增流失量(t)	运行期年新增流失量(t/a)
14	国道主干线(GZ40)二连浩特—河口陕西境内洋县—勉县段高速公路	111.5	高级			111.5	786.9					弃土渣场	荒沟	157.62	24.37	638 400		786.9	36 700	9 200
15	迭部—九寨沟公路(迭部段)工程	58.8	三级	41.69		37.7						弃渣场	沟坡	134.98	18.69	含在扰动面积里				
16	S210 线腊子口至巴仁口公路铁尺梁隧道工程	19.8	三级			28.33						弃渣场	沟坡	48.74	4.67	含在扰动面积里				
17	连霍国道主干线(GZ45)嘉峪关至安西一级公路工程	235.3	一级		1 951.6							临时弃土场	平地	70.809 2	46.8	656 742.12				
18	华亭至庄浪公路工程	62.3	二级					144.3				弃土场		55.4	5.88	84 712.8		144.26	31 372.26	6 913.4
19	连霍国道主干线(GZ45)宝鸡天水高速公路牛背至天水公路工程	95.8	高速				418.96							553.16	71.95	194 000		418.96	133 816.7	5 922.9
20	南阳—邓州高速公路		高速	1 934.24										8.6		67 300			17 200	
21	府准三级公路	65.3											公路沿线	175.87		112 403		149.87	936 900	
22	榆靖高速公路	115.9	一级	15							1 314.47		凹地	44.8(527.7)	221.07			1 093.4	7 334.76	
23	东胜—苏家河畔	95.2																		
24	包头—磴口公路	267.5												102.4				2 522.96		
25	包府线东胜至杨家坡段	69.6	普通					42	183.6	27.605	128.5			34.44				45.79		
26	西安—涝峪口高速公路																			
27	宝天高速公路		一级		36.81		9.181								79.9	1 654 200				

附表 6-1-2　铁路典型开发建设项目基本情况调查表

编号	省、自治区、直辖市	市	土壤侵蚀类型区	所属流域	项目名称	项目基本情况			侵蚀模数背景值	年均降水量	水土保持方案落实情况	
						立项时间	开、竣工时间	投产时间	(t/(km^2·a))	(mm)	审批单位	审批时间
1	内蒙古	乌兰察布	风蚀、水蚀	海河	丹州营至丰镇电厂铁路专用线	2004	2005-04～2006-03	2006	1 250	414.7	内蒙古自治区水利厅	2005
2	内蒙古	呼伦贝尔	风蚀、水蚀	松辽河	宾洲线海拉尔至满洲里段增建第二线	2001	2005～2006	2006	2 400	394	水利部	2004
3	陕西、甘肃	西安、兰州	水蚀	黄河	利用世界银行贷款项目陇海铁路宝鸡至兰州段新增第二线	1999	2000～2003	2004	4 500	485.8		
4	河南、陕西				郑州—西安专线铁路		2005-01～2008-12	2008-12	4 000	582.3		
5	陕西	榆林、忻州	风蚀、水蚀、重力侵蚀		神朔铁路神木北至神池南段增建第二线工程				20 000	467		
6	山西、陕西	榆林、忻州	梁峁沟壑区	黄河	神朔铁路				20 148	465.5		
7	陕西	榆林	风蚀	黄河	神延铁路	1995-02	1998～2001	2001			水利部	
8	新疆	伊宁	风蚀、水蚀	伊犁河	新建铁路精伊霍线		2004-07	2009	7 050	307.2		

续附表 6-1-2

编号	项目名称	规模（km）	级别	占地面积								弃土弃渣						扰动地面		
				平原区		山区		丘陵区		风沙区										
				长度（km）	占地面积（hm^2）	长度（km）	占地面积（hm^2）	长度（km）	占地面积（hm^2）	长度（km）	占地面积（hm^2）	分部工程名称	堆弃位置	数量（万 m^3）	占地面积（hm^2）	建设期新增流失量（t）	运行期年新增流失量（t/a）	扰动面积（hm^2）	建设期新增流失量（t）	运行期年新增流失量（t/a）
1	丹州营至丰镇电厂铁路专用线			12.113	70.90								凹地	104.15	15	684.7	426.3	70.90	2 810.95	808.6
2	宾洲线海拉尔至满洲里段增建第二线	179.3		179.31	716.23													749.23	33 149.7	1 035.5
3	利用世界银行贷款项目陇海铁路宝鸡至兰州段新增第二线	490.6	复线				1 266.49					弃土渣场	荒沟	964.48	457.57	105 163		1 266.5		
4	郑州—西安专线铁路	455.6	复线						2 525.65					3 249.9	487.23	54 660.6	未预测		208 464	未预测
5	神朔铁路神木北至神池南段增建第二线工程	187.5			122.102		65.4						山坡、沟道	68.9	11.11	473 750		353.46	350 490	
6	神朔铁路				62.35		125.267				187.5			2.8		47.38		390.7	24.48	
7	神延铁路	307.1																		
8	新建铁路精伊霍线	286	单线											760.5		2 290 702		891.7	45 984	

附表 6-1-3　管线典型开发建设项目基本情况调查表

编号	省、自治区、直辖市	市	土壤侵蚀类型区	所属流域	项目名称	项目基本情况			侵蚀模数背景值	年均降水量	水土保持方案落实情况	
						立项时间	开、竣工时间	投产时间	(t/(km² · a))	(mm)	审批单位	审批时间
1	内蒙古	满洲里	水蚀		俄罗斯—中国石油管道工程满洲里至大庆段管道一期工程	2003	2003-02 ~ 2005-06	2005	3 000	376.45	水利部	2005
2	陕西	延安	水蚀	黄河	长庆第三净化厂—中美合作延安燃气热电厂输气管道工程	2003	2004-12 ~ 2006-05	2008	8 150	506		
3	陕西	榆林、西安	水蚀	黄河	靖边至西安输气管道二线工程		2003-01 ~ 2006-12	2007	10 500	567.8		
4	新疆、甘肃		风蚀、水蚀	黄河	西部原油成品油管道工程	2004-12	2004-10 ~ 2006-09		6 250	221.85	水利部	2005-04
5	内蒙古	鄂尔多斯、乌海	风蚀	黄河	蒙西风沙区输气管道	2003	2005-07 ~ 2006-12	2007-01	5 000	355		
6	陕西	榆林	风蚀、水蚀	黄河	榆林炼油厂靖榆输油管线工程			2000-09	11 960	397.8		
7	陕西、山西、河北、北京			黄河、海河	陕京二线输气管道工程		2003-07	2006-06	2 206			
8	新疆、甘肃、宁夏、陕西、山西、河南			黄河	西气东输工程(新疆—郑州)		2001-09 ~ 2004-04		16 250	500	水利部水保监测中心	2001-08
9	陕西	榆林	风蚀	黄河	呼西光缆通信干线工程(榆林段)			1998	2 500	316.4		
10	陕西	榆林	水蚀	黄河	济银光缆通信干线工程		1996 ~ 1997	1997	18 150	513.3		

续附表 6-1-3

编号	项目名称	规模	级别	占地面积								分部工程名称	弃土弃渣					扰动地面		
				平原区		山区		丘陵区		风沙区										
				长度(km)	占地面积(hm^2)	长度(km)	占地面积(hm^2)	长度(km)	占地面积(hm^2)	长度(km)	占地面积(hm^2)		堆弃位置	数量(万 m^3)	占地面积(hm^2)	建设期新增流失量(t)	运行期年新增流失量(t/a)	扰动面积(hm^2)	建设期新增流失量(t)	运行期年新增流失量(t/a)
1	俄罗斯—中国石油管道工程满洲里至大庆段管道一期工程	2 000 万~3 000 万 t/a		322	1 002.1	203	698.7	135	437.9	91	315.04		沟坡	62.88		22 037		2 454.4	1 638	821
2	长庆第三净化厂—中美合作延安燃气热电厂输气管道工程	13 m^3/s						105	186.65			弃土渣场	漫滩地	7.14	9.64	1.11	1.1	158.39	11 638	8 668.83
3	靖边至西安输气管道二线工程	70.60 m^3/s	≥10 m^3	46				367	675.6	54	48.7		无弃土渣					729.27	484 000	
4	西部原油成品油管道工程	1 130.5 km												2 053.83	6 639.2	3 447 000	1 149 000			
5	蒙西风沙区输气管道					89.3	135.6	135.5	203.18	120.2	190.37							529.15	47 453	24 231
6	榆林炼油厂靖榆输油管线工程			31.7		46.8		46.5		46.5				0.154			2 156	24.75	3 952	980
7	陕京二线输气管道工程	管线长 840 km,管径 1 016 mm,输气能力 120 亿 m^3/a		334	678.36	109	238.07	351	781.86	46	131.71			170.18		455 600		1 785.4	45 782	149 700
8	西气东输工程(新疆—郑州)	3 829.204 km												1 140.017		28.96		8 453.38		
9	呼西光缆通信干线工程(榆林段)							118	14.7	58	15.15		沟坡	0.73						
10	济银光缆通信干线工程	492 km				64	0.24	35	5.7	82	15.06		沟坡	0.63				21.9		

附表 6-1-4　渠道、堤防典型开发建设项目基本情况调查表

编号	省、自治区、直辖市	市	土壤侵蚀类型区	所属流域	项目名称	项目基本情况			侵蚀模数背景值 (t/(km^2·a))	年均降水量 (mm)	水土保持方案落实情况	
						立项时间	开、竣工时间	投产时间			审批单位	审批时间
1	内蒙古	巴彦淖尔	风蚀、水蚀	黄河	河套灌区续建配套与节水改造一期工程	1999	2001	2006	1 247	153.8	内蒙古自治区水利厅	2000
2	陕西	汉中	水蚀	长江	汉江平川段防洪续建工程	2002	2006～2010	2010	150	868		
3	甘肃		水蚀	长江	白龙江干流甘肃省武都城区河段防洪工程				2 600	485	甘肃省水利厅水土保持局	2002-01
4	甘肃		水蚀	黄河	甘肃省东乡南洋渠灌溉工程		1995-11～1999	2000	650	387	水利部水保司	1998-09
5	甘肃		风蚀、水蚀	疏勒河	疏勒河流域昌马灌区		1993～2003	2004	2 250	50		
6	陕西	西安		黄河	陕西省城镇供水		2004-01	2006-09				
7	甘肃	金昌	黄河	石羊河	金昌市引硫济金工程	1997			460			
8	陕西	咸阳	水蚀	黄河	咸阳市石头河水库供水工程	2003	2004-10～2006-09	2006	150	561.8		
9	山西	大同	水	海河	大同电厂引水工程	2005	2007	2007	建设区 4 250	285		

续附表 6-1-4

编号	项目名称	规模	级别	占地面积								分部工程名称	弃土弃渣					扰动地面		
				平原区		山区		丘陵区		风沙区										
				长度(km)	占地面积(hm^2)	长度(km)	占地面积(hm^2)	长度(km)	占地面积(hm^2)	长度(km)	占地面积(hm^2)		堆弃位置	数量(万 m^3)	占地面积(hm^2)	建设期新增流失量(t)	运行期年新增流失量(t/a)	扰动面积(hm^2)	建设期新增流失量(t)	运行期年新增流失量(t/a)
1	河套灌区续建配套与节水改造一期工程			351.33	2 475.8								平地	2 884.66		482 240	96 448	2 475.8	524 449	96 448
2	汉江平川段防洪续建工程	56.03 km	50 年一遇			56.03	532.95					弃土渣场	沟道沟坡	226.51	98.8	342 700		118.75	2 900	
3	白龙江干流甘肃省武都城区河段防洪工程	堤防 25.28 km,河道整治 12.266 km	51 年一遇				259.08						凹地	222.73	117.23			277.05	7 884.7	
4	甘肃省东乡南洋渠灌溉工程	总干设计流量 4 m^3/s						56.69	235.86				沟坡	274.79	45.19			235.86	1 445 000	
5	疏勒河流域昌马灌区	干渠 271.99 km,支干 1 078.7 km,引水流量 47 m^3/s												890.6		733 695		5 770.9	456 637	
6	陕西省城镇供水													75.14	706.79	266 000				
7	金昌市引硫济金工程	7.5 m^3/s												17.67		63 700				
8	咸阳市石头河水库供水工程	6 m^3/s		438.85								弃土渣场	低洼地	40.38	23.14	115 300		415.71	625.12	312.56
9	大同电厂引水工程					20.81	17.47							2.88		43 200		17.47	2 970	

附表 6-1-5　输变电典型开发建设项目基本情况调查表

编号	省、自治区、直辖市	市	土壤侵蚀类型区	所属流域	项目名称	项目基本情况			侵蚀模数背景值	年均降水量	水土保持方案落实情况	
						立项时间	开、竣工时间	投产时间	(t/(km^2·a))	(mm)	审批单位	审批时间
1	陕西	渭南、商洛	水蚀	黄河	330 kV 罗敷至商州输变电工程		2001-03～2002	2003	1 935	739.9		
2	陕西、山西、河北		水蚀	窟野河、黄河、岚漪河、汾河、牧马河、龙华河、滹沱河、柳林河、文都河、郭苏河、南甸河	神木电厂—忻洲—石家庄北Ⅰ、Ⅱ回 500 kV 输变电工程	2005	2005-06～2006-08	2006	12 250	500	水利部	
3	陕西	榆林	风蚀	黄河	330 kV 榆神输电线路工程					398		
4	陕西、山西、河北		水蚀	黄河	神木电厂—忻州—石家庄北Ⅰ、Ⅱ回	2004	2005-01～2006-01		8 250			
5	内蒙古	包头、鄂尔多斯、乌海		黄河	包头—布日都梁—乌海输变电工程		2004～2005	2005	5 000	273.8		2005

续附表 6-1-5

编号	项目名称	规模	级别	占地面积								分部工程名称	弃土弃渣					扰动地面		
				平原区		山区		丘陵区		风沙区										
				长度(km)	占地面积(hm^2)	长度(km)	占地面积(hm^2)	长度(km)	占地面积(hm^2)	长度(km)	占地面积(hm^2)		堆弃位置	数量(万 m^3)	占地面积(hm^2)	建设期新增流失量(t)	运行期年新增流失量(t/a)	扰动面积(hm^2)	建设期新增流失量(t)	运行期年新增流失量(t/a)
1	330 kV 罗敷至商州输变电工程	330 kV	≥330 kV			89	418.6					弃土渣场	沟坡	8.043 2	8.176 2	13.67 万		12.42	600	160
2	神木电厂—忻州—石家庄北Ⅰ、Ⅱ回 500 kV 输变电工程	500 kV	≥110 kV			229.78	53.98	145.68	36.26	132.62	32.91	弃土渣场	荒地		53.85	27 020.39		184.68	7 707.98	
3	330 kV 榆神输电线路工程	330 kV							3		0.36			0.069 6		19.8		10.74		
4	神木电厂—忻州—石家庄北Ⅰ、Ⅱ回	836 km											沟坡	1.3	24.712	22 147.22		150.154	23 067.84	
5	包头—布日都梁—乌海输变电工程	363.6 km			174.9		89		114.8		231			3.625				378.7	108 224	未预测

附表 6-1-6 电力典型开发建设项目基本情况调查表

编号	省、自治区、直辖市	市	土壤侵蚀类型区	所属流域	项目名称	项目基本情况			侵蚀模数背景值(t/(km² · a))	年均降水量(mm)	水土保持方案落实情况	
						立项时间	开、竣工时间	投产时间			审批单位	审批时间
1	内蒙古	包头	风蚀、水蚀	黄河	华电包头河西电厂 2×600 MW 机组		2003-09～2006-06	2007-04	7 291	305.9	水利部	2003
2	甘肃	平凉	水蚀	黄河	华亭发电厂 2×135 MW 工程	2004-02	2004-05～2006-05		1 500	华亭 565.9；崇信 501.2	甘肃省水利厅水土保持局	2004-03
3	陕西	榆林	风蚀	黄河	榆林市基泰资源综合利用发电厂工程		2004-04～2006-04		756	414.1		
4	陕西	榆林	风蚀、水蚀	黄河	陕西省府谷电厂一期(2×600 MW)工程			2008-08	6 500	432.4		
5	内蒙古	呼和浩特	风蚀、水蚀	黄河	北方华润清水河坑口电厂	2004-04-29	2005-01～2008-01		4 500	418.6		
6	内蒙古	鄂尔多斯	风蚀、水蚀	黄河	德源准格尔煤电工程	2004-04-15	2005-03～2007-03		4 130	346.5		
7	内蒙古	巴彦淖尔	风蚀	黄河	磴口工业园区自备电厂	2004-08-08	2005-03～2008-06	2007-10-01	2 000	143.2		
8	陕西	榆林	水蚀、风蚀	黄河	府谷电厂一期	2003-08-04	2004-08～2008-08	2007-12	5 500	432.4		
9	内蒙古	鄂尔多斯	水蚀	黄河	黑岱沟坑口电厂一期	2004-06-22	2005-03～2008-10		2 750	392.4		
10	陕西	西安	风蚀、水蚀	黄河	大唐霸桥热电厂		2005-08～2007-12	2007-12	1 000	553.3		
11	宁夏	银川	风蚀	黄河	宁夏水洞沟电厂工程		2006-01～2009-06		3 750	212.1		
12	内蒙古	包头	风蚀、水蚀	黄河	华电土右电厂一期	2003-12	2005-04～2008-04		1 000	347.3		
13	内蒙古	鄂尔多斯	风蚀	黄河	达拉特电厂	1990-12	1992	1995-11	6 390	310.3	水利部监测中心	2002-01
14	内蒙古	呼和浩特	风蚀、水蚀	黄河	托克托电厂	1994-08	2000-08	2003-06	14 000	343.9		
15	山西	河津	水蚀	黄河	山西振兴电厂		2005-04～2007-02		150	501.6		
16	宁夏	青铜峡	水蚀	黄河	大坝电厂		2004-05～2007-03		2 800	175.9		

续附表 6-1-6

编号	项目名称	规模	级别	占地面积								分部工程名称	弃土弃渣					扰动地面		
				平原区		山区		丘陵区		风沙区										
				长度(km)	占地面积(hm^2)	长度(km)	占地面积(hm^2)	长度(km)	占地面积(hm^2)	长度(km)	占地面积(hm^2)		堆弃位置	数量(万 m^3)	占地面积(hm^2)	建设期新增流失量(t)	运行期年新增流失量(t/a)	扰动面积(hm^2)	建设期新增流失量(t)	运行期年新增流失量(t/a)
1	华电包头河西电厂 2×600 MW 机组	2×600 MW	≥500 MW	43.35	220.4								沟坡	0.8				224.8	10 166	1 044
2	华亭发电厂 2×135 MW 工程	2×135 MW							135			西华厂址	沟坡	1 341.7			637 300	135	6 600	
3	榆林市基泰资源综合利用发电厂工程	50 MW						15.64	18.29		18.29			15.03		484.2	240.99	39.59	136 300	441.86
4	陕西省府谷电厂一期(2×600 MW)工程	6×600 MW											弃土场	192.7	12.6	40 509		207.6		
5	北方华润清水河坑口电厂	2×60 MW	≥120 MW						162.6			贮灰场	沟坡	2 577.8	63.34			162.64		
6	德源准格尔煤电工程	4×30 MW	<120 MW	659.52								贮灰场	凹地	1 525.19	610.2			661.44		
7	磴口工业园区自备电厂	2×30 MW	<120 MW	92.38								贮灰场	凹地	581	32.38			115.06		
8	府谷电厂一期	2×60 MW	≥120 MW						132.7			弃土场	沟坡	504.7	31.1			164.2		
9	黑岱沟坑口电厂一期	2×60 MW	≥120 MW						239.9			灰场	沟坡					239.9		
10	大唐灞桥热电厂	2×30 MW	<120 MW	46.83								弃渣场	凹地	387.4	10			48.03		
11	宁夏水洞沟电厂工程	2×60 MW	≥120 MW						147.2			灰场	平地	5.72	55			147.2		
12	华电土右电厂一期	2×60 MW	≥120 MW	251.5								灰渣场	平地		76.6			291.7		
13	达拉特电厂	2×33 MW	<120 MW							486.4		贮灰场						486.38		
14	托克托电厂	6×60 MW	≥120 MW	181.64								贮灰场			515.8			1 520.96		
15	山西振兴电厂	2×20 MW	<120 MW	115.46								贮灰场	沟坡	1 330	90			120.16		
16	大坝电厂	2×60 MW	≥120 MW	160.9								贮灰场	沟坡	354	44.5			160.9		

续附表 6-1-6

编号	省、自治区、直辖市	市	土壤侵蚀类型区	所属流域	项目名称	项目基本情况			侵蚀模数背景值 (t/(km^2·a))	年均降水量 (mm)	水土保持方案落实情况	
						立项时间	开、竣工时间	投产时间			审批单位	审批时间
17	宁夏	石嘴山	水蚀、风蚀	黄河	石嘴山发电厂		2004-04～2006-09		3 750	167.8		
18	内蒙古	呼和浩特	风蚀	黄河	丰泰发电厂	2004-02	2005-04～2007-08		2000	411.8		
19	甘肃	白银	风蚀、水蚀	黄河	靖远电厂			1998	6 024	243.3		
20	山西	忻州	水蚀	黄河	河曲电厂				12 000	426	国家计委	1993
21	陕西	榆林	水蚀	黄河	神木电厂		2003-03～2006-07		3 105	436.4	国家计委	
22	内蒙古	乌海		黄河	京海煤矸石电厂		2005-04	2007-12		159.8		
23	内蒙古	乌海		黄河	海矿坑口电厂		2005-04	2008-01		168.5		
24	内蒙古			黄河	准能矸电厂		2005-04	2007-06		408		
25	内蒙古			黄河	托电四期工程		2005-03	2006-12		343.9		
26	新疆			玛纳斯河	玛纳斯电厂(三期)		2005-06	2008-12		192.4		
27	内蒙古	鄂尔多斯		黄河	黑岱沟煤矿		2005-03～2008-10		6 500	400	国家计委	
28	陕西	榆林	水蚀	黄河	府谷县金利源综合利用发电有限公司2×12 MW发电厂工程水土保持方案工程		2004-03～2005-11	2006	27 640	439.5		
29	陕西	延安	水蚀	黄河	中美合作延安燃气热电厂工程		2005-05～2007-11	2008	800	539.2		
30	陕西	西安	水蚀、风蚀	黄河	大唐灞桥热电厂(2×300 MW)热电技改工程		2005-08～2007-12	2008	77	553.3		

续附表 6-1-6

编号	项目名称	规模	级别	占地面积								分部工程名称	弃土弃渣					扰动地面		
				平原区		山区		丘陵区		风沙区										
				长度(km)	占地面积(hm^2)	长度(km)	占地面积(hm^2)	长度(km)	占地面积(hm^2)	长度(km)	占地面积(hm^2)		堆弃位置	数量(万 m^3)	占地面积(hm^2)	建设期新增流失量(t)	运行期年新增流失量(t/a)	扰动面积(hm^2)	建设期新增流失量(t)	运行期年新增流失量(t/a)
17	石嘴山发电厂											渣场	沟坡	53	14.8					
18	丰泰发电厂											排泥场	沟坡	87	26.5					
19	靖远电厂	2×30 MW	<120 MW											40.75		1 653	12 600	365	4 637.49	355.4
20	河曲电厂	3 600 MW												128.49						
21	神木电厂	1 200 MW												56.55	15			44.69	196 200	
22	京海煤矸石电厂	2×300 MW	二级															151.23	50 500	27 500
23	海矿坑口电厂	2×200 MW	一级															79.51	12 100	
24	准能矸电厂	2×300 MW	一级															122.68	7 800	2 100
25	托电四期工程	2×600 MW																204.11	11 000	48 600
26	玛纳斯电厂(三期)	2×300 MW														4.28	20.96	116.8		
27	黑岱沟煤矿	1 200 MW						240						1.14	28			190.35		
28	府谷县金利源综合利用发电有限公司 2×12 MW 发电厂工程水土保持方案工程	2×12 MW	<120 MW			2.91						弃土渣场	荒坡地	0.93	0.6	1 395	70	2.91	530.67	
29	中美合作延安燃气热电厂工程	2×54 MW	<120 MW	4.56								无弃土弃渣						4.56	100.5	6.48
30	大唐灞桥热电厂(2×300 MW)热电技改工程	2×300 MW	≥120 MW			46.83						弃土渣场	荒沟	32.6	10			46.83	2 169	37.4

附表 6-1-7 井采矿典型开发建设项目基本情况调查表

编号	省、自治区、直辖市	市	土壤侵蚀类型区	所属流域	项目名称	项目基本情况			侵蚀模数背景值	年均降水量	水土保持方案落实情况	
						立项时间	开、竣工时间	投产时间	(t/(km²·a))	(mm)	审批单位	审批时间
1	内蒙古	鄂尔多斯	水蚀	黄河	神华蒙西煤化股份有限公司棋盘井煤矿	2004	2005～2006	2006-12	3 000	159.8	水利部	2005
2	内蒙古	鄂尔多斯	水蚀	黄河	苏家渠煤矿		2005～2007	2007	7 500	400.5	鄂尔多斯市水保局	2005
3	内蒙古	鄂尔多斯	水蚀	黄河	白云乌素矿区兴安煤矿改扩建工程		2006		6 500	357.6	鄂尔多斯市水保局	2005
4	内蒙古	鄂尔多斯	水蚀	黄河	鄂尔多斯市东胜区万利镇昌汉沟煤矿	2004	2005-04～2006-04	2006-04	8 000	352.8	鄂尔多斯市水利局	2005
5	陕西	铜川	水蚀	黄河	铜川市耀州区照金矿业有限责任公司照金煤矿改建工程	2002-01	2004-01～2006-12	2007	1 496	554.5		
6	陕西	铜川	水蚀	黄河	陕西西川矿井建设工程	2005	2006-05～2008-05	2008	250～500	547.43		
7	陕西	渭南	水蚀	黄河	澄城县董东煤矿建设工程	2003	28 个月		1 500	558.6		
8	陕西	渭南	水蚀	黄河	蒲白矿物局白水煤矿	1988～1997（改扩建）	1998～2021		2 878	560.5		
9	陕西	延安	水蚀	黄河	黄陵一号煤矿通风系统技术改造工程三号风井及配套工程		2005	2006	122	582.8		
10	陕西	咸阳	水蚀	黄河	陕西彬长煤业投资有限责任公司火石嘴煤矿改建工程(1.2 Mt/a)		2004-12～2005-06		150	561.33	陕西省水土保持局	
11	陕西	咸阳	水蚀	黄河	陕西彬长矿区大佛寺矿井及选煤厂(400 万 t/a)		2004-01～2005-12	2006	150	516～617		
12	陕西	榆林	风蚀		榆林市榆阳区沙炭湾煤矿技术改造工程				3 100	414.1		

续附表 6-1-7

编号	项目名称	规模	级别	占地面积								分部工程名称	弃土弃渣					扰动地面		
				平原区		山区		丘陵区		风沙区										
				长度（km）	占地面积（hm^2）	长度（km）	占地面积（hm^2）	长度（km）	占地面积（hm^2）	长度（km）	占地面积（hm^2）		堆弃位置	数量（万 m^3）	占地面积（hm^2）	建设期新增流失量（t）	运行期年新增流失量（t/a）	扰动面积（hm^2）	建设期新增流失量（t）	运行期年新增流失量（t/a）
1	神华蒙西煤化股份有限公司棋盘井煤矿	3 000 万 t/a							100.91				沟坡	3.38				100.91	12 982	
2	苏家渠煤矿	30 万 t/a							5.7					4.18	0.5	1 524	70.8	52.84	2 606.4	868.8
3	白云乌素矿区兴安煤矿改扩建工程	30 万 t/a							4.83					3.45		1 472	184	4.83	10 038.5	
4	鄂尔多斯市东胜区万利镇昌汉沟煤矿	15 万 t/a	>30 万 t		114									3.03	0.5	43 300	4 330	114	138 320	13 832
5	铜川市耀州区照金矿业有限责任公司照金煤矿改建工程	45 万 t	30 万～150 万 t				9.27					弃土渣场	荒坡、洼地	34.58	3.6	27 900	6 300	0.27	1 165	
6	陕西西川矿井建设工程	45 万 t	30 万～120 万 t				445.5					弃土渣场	沟坡	11.86	0.83	158	7 211	100.39	890	44 581
7	澄城县董东煤矿建设工程	45 万 t	30 万～120 万 t									弃土渣场	荒沟	71.2	6.02	50 600	312 500	15.52	1 510	709
8	蒲白矿物局白水煤矿	105 万 t	30 万～120 万									弃土渣场	荒沟	49.5	6.82		7 000	56.24		48 500
9	黄陵一号煤矿通风系统技术改造工程三号风井及配套工程	420 万 t	120 万～500 万 t									弃土渣场	荒沟坡	32.79	4.8	193 300		13.5	35 200	10 000
10	陕西彬长煤业投资有限责任公司火石嘴煤矿改建工程(1.2 Mt/a)	120 万 t	120 万～500 万 t				4.35					弃土渣场	荒沟	0.2	0.15	66.4	54.12	4.4	74.13	17.72
11	陕西彬长矿区大佛寺矿井及选煤厂(400 万 t/a)	400 万 t	120 万～500 万 t				49.77					弃土渣场	荒沟坡	230.39	26.4	204 800	102 400	49.77	4 447	4 009
12	榆林市榆阳区沙炭湾煤矿技术改造工程	0.45 Mt/a						0.38	14.59					6.46		5 190	2 280	12.54		

续附表 6-1-7

编号	省、自治区、直辖市	市	土壤侵蚀类型区	所属流域	项目名称	项目基本情况			侵蚀模数背景值 (t/(km^2·a))	年均降水量 (mm)	水土保持方案落实情况	
						立项时间	开、竣工时间	投产时间			审批单位	审批时间
13	陕西	榆林		黄河	榆林市榆阳区鑫源煤矿扩建工程		2003-09～2004-09		3 100	414.1		
14	陕西	榆林	风蚀、水蚀		榆家梁煤矿改扩建工程				3 627.37	331.7	水利部	
15	山西	忻州	黄丘区	黄河	康家滩煤矿	2001	2002-02～2004-06	2004-07	9 630	439	水利部	
16	陕西	榆林	风沙区	黄河	锦界煤矿		2003-03～2005-12	2006	3 726	394.6	水利部	
17	山西	忻州	黄丘区	黄河	上榆泉煤矿	2003	2003-06		10 586		国家计委	2003
18	陕西	榆林	风沙区	黄河	榆树湾煤矿		2004-03	2006-09		436.7		
19	陕西	榆林	水蚀	黄羊城沟	神华集团神东公司榆家梁煤矿改建工程				10 000	440.8		
20	陕西	延安			黄陵矿业有限责任公司黄陵 2 号矿井建设工程				400	545.9		
21	内蒙古	东胜	水蚀		内蒙古伊泰煤炭股份有限公司酸刺沟矿井				600	400		
22	陕西	榆林	水蚀	乌兰木伦河	神华集团神东公司哈拉沟煤矿技术改造工程				11 250	435.7		
23	陕西	榆林		黄河	长庆油气田建设项目		1999-01～2002-12		3 200	405		
24	陕西	榆林	风蚀、水蚀	黄河	长庆石油勘探局靖横榆采区产能生产建设项目				20 140			

续附表 6-1-7

编号	项目名称	规模	级别	占地面积								分部工程名称	弃土弃渣					扰动地面		
				平原区		山区		丘陵区		风沙区										
				长度(km)	占地面积(hm^2)	长度(km)	占地面积(hm^2)	长度(km)	占地面积(hm^2)	长度(km)	占地面积(hm^2)		堆弃位置	数量(万 m^3)	占地面积(hm^2)	建设期新增流失量(t)	运行期年新增流失量(t/a)	扰动面积(hm^2)	建设期新增流失量(t)	运行期年新增流失量(t/a)
13	榆林市榆阳区鑫源煤矿扩建工程	30 万 t/a							20.27					8.09	6.01	35 880	4 200	17.91		
14	榆家梁煤矿改扩建工程	1.5 Mt/a									59.88				10.855	7 841.4		75.39		
15	康家滩煤矿	800 万 t/a						60.14						4.82		9 105		76.66	5 253	
16	锦界煤矿	100 万 t/a												0.57						
17	上榆泉煤矿	900 万 t/a												280.52						
18	榆树湾煤矿	8.00 Mt/a	大型											58.66		141 000		103.54	24 600	83 200
19	神华集团神东公司榆家梁煤矿改建工程	800 万 t/a	≥500 万 t					167.76				下老虎梁荒沟	沟坡	71.43	2.2					
20	黄陵矿业有限责任公司黄陵 2 号矿井建设工程	400 万 t/a	120 万 ~ 500 万 t				69.9					排矸场	沟坡	31.08	19.24					
21	内蒙古伊泰煤炭股份有限公司酸刺沟矿井	1 200 万 t/a	≥500 万 t					81.26				排矸场	沟坡	26.491 9						
22	神华集团神东公司哈拉沟煤矿技术改造工程	800 t/a	≥500 万 t					36.6				弃渣场	洼地	125.22	15	247	8.1	51.61	21 142.99	109 400
23	长庆油气田建设项目							407.82	26.22	795.34	40.38			50.5		694 720	27 617.5	2 384.42		
24	长庆石油勘探局靖横榆采区产能生产建设项目	50 万 t 石油，10 万 t 甲醇厂						2 956		3 235	6 191			755.3		675 478		6 191		

附表 6-1-8　露天矿典型开发建设项目基本情况调查表

编号	省、自治区、直辖市	市	土壤侵蚀类型区	所属流域	项目名称	项目基本情况			侵蚀模数背景值 (t/(km^2·a))	年均降水量 (mm)	水土保持方案落实情况	
						立项时间	开、竣工时间	投产时间			审批单位	审批时间
1	内蒙古		风蚀	黄河	鄂托克旗盖久得石膏有限公司苏级露天石膏有限建设工程	2004	2004～2005	2005	5 000	273.4	水利厅	2002
2	陕西	渭南	水蚀	黄河	金堆城钼业公司钼业生产	1995	1996～1997	1998	1 095	981		
3	陕西	商州	水蚀	长江	陕西大西沟矿业有限公司大西沟铁矿东部矿体改建工程	2004	2005～2021	2006	1 100	774.5		
4	陕西	宝鸡	水蚀	黄河	冀东水泥扶风有限责任公司3 000 t/d熟料生产线项目	2001	2002-09～2003-12	2004	1 282	592		
5	西藏	昌都	水蚀	金色江	玉龙铜矿一期采矿		2005～2008	2008	2 429	960.7	平均剥采比为8.5 t/t	
6	内蒙古	锡林郭勒盟	风蚀、水蚀	松辽河	霍林河一号露天矿改扩建工程		2004～2005	2005	2 000	358.98	水利部	2004
7	内蒙古	呼伦贝尔盟	风蚀、水蚀	松辽河	东明露天煤矿		2004～2006	2007	500	315	水利厅	2004
8	内蒙古	赤峰	风蚀		元宝山露天煤矿	1990	1990～1996	1998	2 000	368	水利厅	1997
9	内蒙古	鄂尔多斯	水蚀	黄河	丰荣煤矿技改煤田开采项目	2003	2005	2006	7 000	400	鄂尔多斯市水保局	2005

续附表 6-1-8

编号	项目名称	规模	级别	占地面积								分部工程名称	弃土弃渣					扰动地面		
				平原区		山区		丘陵区		风沙区										
				长度(km)	占地面积(hm^2)	长度(km)	占地面积(hm^2)	长度(km)	占地面积(hm^2)	长度(km)	占地面积(hm^2)		堆弃位置	数量(万 m^3)	占地面积(hm^2)	建设期新增流失量(t)	运行期年新增流失量(t/a)	扰动面积(hm^2)	建设期新增流失量(t)	运行期年新增流失量(t/a)
1	鄂托克旗盖久得石膏有限公司苏级露天石膏有限建设工程	40 万 t/a									23.04			1 293.8				23.04	11 428	1 142.8
2	金堆城钼业公司钼业生产	32.407 万 t	30 万～120 万 t				1 150.9					弃土渣场	沟、坡	366.14	68.68	46.1 万	23.05	1 150.85		
3	陕西大西沟矿业有限公司大西沟铁矿东部矿体改建工程	90 万 t/a	30 万～120 万 t				78.14					弃土渣场	荒沟	932.29	78.14	143 300	143 300	78.14	4 300	3 000
4	冀东水泥扶风有限责任公司 3 000 t/d 熟料生产线项目	114.7 万 t/a	30 万～120 万 t									弃土渣场	荒沟	12.99	12.47	7 400	4 900	221.89	27 750	18 500
5	玉龙铜矿一期采矿	99 万 t 矿石	特大				189.26							207.2		75 768			89 449	
6	霍林河一号露天矿改扩建工程	1 500 万 t	≥500 万 t				1 807.4						平地	58 272.78	961.6	832 283	64 021.8	2 209.8	60 188	59 393
7	东明露天煤矿	60 万 t	30 万～120 万 t				152.85						平地	2 177	60.39	266 300	189	711.38	21 055.9	28 449
8	元宝山露天煤矿	150 万 t			550								平地	773.17	258			550	126 000	24 000
9	丰荣煤矿技改煤田开采项目	30 万 t/a									74		沟坡	171.4	10.5	84 200	28 066	94	8 191	78 191

附表 6-1-9　水利水电典型开发建设项目基本情况调查表

编号	省、自治区、直辖市	市	土壤侵蚀类型区	所属流域	项目名称	项目基本情况			侵蚀模数背景值	年均降水量	水土保持方案落实情况	
						立项时间	开、竣工时间	投产时间	(t/(km²·a))	(mm)	审批单位	审批时间
1	陕西	延安	水蚀	黄河	延安市王瑶水库供水工程红庄调蓄水库	2002	2003～2004	2005	10 000	557.2		
2	陕西	安康	水蚀	长江	陕西省汉阴县洞河水库工程	1998	2004-08～2007-06	2007	3 519	968.3		
3	陕西	安康	水蚀	长江	岚河蔺河口电站工程	1998	1999～2001	2002	1 287	1 000.9		
4	甘肃		水蚀	黄河	甘肃省洮河珉县清水水电站工程				165	588.2	甘肃省水利厅水土保持局	2003-08
5	甘肃	平凉	水蚀	黄河	华亭中煦煤化工有限责任公司石堡子水库项目建设	2005-01	2006-02～2008-02		1 500	600.4	甘肃省水利厅水土保持局	2005-11
6	甘肃		水蚀	黄河	黄河炳灵水电站工程		2003～2004		2 750	266.2	甘肃省水利厅水土保持局	2004-07
7	甘肃	玉门	风蚀、水蚀	黄河	甘肃玉门白杨河水库工程	1997	1998～2000	2000	4 328	162.3	甘肃省水利厅水土保持局	2000-08
8	甘肃		水蚀	黄河	甘肃洮河九甸峡水利枢纽工程	1993-08			250	565.2	甘肃省水利厅水土保持局	
9	青海		水蚀	黄河	黄河尼那水电站		1996-08 开工	2003-11 首台机组投产	1 431	254	水利部	2004
10	陕西	榆林	风蚀	黄河	神木县瑶镇水库枢纽工程		2001-09～2002-11		2 600	380		
11	内蒙古、山西			黄河干流	万家寨水利枢纽		1994	2000		400		
12	内蒙古	兴安盟	水蚀	嫩江	绰勒水利枢纽		2001	2004		438.5		
13	山西	晋城		黄河	张峰水库工程		2003-11	2007	1 000	650		
14	山西、内蒙古			黄河	龙口水利枢纽		总工期 60 个月	准备工期 13 个月，投产工期 48 个月	18 800	387.9		
15	甘肃		风蚀、水蚀	疏勒河	疏勒河水利枢纽				2 250	50		

续附表 6-1-9

编号	项目名称	规模	级别	占地面积								分部工程名称	弃土弃渣					扰动地面		
				平原区		山区		丘陵区		风沙区										
				长度（km）	占地面积（hm^2）	长度（km）	占地面积（hm^2）	长度（km）	占地面积（hm^2）	长度（km）	占地面积（hm^2）		堆弃位置	数量（万 m^3）	占地面积（hm^2）	建设期新增流失量（t）	运行期年新增流失量（t/a）	扰动面积（hm^2）	建设期新增流失量（t）	运行期年新增流失量（t/a）
1	延安市王瑶水库供水工程红庄调蓄水库	979 万 m^3	0.01亿~0.10亿 m^3						58.36			弃土渣场	沟道	河岸	35.1	450 800		58.36	535 600	6 200
2	陕西省汉阴县洞河水库工程	4 561 万 m^3	0.10亿~1.0亿 m^3				206.6					弃土渣场	沟坡	34.92	4.7	31.44		21.53	5 491	
3	岚河蔺河口电站工程	1.47 亿 m^3	1.0亿~10亿 m^3						42.41			弃土渣场	河滩	79.69	9.34	181 100		42.41	4 800	
4	甘肃省洮河珉县清水水电站工程	21.5 MW										主体工程		13.35		4 700		22.23	1 341	
5	华亭中煦煤化工有限责任公司石堡子水库项目建设	710 万 m^3					淹没区 47					弃土弃渣场	平地	21.96		1 030	570	27.9	2 580.88	98.39
6	黄河炳灵水电站工程	4 794 万 m^3	240 MW									渣场区	沟坡	135.6	203.4			328	47 000	5 100.00
7	甘肃玉门白杨河水库工程	942.91 万 m^3							57.35			弃渣场	沟坡	11.41	8.63		13 700	23	85 900	
8	甘肃洮河九甸峡水利枢纽工程	9.12 亿 m^3										弃渣场	沟坡	302.94	56.5	165.19		79	74 400	
9	黄河尼那水电站	160 MW					482.03							82.5		184 000			217 047	2 550
10	神木县瑶镇水库枢纽工程	1 060 万 m^3						13.3	482.16		463.5			28.05	7.65	6.4		495.87		
11	万家寨水利枢纽	108 万 MW	大(一)型											637.7		2 890 000				
12	绰勒水利枢纽	1.95 亿 m^3，10.5 万 MW												43.43		18 294		162.6		
13	张峰水库工程	总库容 3.89 亿 m^3										库区						1 436	28 720	
14	龙口水利枢纽	420 MW	大(二)型									主体工程		131.15				232.48	8 600	2 500
15	疏勒河水利枢纽	1.94 亿 m^3												244.17		201 156		479.1	37 911	

附表 6-1-10　城镇建设典型开发建设项目基本情况调查表

编号	省、自治区、直辖市	市	土壤侵蚀类型区	所属流域	项目名称	项目基本情况			侵蚀模数背景值	年均降水量	水土保持方案落实情况	
						立项时间	开、竣工时间	投产时间	$(t/(km^2 \cdot a))$	(mm)	审批单位	审批时间
1	内蒙古	鄂尔多斯	水蚀	黄河	东胜区布日都镇新建工业园区	2004	2005～2014	2006	8 000	400	鄂尔多斯市水保局	2004
2	陕西	西安	水蚀	黄河	西安市西港房地产开发有限公司西航花园骞柳小区		2002 年开		1 220	580.2	西安市水保监督站	2004-11
3	陕西	西安	水蚀	黄河	西安兆天房地产开发有限公司麓鸣园工程	2002	2002 年开		2 100	654.4	西安市水保监督站	2003-07
4	陕西	榆林	风蚀、水蚀	黄河	锦界工业园区				3 105	441.2		

编号	项目名称	规模	级别	占地面积(hm^2)								弃土弃渣						扰动地面		
				平原区		山区		丘陵区		风沙区		分部工程名称	堆弃位置	数量(万 m^3)	占地面积(hm^2)	建设期新增流失量(t)	运行期年新增流失量(t/a)	扰动面积(hm^2)	建设期新增流失量(t)	运行期年新增流失量(t/a)
				长度(km)	占地面积(hm^2)	长度(km)	占地面积(hm^2)	长度(km)	占地面积(hm^2)	长度(km)	占地面积(hm^2)									
1	东胜区布日都镇新建工业园区								170.74					1.15		2 768	789	210.92	667 462	7 216
2	西安市西港房地产开发有限公司西航花园骞柳小区	54.01 hm^2																54.01	1 341	150.05
3	西安兆天房地产开发有限公司麓鸣园工程	12 hm^2										弃土渣场	河滩	5.5	0.8	12 000		14.4	30 480	3 360
4	锦界工业园区													25.26		10 669.3		951.61	47 774	9 276

附表 6-1-11　农林开发典型开发建设项目基本情况调查表

编号	省、自治区、直辖市	市	土壤侵蚀类型区	所属流域	项目名称	项目基本情况			侵蚀模数背景值（t/(km²·a)）	年均降水量（mm）	水土保持方案落实情况	
						立项时间	开、竣工时间	投产时间			审批单位	审批时间
1	甘肃		风蚀、水蚀	疏勒河	疏勒河流域农业开发				1 250	50		

编号	项目名称	规模	级别	占地面积（hm²）								分部工程名称	弃土弃渣					扰动地面		
				平原区		山区		丘陵区		风沙区										
				长度（km）	占地面积（hm²）	长度（km）	占地面积（hm²）	长度（km）	占地面积（hm²）	长度（km）	占地面积（hm²）		堆弃位置	数量（万 m³）	占地面积（hm²）	建设期新增流失量（t）	运行期年新增流失量（t/a）	扰动面积（hm²）	建设期新增流失量（t）	运行期年新增流失量（t/a）
1	疏勒河流域农业开发	新增灌溉面积 54 627 hm²												5 383.7		4 435 149		67 478.9	5 339 450	

附表 6-1-12　冶金、化工典型开发建设项目基本情况调查表

编号	省、自治区、直辖市	市	土壤侵蚀类型区	所属流域	项目名称	项目基本情况			侵蚀模数背景值	年均降水量	水土保持方案落实情况	
						立项时间	开、竣工时间	投产时间	(t/(km^2·a))	(mm)	审批单位	审批时间
1	内蒙古	赤峰			白音诺尔铅锌矿		1979	1981	500 ~ 2 500	337.9	水利厅	1998
2	内蒙古	巴彦淖尔盟	风蚀	内陆河	内蒙古霍各气铜矿三期扩建工程	1988	1992 ~ 1996	1996	1 350	155.4	水利厅	1996
3	内蒙古	鄂尔多斯	水蚀	黄河	奥利星煤化有限责任公司 20 万 t/a 煤焦油制燃料油及化学品项目	2004	2005-08		3 750	387.7		2005
4	陕西	渭南	水蚀	黄河	陕西华山化工集团有限公司复肥厂	旧矿改造	1975 ~ 2000	2001	1 750	735		
5	陕西	榆林	水蚀、风蚀	黄河	陕北榆林 10 万 t/a 聚氯乙烯工程	2003-02	2003-08 ~ 2005-08	2006	1 500	451.6		
6	陕西	榆林	水蚀、风蚀	黄河	兖州煤业榆林能化有限公司年产 60 万 t 甲醇装置项目	2004 年	2005-03 ~ 2008-03	2008	1 250	414.1		
7	甘肃	平凉	水蚀	黄河	华亭中煦煤化工有限责任公司 60 万 t 甲醇项目建设	预计 2005-10			1 350	600.4	甘肃省水利厅水土保持局	
8	甘肃	白银	水蚀	黄河	甘肃省白银有色金属公司厂坝铅锌矿	一期 1979				727.7	甘肃省水利厅水土保持局	2002-12
9	西藏	昌都	水蚀	金色江	玉龙铜矿一期冶炼		2005 ~ 2008	2008	2 429	960.7		
10	山西	河津	水蚀	黄河	山西铝厂扩建 80 万 t 氧化铝		2003 ~ 2005	2005	1 500	505.8		
11	内蒙古			黄河	新奥集团甲醇、二甲醚		2004-08	2007-04		297.5		
12	内蒙古	包头		内陆河	白云鄂博西矿铁矿采矿工程		2005-03	2015-03	1 500	248.5		

续附表 6-1-12

编号	项目名称	规模	级别	占地面积								分部工程名称	弃土弃渣					扰动地面		
				平原区		山区		丘陵区		风沙区										
				长度(km)	占地面积(hm^2)	长度(km)	占地面积(hm^2)	长度(km)	占地面积(hm^2)	长度(km)	占地面积(hm^2)		堆弃位置	数量(万 m^3)	占地面积(hm^2)	建设期新增流失量(t)	运行期年新增流失量(t/a)	扰动面积(hm^2)	建设期新增流失量(t)	运行期年新增流失量(t/a)
1	白音诺尔铅锌矿	1 500 t/d					1 350							264.6	53	63 490	793.68	1 750	47 424.3	728.04
2	内蒙古霍各气铜矿三期扩建工程	70.95 万 t/a							792				沟坡	657.1		7 966.3	442.6	792		
3	奥利星煤化有限责任公司 20 万 t/a 煤焦油制燃料油及化学品项目	20 万 t/a							45.11			工业厂区						45.11	10 125	
4	陕西华山化工集团有限公司复肥厂	42 万 t/a	10 万~60 万 t			59						弃土渣场	荒沟	158.9	10.67	749 400	86 400	58.82		
5	陕北榆林 10 万 t/a 聚氯乙烯工程	聚氯乙烯 10 万 t/a,烧碱 25 万 t/a,氯化聚氯乙烯 10 万 t/a,氯化氢 8 万 t/a	10 万~60 万 t	187								弃土渣场	荒沟坡	72	53.8		1.86	88.47	10 620	2 340
6	兖州煤业榆林能化有限公司年产 60 万 t 甲醇装置项目	甲醇 66.36 万 t/a	≥60 万 t							246.7		弃土渣场	荒沟坡	101.3	13		27 300	246.7	58 500	14 400
7	华亭中煦煤化工有限责任公司 60 万 t 甲醇项目建设	60 万 t				225						灰渣场	沟坡	154.6	53.5	60 000	25 670	118.1	38 200	10
8	甘肃省白银有色金属公司厂坝铅锌矿	一期 1 000 t/a,二期 3 500 t/a				544						弃渣场	沟坡	2 362		3 926 000	1 969.41	323.11	42 680	16 600
9	玉龙铜矿一期冶炼	3 万 t 电解铜				84								332.7	1.82	10 395	800		18 564	4 158
10	山西铝厂扩建 80 万 t 氧化铝	80 万 t	≥60 万 t	260				316.32				北王大沟渣场	沟坡	2 025	66.67			581.36		
11	新奥集团甲醇、二甲醚	60 万 t、40 万 t	一级															392.42	144 500	35 200
12	白云鄂博西矿铁矿采矿工程	600 万 t/a										采掘场						178.14	13 859	48 098

附表 6-2-1　公路典型开发建设项目水土保持指标推算表

编号	代表类型区	级别	项目名称	根据方案推算	根据方案直接推算	侵蚀系数法（根据方案）
				扰动（建设）前侵蚀强度（t/(km² · a)）	建设期未采取措施侵蚀强度（t/(km² · a)）	建设期未采取措施侵蚀强度（t/(km² · a)）
(1)	(2)	(3)	(4)	(5)	(6)	(7)
1	山区	高等级	铜川—黄陵一级公路工程等4条	150	21 343	480
2	山区	普通	姜眉公路汉中段	1 925	835 803	6 160
3	山区	乡村	田峪口—牛坪等3条	700	52 565	2 240
4	丘陵区	高等级	榆靖高速	8 500	8 500	27 200
5	丘陵区	普通	阿镇—松定霍洛(三)等2条	6 100	46 335	19 520
6	丘陵区	乡村	万利镇昌汉沟煤矿运煤干线等2条	8 000	151 929	25 600
7	风沙区	高等级	榆靖高速公路等2条	3 200	3 424	10 240
8	丘陵区	普通	松定霍洛—石圪台—小柳塔(三)等2条	6 500	12 400	20 800
9	风沙区	乡村	大柳塔至三不拉村(土路)等2条	2 837	15 960	9 078
10	平原	高等级	丹东至拉萨国道主干线巴拉贡—新地公路工程等3条	5 000	7 097	16 000
11	平原	普通	呼和浩特铝厂自备电厂进场公路等2条	3 000	3 000	9 600
平均				3 167	59 423	10 134

附表 6-2-2　铁路典型开发建设项目水土保持指标推算表

编号	代表类型区	规模	项目名称	根据方案推算	根据方案直接推算	侵蚀系数法（根据方案）
				扰动（建设）前侵蚀强度（t/(km² · a)）	建设期未采取措施侵蚀强度（t/(km² · a)）	建设期未采取措施侵蚀强度（t/(km² · a)）
(1)	(2)	(3)	(4)	(5)	(6)	(7)
1	山区		利用世界银行贷款项目陇海铁路宝鸡至兰州段新增第二线（金台区—北道区）单线	5 034	7 000	16 108
2	丘陵区		包神铁路单线	15 000	224 455	48 000
3	丘陵区		神朔铁路单线	20 000	166 780	64 000
4	丘陵区		神朔铁路复线	20 000	78 298	64 000
5	风沙区		补连—黑炭沟—上湾单线	1 800	106 349	5 760
6	平原		丹州营至丰镇电厂铁路专用线单线	1 250	6 180	4 000
7	平原		宾洲线海拉尔至满洲里段增建第二线复线	2 400	3 506	7 680
平均				9 915	73 911	31 727

附表 6-2-3　管线典型开发建设项目水土保持指标推算表

编号	代表类型区	规模(km)	项目名称	根据方案推算	根据方案直接推算	侵蚀系数法(根据方案)
				扰动(建设)前侵蚀强度(t/(km^2·a))	建设期未采取措施侵蚀强度(t/(km^2·a))	建设期未采取措施侵蚀强度(t/(km^2·a))
(1)	(2)	(3)	(4)	(5)	(6)	(7)
1	山区	203	俄罗斯—中国石油管道工程满洲里至大庆段管道一期工程	3 000	4 694	9 600
2	山区	89.3	蒙西土石山区输气管道	5 000	22 497	16 000
3	丘陵区	135	俄罗斯—中国石油管道工程满洲里至大庆段管道一期工程	3 000	5 703	9 600
4	丘陵区	135.5	蒙西土石山区输气管道	5 000	16 678	16 000
5	风沙区	91	俄罗斯—中国石油管道工程满洲里至大庆段管道一期工程	3 000	6 757	9 600
6	风沙区	120.2	蒙西土石山区输气管道	5 000	17 463	16 000
7	平原	322	俄罗斯—中国石油管道工程满洲里至大庆段管道一期工程	3 000	4 181	9 600
8	山区	64	济银光缆通信干线工程	18 150	18 150	58 080
9	丘陵区	35	济银光缆通信干线工程	18 150	18 150	58 080
10	丘陵区	118	呼西光缆通信干线工程(榆林段)	2 500	2 500	8 000
11	风沙区	82	济银光缆通信干线工程	18 150	18 150	58 080
12	风沙区	58	呼西光缆通信干线工程(榆林段)	2 500	2 500	8 000
平均				3 448.8	7 355.8	11 036.1

附表 6-2-4　渠道、堤防典型开发建设项目水土保持指标推算表

编号	代表类型区	规模	项目名称	根据方案推算	根据方案直接推算	侵蚀系数法（根据方案）
				扰动（建设）前侵蚀强度（t/（km² · a））	建设期未采取措施侵蚀强度（t/（km² · a））	建设期未采取措施侵蚀强度（t/（km² · a））
(1)	(2)	(3)	(4)	(5)	(6)	(7)
1	丘陵区	引水流量 $<10\ m^3/s$	陕甘宁盐环定扬黄工程甘肃专用二期供水工程	8 000	70 817	25 600
2	平原区	引水流量 $>200\ m^3/s$	河套灌区续建配套与节水改造一期工程	1 247	9 379	3 990
3	平原区	引水流量 $10\sim200\ m^3/s$	疏勒河项目昌马灌区	2 250	4 141	7 200
4	平原区	引水流量 $<10\ m^3/s$	疏勒河项目双塔灌区	2 250	4 015	7 200
5	山区	引水流量 $10\sim200\ m^3/s$	疏勒河项目花海灌区	2 250	4 333	7 200
6	山区	>50 年一遇	白龙江干流甘肃省武都城区河段防洪工程	250	3 096	800
7	山区	20~50 年一遇	汉江平川段防洪续建工程	150	72 908	480
平均				1 997.0	7 876.8	6 390.3

附表 6-2-5　输变电典型开发建设项目水土保持指标推算表

编号	代表类型区	规模（kV）	项目名称	根据方案推算	根据方案直接推算	侵蚀系数法（根据方案）
				扰动（建设）前侵蚀强度（t/（km² · a））	建设期未采取措施侵蚀强度（t/（km² · a））	建设期未采取措施侵蚀强度（t/（km² · a））
(1)	(2)	(3)	(4)	(5)	(6)	(7)
1	山区	10~110	大同电厂输变电工程等 3 个项目	4 250.0	347 107.1	13 600
2	丘陵区	≥110	330 kV 榆神输电线路工程	15 000.0	15 220.0	48 000
3	丘陵区	10~110	包头—布日都梁—乌海输变电工程等 2 个项目	8 500.0	8 500.0	27 200
4	风沙区	≥110	330 kV 榆神输电线路工程	8 000.0	8 000.0	25 600
5	风沙区	10~110	神木电厂—忻州—石家庄北Ⅰ、Ⅱ回等 2 个项目	23 500.0	38 088.2	75 200
6	平原区	10~110	神木电厂—忻州—石家庄北Ⅰ、Ⅱ回等 2 个项目	1 073.9	96 726.1	3 436
平均				9 867.2	31 820.6	31 575.0

附表 6-2-6　电力典型开发建设项目水土保持指标推算表

编号	代表类型区	规模	项目名称	根据方案推算	根据方案直接推算	侵蚀系数法（根据方案）
				扰动(建设)前侵蚀强度(t/(km² · a))	建设期未采取措施侵蚀强度(t/(km² · a))	建设期未采取措施侵蚀强度(t/(km² · a))
(1)	(2)	(3)	(4)	(5)	(6)	(7)
1	山区	<120 万 kW	府谷县金利源综合利用发电有限公司 2×12 MW 发电厂工程	27 640	67 265	88 448
2	山区	<120 万 kW	大同 2×135 MW 电厂	4 250	12 255	13 600
3	丘陵区	<120 万 kW	大唐甘谷发电厂 2×150 MW 技改工程	4 000	6 366	12 800
4	丘陵区	≥120 万 kW	北方华润清水河坑口电厂	5 500	15 693	17 600
5	丘陵区	≥120 万 kW	府谷电厂一期	12 000	12 545	38 400
6	丘陵区	≥120 万 kW	河曲电厂	8 000	8 797	25 600
7	风沙区	<120 万 kW	达拉特电厂	6 390	6 390	20 448
8	风沙区	≥120 万 kW	神木电厂	3 105	96 809	9 936
9	平原区	<120 万 kW	德源准格尔煤电工程	4 000	4 629	12 800
10	平原区	<120 万 kW	大唐灞桥热电厂	1 000	149 628	3 200
11	平原区	<120 万 kW	玛纳斯电厂(三期)	1 000	2 550	3 200
12	平原区	≥120 万 kW	华电土右电厂一期	22 000	22 000	70 400
13	平原区	≥120 万 kW	托克托电厂	900	1 463	2 880
14	平原区	≥120 万 kW	华电包头河西电厂 2×600 MW 机组	7 291	10 740	23 331
平均				11 493	15 248	36 777

附表 6-2-7　井采矿典型开发建设项目水土保持指标推算表

编号	代表类型区	级别	项目名称	根据方案推算	根据方案直接推算	侵蚀系数法（根据方案）
				扰动（建设）前侵蚀强度（t/（km^2·a））	建设期未采取措施侵蚀强度（t/（km^2·a））	建设期未采取措施侵蚀强度（t/（km^2·a））
（1）	（2）	（3）	（4）	（5）	（6）	（7）
1	山区	30 万～120 万 t	铜川市耀州区照金矿业有限责任公司照金煤矿改建工程	1 496	106 009	4 787
2	山区	30 万～120 万 t	陕西西川矿井建设工程	375	897	1 200
3	山区	30 万～120 万 t	陕西彬长煤业投资有限责任公司火石嘴煤矿改建工程（1.2 Mt/a）	150	3 344	480
4	山区	400 万 t/a	黄陵矿业有限责任公司黄陵 2 号矿井建设工程	546	546	1 747
5	山区	120 万～500 万 t	陕西彬长矿区大佛寺矿井及选煤厂（400 万 t/a）	150	420 578	480
6	山区	120 万～500 万 t	山西国投云峰能源公司煤矿扩建	4 250	45 303	13 600
7	山区	≥500 万 t	康家滩煤矿	9 630	18 995	30 816
8	丘陵	<30 万 t	武警黄金指挥政治部布尔台煤矿	6 500	342 672	20 800
9	丘陵	30 万～120 万 t	苏家渠煤矿（运行期水土流失总量计 1 年）	7 500	11 408	24 000
10	丘陵	30 万～120 万 t	白云乌素矿区兴安煤矿改扩建工程（建设期、运行期各计 1 年）	6 500	244 813	20 800
11	丘陵	120 万～500 万 t	神东公司石圪台矿	3 750	21 504	12 000
12	丘陵	120 万～500 万 t	大同南山煤矿扩建	5 000	14 753	16 000
13	丘陵	≥500 万 t	神华蒙西煤化股份有限公司棋盘井煤矿	3 000	15 865	9 600
14	丘陵	≥500 万 t	神华集团神东公司哈拉沟煤矿技术改造工程（建设 2 年、运行期计 1 年）	11 250	25 065	36 000
15	丘陵	<30 万 t	东胜区万利镇昌汉沟煤矿（运行期计 1 年）	8 000	167 316	25 600
16	风沙	<30 万 t	绥德前石畔煤矿	11 500	194 342	36 800
17	风沙	30 万～120 万 t	内蒙古劳改局李家塔煤矿	3 650	173 919	11 680
18	风沙	120 万～500 万 t	神东公司补连塔井矿	6 500	96 419	20 800
19	风沙	≥500 万 t	神东公司大柳塔矿	3 500	17 581	11 200
20	平原	30 万～120 万 t	澄城县董东煤矿建设工程	1 500	169 380	4 800
21	平原	30 万～120 万 t	蒲白矿物局白水煤矿（旧矿改造）	2 878	2 878	9 210
22	丘陵	油气田开采	长庆油田公司延安境内油气田开发工程（水蚀）	8 000	43 520	25 600
23	风沙	油气田开采	长庆油田榆林项目区	3 200	10 484	10 240
24	山区	30 万～120 万 t	白音诺尔铅锌矿	9 630	18 995	30 816
25	山区	≥500 万 t	白云鄂博西矿铁矿采矿工程	4 500	21 918	14 400
26	丘陵	30 万～120 万 t	内蒙古霍各气铜矿三期扩建工程	2 694	2 945	8 621
平均				3 904	23 418	12 492

附表 6-2-8 露天矿典型开发建设项目水土保持指标推算表

编号	代表类型区	级别	项目名称	根据方案推算	根据方案直接推算	侵蚀系数法（根据方案）
				扰动(建设)前侵蚀强度(t/(km²·a))	建设期未采取措施侵蚀强度(t/(km²·a))	建设期未采取措施侵蚀强度(t/(km²·a))
(1)	(2)	(3)	(4)	(5)	(6)	(7)
1	丘陵	<30 万 t	煤炭公司布连沟露天矿	6 500	7 212 300	20 800
2	丘陵	30 万～120 万 t	丰荣煤矿技改煤田开采项目(建设期 2 年、运行期 1 年)	7 000	105 288	22 400
3	风沙	<30 万 t	武家塔露天矿服务公司大仙庙矿	6 500	197 148	20 800
4	风沙	30 万～120 万 t	神东公司补连塔露天矿	3 750	441 142	12 000
5	风沙	120 万～500 万 t	神东公司马家塔露天矿	3 750	16 481	12 000
6	平原	30 万～120 万 t	呼伦贝尔煤业集团有限责任公司(运行期水土流失总量为 2.863 8 万 t/a)	500	20 697	1 600
7	平原	≥500 万 t	霍林河一号露天矿改扩建工程(运行期水土流失总量为 12.341 48 万 t/a)	2 000	42 387	6 400
8	平原	≥500 万 t	元宝山露天煤矿(建设期 2 年、运行期 1 年)	2 000	5 818	6 400
9	山区	30 万～120 万 t	金堆城钼业公司钼业生产(运行期水土流失总量为 23.05 万 t/a)	1 095	41 152	3 504
10	山区	30 万～120 万 t	陕西大西沟矿业有限公司大西沟铁矿东部矿体改建工程	1 100	12 906	3 520
11	山区	≥500 万 t	玉龙铜矿一期采矿	2 429	31 528	7 773
12	丘陵	30 万～120 万 t	冀东水泥扶风有限责任公司 3 000 t/d 熟料生产线项目	1 282	17 168	4 102
平均				1 737	34 540	5 559

附表 6-2-9　水利水电典型开发建设项目水土保持指标推算表

编号	代表类型区	级别	项目名称	根据方案推算	根据方案直接推算	侵蚀系数法（根据方案）
				扰动（建设）前侵蚀强度（t/（km^2·a））	建设期未采取措施侵蚀强度（t/（km^2·a））	建设期未采取措施侵蚀强度（t/（km^2·a））
（1）	（2）	（3）	（4）	（5）	（6）	（7）
1	山区	1 亿～10 亿 m^3	岚河蔺河口电站工程	1 287	1 302	4 118
2	山区	1 亿～10 亿 m^3	张峰水库工程	1 000	13 395	3 200
3	山区	1 亿～10 亿 m^3	龙口水利枢纽	1 500	1 510	4 800
4	山区	1 亿～10 亿 m^3	甘肃洮河九甸峡水利枢纽工程	250	31 712	800
5	山区	0.10 亿～1.0 亿 m^3	黄河尼那水电站	2 500	70 802	8 000
6	山区	0.10 亿～1.0 亿 m^3	白龙江麒麟寺水电站工程	2 000	3 101	6 400
7	山区	0.10 亿～1.0 亿 m^3	甘肃省迭部县白龙江九龙峡水电站工程	784	54 994	2 509
8	山区	0.10 亿～1.0 亿 m^3	黄河炳灵水电站工程	3 500	10 665	11 200
9	山区	0.01 亿～0.10 亿 m^3	陕西省汉阴县洞河水库工程	3 519	12 583	11 261
10	山区	0.01 亿～0.10 亿 m^3	城区供水上磨水源地工程	1 000	4 596	3 200
11	山区	0.001 亿～0.01 亿 m^3	华亭中煦煤化工有限责任公司石堡子水库项目建设	1 500	5 814	4 800
12	丘陵	1.0 亿～10 亿 m^3	疏勒河水利枢纽	2 500	7 036	8 000
13	丘陵	0.10 亿～1.0 亿 m^3	黄河柴家峡水电站工程	222	40 851	711
14	丘陵	0.10 亿～1.0 亿 m^3	甘肃玉门白杨河水库工程	5 500	129 962	17 600
15	丘陵	0.01 亿～0.10 亿 m^3	延安市王瑶水库供水工程红庄调蓄水库	10 000	855 099	32 000
16	风沙	0.10 亿～1.0 亿 m^3	杨伏井水库除险加固工程	10 000	60 763	32 000
平均				1 520	25 826	4 864

附表 6-2-10　城镇建设典型开发建设项目水土保持指标推算表

编号	代表类型区	规模（km^2）	项目名称	根据方案推算	根据方案直接推算	侵蚀系数法（根据方案）
				扰动（建设）前侵蚀强度（t/（km^2·a））	建设期未采取措施侵蚀强度（t/（km^2·a））	建设期未采取措施侵蚀强度（t/（km^2·a））
（1）	（2）	（3）	（4）	（5）	（6）	（7）
1	山区	0.12	西安麓鸣园工程	2 100	297 100	6 720
2	丘陵	2.109	东胜工业园区	8 000	39 777	25 600
3	风沙	9.516	榆林锦界工业园区	3 105	9 247	9 936
4	平原	0.54	西航花园骞柳小区	1 220	3 703	3 904
平均				3 849	17 602	12 318

附表 6-2-11　农业开发典型开发建设项目水土保持指标推算表

编号	代表类型区	规模	项目名称	根据方案推算	根据方案直接推算	侵蚀系数法（根据方案）
				扰动（建设）前侵蚀强度（t/（km^2·a））	建设期未采取措施侵蚀强度（t/（km^2·a））	建设期未采取措施侵蚀强度（t/（km^2·a））
（1）	（2）	（3）	（4）	（5）	（6）	（7）
1	戈壁平原	546.27 km^2	甘肃疏勒河农业开发	1 250	8 493	4 000
平均				1 250	8 493	4 000

附表 6-2-12 冶金、化工典型开发建设项目水土保持指标推算表

编号	代表类型区	级别	项目名称	根据方案推算	根据方案直接推算	侵蚀系数法（根据方案）
				扰动（建设）前侵蚀强度（t/（km^2·a））	建设期未采取措施侵蚀强度（t/（km^2·a））	建设期未采取措施侵蚀强度（t/（km^2·a））
（1）	（2）	（3）	（4）	（5）	（6）	（7）
1	山区	<10 万 t	玉龙铜矿一期冶炼	2 429	13 885	7 773
2	山区	<10 万 t	甘肃省白银有色金属公司厂坝铅锌矿	1 250	1 229 525	4 000
3	平原	≥60 万 t	山西铝厂扩建 80 万 t 氧化铝	1 500	1 500	4 800
4	山区	10 万 ~60 万 t	陕西华山化工集团有限公司化肥厂	735	16 680	2 352
5	山区	10 万 ~60 万 t	陕西华山化工集团有限公司复肥厂	735	510 358	2 352
6	山区	≥60 万 t	华亭中煦煤化工有限责任公司 60 万 t 甲醇项目建设	1 350	42 925	4 320
7	丘陵	<10 万 t	李家畔村办焦化厂	6 500	180 830	20 800
8	丘陵	10 万 ~60 万 t	鄂尔多斯市奥利星煤化有限责任公司 20 万 t/a 煤焦油制燃料油及化学品项目	3 750	26 195	12 000
9	风沙	<10 万 t	王才伙焦化厂	6 500	179 936	20 800
10	风沙	≥60 万 t	兖州煤业榆林能化有限公司年产 60 万 t 甲醇装置项目	1 250	9 154	4 000
11	平原	10 万 ~60 万 t	陕北榆林 10 万 t/a 聚氯乙烯工程	1 500	4 501	4 800
平均				1 442	268 162	4 615

附表 6-3-1　公路典型项目弃土弃渣指标表

序号	类型区	项目名称	侵蚀模数背景值（t/(km²·a)）	建设期（a）	弃土弃渣调查		扰动地表面积（hm²）	扰动总面积（hm²）	弃土弃渣推算占地总面积（hm²）	弃土弃渣直接入河量推算值（万 m³）	弃土弃渣直接入河侵蚀模数（t/(km²·a)）
					数量（万 m³）	占地面积（hm²）					
1	山区	铜川—黄陵一级公路工程等 4 条	150.0	2.0	667.13	110.28	510.8	621.1	114.8	66.7	107 414.5
2	山区	姜眉公路汉中段	1 925.0	3.0	162.78	21.5	76.4	97.9	28.0	16.3	110 813.8
3	山区	田峪口—牛坪等 3 条	700.0	1.0	0.393	1.31	14.2	15.5	0.1	0	5 064.4
4	丘陵	榆靖高速	8 500.0	3.0	44.8	7.71	78.0	85.7	7.7	4.5	34 845.8
5	丘陵	阿镇—松定霍洛(三)等 2 条	6 100.0	2.0			144.3	144.3	0	0	0
6	丘陵	万利镇昌汉沟煤矿运煤干线等 2 条	8 000.0	1.0			0.6	0.6	0	0	0
7	风沙	榆靖高速公路等 2 条	3 200.0	3.0	527.7	221.1	1 093.4	1 314.5	90.8	52.8	26 763.6
8	丘陵	松定霍洛—石圪台—小柳塔(三)等 2 条	12 400.0	1.0			45.8	45.8	0	0	0
9	风沙	大柳塔至三不拉村(土路)等 2 条	2 837.0	1.0	0.1	0	80.8	80.8	0	0	316.5
10	平原	丹东至拉萨国道主干线巴拉贡—新地公路工程等 3 条	5 000.0	2.0	1.0	0.2	416.7	416.8	0.2	0.1	239.9
11	平原	呼和浩特铝厂自备电厂进场公路等 2 条	3 000.0	1.0	0.45	0.1	3.2	3.3	0.1	0	27 544.4

附表 6-3-2　铁路典型项目弃土弃渣指标表

序号	类型区	项目名称	原生侵蚀模数（t/(km²·a)）	建设期（a）	弃土弃渣		扰动地表面积（hm²）	扰动总面积（hm²）	弃土弃渣推算占地总面积（hm²）	弃土弃渣直接入河量（万 m³）	弃土弃渣直接入河量侵蚀模数（t/(km²·a)）
					数量（万 m³）	占地（hm²）					
2	丘陵	包神铁路单线	15 000.0	3.0			351.5	351.5	0	0	0
3	丘陵	神朔铁路单线	20 000.0	3.0	2.8	0.5	293.5	294.0	0.5	0.3	635.0

附表 6-3-3　管线典型项目弃土弃渣指标表

序号	类型区	项目名称	原生侵蚀模数（t/(km^2·a)）	建设期（a）	弃土弃渣		扰动地表面积（hm^2）	扰动总面积（hm^2）	弃土弃渣推算占地总面积（hm^2）	弃土弃渣直接入河量（万 m^3）	弃土弃渣直接入河量侵蚀模数（t/(km^2·a)）
					数量（万 m^3）	占地面积（hm^2）					
1	山区	俄罗斯—中国石油管道工程满洲里至大庆段管道一期工程	3 000.0	2.0	17.0	2.9	698.7	701.6	2.9	1.7	2 422.5
2	山区	蒙西土石山区输气管道	5 000.0	2.0			135.6	135.6	0	0	0
3	丘陵	俄罗斯—中国石油管道工程满洲里至大庆段管道一期工程	3 000.0	2.0	11.3	1.9	437.9	439.8	1.9	1.1	2 569.8
4	丘陵	蒙西土石山区输气管道	5 000.0	2.0			203.2	203.2	0	0	0
5	风沙	俄罗斯—中国石油管道工程满洲里至大庆段管道一期工程	3 000.0	2.0	7.6	1.3	315.0	316.4	1.3	0.8	2 408.5
6	风沙	蒙西土石山区输气管道	5 000.0	2.0			190.4	190.4	0	0	0
7	平原	俄罗斯—中国石油管道工程满洲里至大庆段管道一期工程	3 000.0	2.0	27.0	4.6	1 002.1	1 006.7	4.6	2.7	2 678.0
8	山区	济银光缆通信干线工程	18 150.0	1.0	0.3	0.1	0.2	0.2	0.1	0.03	250 000.0
9	丘陵	济银光缆通信干线工程	18 150.0	1.0	0.2	0	5.7	5.7	0	0	7 017.5
10	丘陵	呼西光缆通信干线工程(榆林段)	2 500.0	2.0	0.2	0	14.7	14.7	0	0	1 564.6
11	风沙	济银光缆通信干线工程	18 150.0	1.0	0.1	0	15.1	15.1	0	0	1 726.4
12	风沙	呼西光缆通信干线工程(榆林段)	2 500.0	2.0	0.5	0.1	15.2	15.2	0.1	0.1	3 300.3

附表 6-3-4 渠道、堤防典型项目弃土弃渣指标表

序号	类型区	项目名称	原生侵蚀模数（t/(km²·a)）	建设期（a）	弃土弃渣		扰动地表面积（hm²）	扰动总面积（hm²）	弃土弃渣推算占地总面积（hm²）	弃土弃渣直接入河量（万 m³）	弃土弃渣直接入河量侵蚀模数（t/(km²·a)）
					数量（万 m³）	占地面积（hm²）					
1	丘陵	陕甘宁盐环定扬黄工程甘肃专用二期供水工程	8 000.0	4.0	25.6	4.4	183.2	187.6	4.4	2.6	6 815.9
2	平原	河套灌区续建配套与节水改造一期工程	1 247.0	5.0	26.8	4.6	2 475.8	2 480.4	4.6	2.7	432.0
3	平原	疏勒河项目昌马灌区	2 250.0	11.0	26.2	4.5	3 653.7	3 658.2	4.5	2.6	130.0
4	平原	疏勒河项目双塔灌区	2 250.0	11.0	10.0	1.7	1 564.7	1 566.4	1.7	1.0	116.0
5	山区	疏勒河项目花海灌区	2 250.0	11.0	4.6	0.8	552.5	553.3	0.8	0.5	151.3
6	山区	白龙江干流甘肃省武都城区河段防洪工程	250.0	1.0	222.7	117.2	277.1	394.3	38.3	22.3	112 980.6
7	山区	汉江平川段防洪续建工程	150.0	4.0	226.5	98.8	118.8	217.6	39.0	22.7	52 059.3

附表 6-3-5　输变电典型项目弃土弃渣指标表

序号	类型区	项目名称	原生侵蚀模数 (t/(km^2·a))	建设期 (a)	弃土弃渣		扰动地表面积 (hm^2)	扰动总面积 (hm^2)	弃土弃渣推算占地总面积 (hm^2)	弃土弃渣直接入河量 (万 m^3)	弃土弃渣直接入河量侵蚀模数 (t/(km^2·a))
					数量 (万 m^3)	占地面积 (hm^2)					
1	山区	大同电厂输变电工程等 3 个项目	4 250.0	2.0			0.7	0.7	0	0	0
2	丘陵	330 kV 榆神输电线路工程	15 000.0	1.0			9.0	9.0	0	0	0
3	丘陵	包头—布日都梁—乌海输变电工程等 2 个项目	8 500.0	2.0	3.625	0.6	114.8	115.4	0.6	0.4	3 140.6
4	风沙	330 kV 榆神输电线路工程	8 000.0	1.0	0.069 6	0.1	1.7	1.8	0	0	7 945.3
5	风沙	神木电厂—忻州—石家庄北Ⅰ、Ⅱ回等 2 个项目	23 500.0	1.0	0.1	12.0	32.9	44.9	0	0	474.4
6	平原	神木电厂—忻州—石家庄北Ⅰ、Ⅱ回等 2 个项目	1 073.9	1.0	1.5	12.7	37.6	50.3	0.3	0.2	6 018.3

附表 6-3-6　电力典型项目弃土弃渣指标表

序号	类型区	项目名称	原生侵蚀模数 (t/(km² · a))	建设期 (a)	弃土弃渣 数量 (万 m³)	弃土弃渣 占地面积 (hm²)	扰动地表面积 (hm²)	扰动总面积 (hm²)	弃土弃渣推算占地总面积 (hm²)	弃土弃渣直接入河量 (万 m³)	弃土弃渣直接入河量侵蚀模数 (t/(km² · a))
1	山区	府谷县金利源综合利用发电有限公司 2×12 MW发电厂工程	27 640.0	1.7	0.93	0.6	2.9	3.5	0	0	15 865.7
2	山区	大同 2×135 MW 电厂	4 250.0	2.0			47.9	47.9	0	0	0
3	丘陵	大唐甘谷发电厂 2×150 W 技改工程	4 000.0	3.0			162.6	162.6	0	0	0
4	丘陵	北方华润清水河坑口电厂	5 500.0	4.0	2 577.8	63.34	164.2	227.5	121.0	128.9	283 224.9
5	丘陵	府谷电厂一期	12 000.0	5.0	192.7	12.6	410.5	423.1	9.0	9.6	9 108.3
6	丘陵	河曲电厂	8 000.0	2.0			36.6	36.6	0	0	0
7	风沙	达拉特电厂	6 390.0	3.0			486.4	486.4	0	0	0
8	风沙	神木电厂	3 105.0	5.3			44.7	44.7	0	0	0
9	平原	德源准格尔煤电工程	4 000.0	2.3	1 525.19	610.2	661.4	1271.6	71.6	76.3	53 306.1
10	平原	大唐灞桥热电厂	1 000.0	2.3	387.4	10	48.0	58.0	18.2	19.4	286 517.5
11	平原	玛纳斯电厂(三期)	1 000.0	3.0			291.7	291.7	0	0	0
12	平原	华电土右电厂一期	22 000.0	2.8			1 521.0	1 521.0	0	0	0
13	平原	托克托电厂	900.0	3.5			116.8	116.8	0	0	0
14	平原	华电包头河西电厂 2×600 MW 机组	7 291.0	2.8	1.2	0.1	224.8	224.9	0.1	0.1	191.6

附表 6-3-7　井采矿典型项目弃土弃渣指标表

序号	类型区	项目名称	原生侵蚀模数 (t/(km² · a))	建设期 (a)	弃土弃渣		扰动地表面积 (hm²)	扰动总面积 (hm²)	弃土弃渣推算占地总面积 (hm²)	弃土弃渣直接入河量 (万 m³)	弃土弃渣直接入河量侵蚀模数 (t/(km² · a))
					数量 (万 m³)	占地面积 (hm²)					
1	山区	铜川市耀州区照金矿业有限责任公司照金煤矿改建工程	1 496.0	3.0	34.58	3.6	9.3	12.9	1.6	1.7	89 562.3
2	山区	陕西西川矿井建设工程	375.0	2.0	11.86	0.83	100.4	101.2	0.6	0.6	5 858.5
3	山区	陕西彬长煤业投资有限责任公司火石嘴煤矿改建工程(1.2 Mt/a)	150.0	1.0	0.2	0.15	4.4	4.6	0	0	4 395.6
4	山区	黄陵矿业有限责任公司黄陵 2 号矿井建设工程	545.9	2.0	32.79	4.8	69.9	74.7	1.5	1.6	21 947.8
5	山区	陕西彬长矿区大佛寺矿井及选煤厂(400 万 t/a)	150.0	1.0	0.2	0.15	49.8	49.9	0	0	400.6
6	山区	山西国投云峰能源公司煤矿扩建	4 250.0	2.0			17.6	17.6	0	0	0
7	山区	康家滩煤矿	9 630.0	2.0	4.82	0.2	76.7	76.9	0.2	0.2	3 135.2
8	山区	白音诺尔铅锌矿	9 630.0	2.0			76.7	76.7	0	0	0
9	山区	白云鄂博西矿铁矿采矿工程	4 500.0	1.0			136.0	136.0	0	0	0
10	丘陵	武警黄金指挥政治部布尔台煤矿	6 500.0	1.0			1.3	1.3	0	0	0
11	丘陵	苏家渠煤矿(运行期水土流失总量计 1 年)	7 500.0	2.0	4.18	0.5	52.8	53.3	0.2	0.2	3 918.3
12	丘陵	白云乌素矿区兴安煤矿改扩建工程(建设、运行各计 1 年)	6 500.0	1.0	3.45	0.2	4.8	5.0	0.2	0.2	69 277.1
13	丘陵	神东公司石圪台矿	3 750.0	7.0			40.3	40.3	0	0	0

续附表 6-3-7

序号	类型区	项目名称	原生侵蚀模数 (t/(km^2·a))	建设期 (a)	弃土弃渣		扰动地表面积 (hm^2)	扰动总面积 (hm^2)	弃土弃渣推算占地总面积 (hm^2)	弃土弃渣直接入河量 (万 m^3)	弃土弃渣直接入河量侵蚀模数 (t/(km^2·a))
					数量 (万 m^3)	占地面积 (hm^2)					
14	丘陵	大同南山煤矿扩建	5 000.0	2.0			17.6	17.6	0	0	0
15	丘陵	神华蒙西煤化股份有限公司棋盘井煤矿	3 000.0	1.0	3.38	0.2	100.9	101.1	0.2	0.2	3 344.5
16	丘陵	神华集团神东公司哈拉沟煤矿技术改造工程(建设2年、运行期计1年)	11 250.0	3.0	125.22	15	51.6	66.6	5.9	6.3	62 663.3
17	丘陵	东胜区万利镇昌汉沟煤矿(运行期计1年)	8 000.0	1.0	3.03	0.5	114.0	114.5	0.1	0.2	2 646.3
18	丘陵	内蒙古霍各气铜矿三期扩建工程	2 694.0	4.0	657.05	115.0	792.0	907.0	30.8	32.9	18 110.5
19	风沙	绥德前石畔煤矿	11 500.0	8.0			4.7	4.7	0	0	0
20	风沙	内蒙古劳改局李家塔煤矿	3 650.0	5.0			6.8	6.8	0	0	0
21	风沙	神东公司补连塔井矿	6 500.0	8.0			68.3	68.3	0	0	0
22	风沙	神东公司大柳塔矿	3 500.0	8.0			38.9	38.9	0	0	0
23	平原	澄城县董东煤矿建设工程	1 500.0	2.0	71.2	6.02	15.5	21.5	3.3	3.6	165 273.9
24	平原	蒲白矿物局白水煤矿(旧矿改造)	2 878.0	23.0	49.5	6.82	56.2	63.1	2.3	2.5	3 412.9
25	丘陵	长庆油田公司延安境内油气田开发工程(水蚀)	8 000.0	5.0			344.5	344.5	0	0	0
26	风沙	长庆油田榆林项目区	3 200.0	4.0	50.5	2.2	2 384.4	2 386.6	2.4	2.5	529.0

附表 6-3-8　露天矿典型项目弃土弃渣指标表

序号	类型区	项目名称	原生侵蚀模数（t/(km² · a)）	建设期（a）	弃土弃渣		扰动地表面积（hm²）	扰动总面积（hm²）	弃土弃渣推算占地总面积（hm²）	弃土弃渣直接入河量（万 m³）	弃土弃渣直接入河量侵蚀模数（t/(km² · a)）
					数量（万 m³）	占地面积（hm²）					
1	丘陵	冀东水泥扶风有限责任公司 3 000 t/d 熟料生产线项目	1 282.0	1.0	12.99	12.47	221.9	234.4	0.6	0.6	5 542.8
2	丘陵	煤炭公司布连沟露天矿	6 500.0	1.0			0.1	0.1	0	0	0
3	丘陵	丰荣煤矿技改煤田开采项目（建设期 2 年、运行期 1 年）	7 000.0	1.0	171.4	10.5	94.0	104.5	8.0	8.6	164 019.1
4	风沙	武家塔露天矿服务公司大仙庙矿	6 500.0	1.0			2.2	2.2	0	0	0
5	风沙	神东公司补连塔露天矿	3 750.0	4.0			7.3	7.3	0	0	0
6	风沙	神东公司马家塔露天矿	3 750.0	5.0			195.4	195.4	0	0	0
7	平原	呼伦贝尔煤业集团有限责任公司（运行期水土流失总量为 2.863 8 万 t/a）	500.0	2.0	2 177	60.39	711.4	771.8	102.2	108.9	141 039.4
8	平原	霍林河一号露天矿改扩建工程（运行期水土流失总量为 12.341 48 万 t/a）	2 000.0	1.0	58 272.78	961.6	2 209.8	3 171.4	2 735.8	2 913.6	1 837 446.6
9	平原	元宝山露天煤矿（建设期 2 年、运行期 1 年）	2 000.0	6.0	773.17	258	550.0	808.0	36.3	38.7	15 948.2
10	山区	金堆城钼业公司钼业生产（运行期水土流失总量为 23.05 万 t/a）	1 095.0	1.0	366.1	68.7	1 150.9	1 219.5	17.2	18.3	30 023.0
11	山区	陕西大西沟矿业有限公司大西沟铁矿东部矿体改建工程	1 100.0	16.0	932.3	78.1	78.1	156.3	43.8	46.6	37 284.4
12	山区	玉龙铜矿一期采矿	2 429.0	3.0	207.2	9.7	189.3	199.0	9.7	10.4	34 709.8

附表 6-3-9　水利水电典型项目弃土弃渣指标表

序号	类型区	项目名称	原生侵蚀模数 (t/(km² · a))	建设期 (a)	弃土弃渣		扰动地表面积 (hm²)	扰动总面积 (hm²)	弃土弃渣推算占地总面积 (hm²)	弃土弃渣直接入河量 (万 m³)	弃土弃渣直接入河量侵蚀模数 (t/(km² · a))
					数量 (万 m³)	占地面积 (hm²)					
1	山区	岚河蔺河口电站工程	1 287.0	3.0	79.69	9.34	42.4	51.8	3.7	4.0	51 330.1
2	山区	张峰水库工程	1 000.0	4.0			3 656.0	3 656.0	0	0	0
3	山区	龙口水利枢纽	1 500.0	5.0	131.15	6.2	232.5	238.6	6.2	6.6	10 991.6
4	山区	甘肃洮河九甸峡水利枢纽工程	250.0	3.0	302.94	56.5	79.0	135.5	14.2	15.1	74 524.0
5	山区	黄河尼那水电站	2 500.0	0.5	82.5	3.9	361.6	365.5	3.9	4.1	45 143.2
6	山区	白龙江麒麟寺水电站工程	2 000.0	3.5	114.9	20.3	193.7	214.0	5.4	5.7	15 335.8
7	山区	甘肃省迭部县白龙江九龙峡水电站工程	784.0	3.0	148.3	28.1	151.3	179.4	7.0	7.4	27 554.8
8	山区	黄河炳灵水电站工程	3 500.0	2.0			328.0	328.0	0	0	0
9	山区	陕西省汉阴县洞河水库工程	3 519.0	2.8	34.9	4.7	21.5	26.2	1.6	1.7	47 042.4
10	山区	城区供水上磨水源地工程	1 000.0	1.0			76.0	76.0	0	0	0
11	山区	华亭中煦煤化工有限责任公司石堡子水库项目建设	1 500.0	3.0	22.0	1.0	27.9	28.9	1.0	1.1	25 301.6
12	丘陵	疏勒河水利枢纽	2 500.0	11.0	244.2	11.5	479.1	490.6	11.5	12.2	4 524.9
13	丘陵	黄河柴家峡水电站工程	222.1	3.3	81.0	7.4	56.6	64.1	3.8	4.0	37 961.8
14	丘陵	甘肃玉门白杨河水库工程	5 500.0	3.0	11.4	8.6	23.0	31.6	0.5	0.6	12 022.3
15	丘陵	延安市王瑶水库供水工程红庄调蓄水库	10 000.0	2.0			58.4	58.4	0	0	0
16	风沙	杨伏井水库除险加固工程	10 000.0	1.0			5.4	5.4	0	0	0

附表 6-3-10　城镇建设典型项目弃土弃渣指标表

序号	类型区	项目名称	原生侵蚀模数（t/(km² · a)）	建设期（a）	弃土弃渣		扰动地表面积（hm²）	扰动总面积（hm²）	弃土弃渣推算占地总面积（hm²）	弃土弃渣直接入河量（万 m³）	弃土弃渣直接入河量侵蚀模数（t/(km² · a)）
					数量（万 m³）	占地面积（hm²）					
1	山区	西安麓鸣园工程	2 100.0	1.0	5.5	0.8	14.4	15.2	0.2	0.3	36 184.2
2	丘陵	东胜工业园区	8 000.0	10.0	1.15	0	210.9	211.0	0	0.1	54.5
3	风沙	榆林锦界工业园区	3 105.0	1.0	25.3	1.1	951.6	952.7	1.1	1.3	2 651.4
4	平原	西航花园骞柳小区	1 220.0	1.0			54.0	54.0	0	0	0

附表 6-3-11　农业开发典型项目弃土弃渣指标表

序号	类型区	项目名称	原生侵蚀模数（t/(km² · a)）	建设期（a）	弃土弃渣		扰动地表面积（hm²）	扰动总面积（hm²）	弃土弃渣推算占地总面积（hm²）	弃土弃渣直接入河量（万 m³）	弃土弃渣直接入河量侵蚀模数（t/(km² · a)）
					数量（万 m³）	占地面积（hm²）					
1	戈壁平原	甘肃疏勒河农业开发	1 250.0	2.0	5 383.7	233.1	67 478.9	67 712.0	233.1	269.2	3 975.4

附表 6-3-12　冶金、化工典型项目弃土弃渣指标表

序号	类型区	项目名称	原生侵蚀模数 (t/(km^2·a))	建设期 (a)	弃土弃渣		扰动地表面积 (hm^2)	扰动总面积 (hm^2)	弃土弃渣推算占地总面积 (hm^2)	弃土弃渣直接入河量 (万 m^3)	弃土弃渣直接入河量侵蚀模数 (t/(km^2·a))
					数量 (万 m^3)	占地面积 (hm^2)					
1	山区	玉龙铜矿一期冶炼	2 429.0	3.0	332.7	1.8	84.3	86.1	14.4	16.6	128 833.6
2	山区	甘肃省白银有色金属公司厂坝铅锌矿	1 250.0	1.0	2 362.0	102.3	323.1	425.4	102.3	118.1	555 294.7
3	平原	山西铝厂	1 500.0	2.0	2 025.2	66.7	581.4	648.0	87.7	101.3	156 259.7
4	山区	陕西华山化工集团有限公司化肥厂	735.0	25.0	86.1	20.5	94.0	114.5	3.7	4.3	3 005.3
5	山区	陕西华山化工集团有限公司复肥厂	735.0	25.0	158.9	10.7	58.8	69.5	6.9	7.9	9 148.9
6	山区	华亭中煦煤化工有限责任公司 60 万 t 甲醇项目建设	1350.0	2.0	20.8	53.5	118.1	171.6	0.9	1.0	6 065.5
7	丘陵	李家畔村办焦化厂	6 500.0	1.0			0.3	0.3	0	0	0
8	丘陵	鄂尔多斯市奥利星煤化有限责任公司 20 万 t/a 煤焦油制燃料油及化学品项目	3 750.0	1.0			45.1	45.1	0	0	0
9	风沙	王才伙焦化厂	6 500.0	1.0			0.2	0.2	0	0	0
10	风沙	兖州煤业榆林能化有限公司年产 60 万 t甲醇装置项目	1 250.0	3.0	101.3	13.0	246.7	259.7	4.4	5.1	12 999.6
11	平原	陕北榆林 10 万 t/a 聚氯乙烯工程	1 500.0	4.0	72.0	53.8	88.5	142.3	3.1	3.6	12 652.0

附表 6-4-1　黄河中游地区建设项目水土流失指标汇总表（单位：t/(km^2·a)）

序号	项目类型	类型区	项目数	依据方案资料				调整后的弃土弃渣直接入河流失率指标
				直接推算		侵蚀系数法（基础定额）	由参数推算（基础定额）	
				扰动（建设）前水土流失强度	建设期未采取措施水土流失强度	建设期未采取措施水土流失强度	弃土弃渣直接入河流失率指标	
(1)	(2)	(3)	(4)	(5)	(6)	(7)	(8)	(9)
1	高等级公路	山区	1	1 210	21 343	3 872	107 415	106 000
2		丘陵	1	8 500	12 500	40 000	34 846	80 500
3		风沙	1	3 200	3 424	10 240	26 764	0
4		平原	1	1 500	7 097	4 800	240	0
5	普通公路	山区	1	1 210	835 803	3 872	110 814	116 000
6		丘陵	1	11 100	11 200	35 520	0	88 000
7		风沙	1	3 500	12 400	11 200	0	0
8		平原	1	1 300	3 000	4 160	27 544	0
9	乡村公路	山区	1	1 100	52 565	3 520	5 064	58 000
10		丘陵	1	8 000	151 929	25 600	0	44 000
11		风沙	1	2 837	15 960	9 078	317	0
12		平原		1 400		4 480		0
13	铁路单线	山区	1	1 030	7 000	3 296	16 145	126 000
14		丘陵	2	13 275	198 211	42 480	289	96 000
15		风沙	1	2 800	106 349	8 960	2 047	0
16		平原	1	1 250	6 180	4 000	242 491	0
17	铁路复线	山区		1 500		4 800		84 500
18		丘陵	1	16 000	78 298	51 200	0	76 000
19		风沙		3 000		9 600		0
20		平原	1	8 960	3 506	28 672	0	0

续附表 6-4-1

序号	项目类型	类型区	项目数	依据方案资料				调整后的弃土弃渣直接入河流失率指标
				直接推算		侵蚀系数法（基础定额）	由参数推算（基础定额）	
				扰动（建设）前水土流失强度	建设期未采取措施水土流失强度	建设期未采取措施水土流失强度	弃土弃渣直接入河流失率指标	
（1）	（2）	（3）	（4）	（5）	（6）	（7）	（8）	（9）
21	供水管线	山区	1	1 260	22 497	4 032	0	8 000
22		丘陵	1	15 000	16 678	48 000	0	7 400
23		风沙	1	3 800	17 463	12 160	0	0
24		平原		750		2 400		0
25	输气管线	山区	1	1 060	22 497	3 392	0	6 000
26		丘陵	1	5 000	16 678	16 000	0	5 400
27		风沙	1	3 600	17 463	11 520	0	0
28		平原		760		2 432		0
29	输油管线	山区	1	1 080	4 694	3 456	2 422	6 000
30		丘陵	1	13 000	5 703	41 600	2 570	5 400
31		风沙	1	9 600	6 757	30 720	2 408	0
32		平原	1	800	4 181	2 560	2 678	0
33	通信光缆	山区	1	815	18 150	2 608	250 000	3 000
34		丘陵	2	16 873	6 873	53 994	2 450	2 700
35		风沙	2	3 302	10 302	10 566	2 778	0
36		平原		800		2 560		0
37	渠道	山区	1	1 050	4 333	3 360	151	116 000
38		丘陵	1	13 000	70 817	41 600	6 816	88 000
39		风沙		2 600		8 320		0
40		平原	3	1 250	5 801	4 000	180	0
41	堤防	山区	2	1 220	24 041	3 904	71 055	116 000
42		丘陵		13 500		43 200		10 000
43		风沙		3 200		10 240		0
44		平原		720		2 304		0
45	航道改造	山区						
46		丘陵						
47		风沙						
48		平原						

续附表 6-4-1

序号	项目类型	类型区	项目数	依据方案资料				调整后的弃土弃渣直接入河流失率指标
				直接推算		侵蚀系数法（基础定额）	由参数推算（基础定额）	
				扰动（建设）前水土流失强度	建设期未采取措施水土流失强度	建设期未采取措施水土流失强度	弃土弃渣直接入河流失率指标	
(1)	(2)	(3)	(4)	(5)	(6)	(7)	(8)	(9)
49	输变电	山区	1	1 250	347 107	4 000	0	3 300
50		丘陵	2	11 981	8 989	38 339	3 023	3 000
51		风沙	2	2 722	36 577	8 710	3 023	0
52		平原	1	1 074	96 726	3 437	6 018	0
53	火电	山区	2	1 580	12 255	5 056	915	75 000
54		丘陵	4	11 200	11 737	35 840	77 239	66 000
55		风沙	2	3 114	13 999	9 965	0	0
56		平原	6	1 300	16 426	4 160	20 795	0
57	风电	山区	2					
58		丘陵	4					
59		风沙	2					
60		平原	6					
61	核电	山区	2					
62		丘陵	4					
63		风沙	2					
64		平原	6					
65	井采矿	山区	9	1 180	53 174	3 776	9 148	14 000
66		丘陵	9	1 317	23 526	4 214	17 801	12 000
67		风沙	4	3 551	78 935	11 363	0	0
68		平原	2	1 250	38 888	4 000	8 082	0
69	井采油气田	丘陵	1	8 000	43 520	25 600	0	3 300
70		风沙	1	3 200	10 484	10 240	529	0

续附表 6-4-1

序号	项目类型	类型区	项目数	依据方案资料				调整后的弃土弃渣直接入河流失率指标
				直接推算		侵蚀系数法（基础定额）	由参数推算（基础定额）	
				扰动（建设）前水土流失强度	建设期未采取措施水土流失强度	建设期未采取措施水土流失强度	弃土弃渣直接入河流失率指标	
(1)	(2)	(3)	(4)	(5)	(6)	(7)	(8)	(9)
71	露天矿工程（煤矿，铁、铜等金属矿）	山区	3	1 270	38 312	4 064	34 877	48 000
72		丘陵	3	12 984	44 525	41 549	54 407	42 000
73		风沙	3	3 779	33 576	12 093	0	0
74		平原	3	1 693	32 148	5 418	640 211	0
75	水利水电工程（水库、水电站）	山区	11	1 320	17 542	4 224	4 889	6 000
76		丘陵	4	13 112	94 924	41 958	5 782	5 500
77		风沙	1	4 000	60 763	12 800	0	0
78		平原						
79	水利水电工程（码头）	山区						
80		丘陵						
81		风沙						
82		平原						
83	水利水电（抽水蓄能站）	山区						
84		丘陵						
85		风沙						
86		平原						

续附表 6-4-1

序号	项目类型	类型区	项目数	依据方案资料				调整后的弃土弃渣直接入河流失率指标
				直接推算		侵蚀系数法（基础定额）	由参数推算（基础定额）	
				扰动（建设）前水土流失强度	建设期未采取措施水土流失强度	建设期未采取措施水土流失强度	弃土弃渣直接入河流失率指标	
（1）	（2）	（3）	（4）	（5）	（6）	（7）	（8）	（9）
87	城镇建设（城镇改扩建、开发区、房地产）	山区	1	1 100	297 100	3 520	36 184	20 000
88		丘陵	1	8 000	39 777	25 600	55	18 000
89		风沙	1	3 105	9 247	9 936	2 651	0
90		平原	1	1 220	3 703	3 904	0	0
91	城镇建设（采石、采砂、取土）	山区		1 200		3 840		30 000
92		丘陵		11 000		35 200		27 000
93		风沙		3 105		9 936		0
94		平原		1 000		3 200		0
95	农林开发（定向用材林开发）	山区						
96		丘陵						
97		风沙						
98		戈壁平原						
99	农林开发（农业开发规模化）	山区		600		1 920		0
100		丘陵		10 000		32 000		0
101		风沙		3 100		9 920		0
102		戈壁平原	1	1 130	8 493	3 616	3 975	0
103	冶金	山区	2	140	978 083	448	394 193	80 000
104		丘陵		16 000		51 200		72 000
105		风沙		3 200		10 240		0
106		平原	1	1 500	1 500	4 800	156 260	0
107	化工	山区	3	1 010	135 304	3 232	5 377	20 000
108		丘陵	2	13 769	27 284	44 061	0	18 000
109		风沙	2	1 253	9 258	4 010	12 997	0
110		平原	1	1 500	4 501	4 800	12 652	0

附表 6-4-2　西北片其他地区建设项目水土流失指标汇总表　　（单位：t/（km^2·a））

序号	项目类型	类型区	项目数	依据方案资料				调整后的弃土弃渣直接入河流失率指标
				直接推算		侵蚀系数法（基础定额）	由参数推算（基础定额）	
				扰动（建设）前水土流失强度	建设期未采取措施水土流失强度	建设期未采取措施水土流失强度	弃土弃渣直接入河流失率指标	
(1)	(2)	(3)	(4)	(5)	(6)	(7)	(8)	(9)
1	高等级公路	山区	1	2 650	21 343	8 480	107 415	63 600
2		丘陵	1	7 500	8 500	24 000	34 846	48 300
3		风沙	1	6 800	3 800	21 760	26 764	0
4		平原	1	2 500	7 097	8 000	240	0
5	普通公路	山区	1	2 925	835 803	9 360	110 814	69 600
6		丘陵	1	6 100	11 200	19 520	0	52 800
7		风沙	1	6 500	12 400	20 800	0	0
8		平原	1	2 300	3 000	7 360	27 544	0
9	乡村公路	山区	1	2 700	52 565	8 640	5 064	34 800
10		丘陵	1	5 000	151 929	16 000	0	26 400
11		风沙	1	5 837	15 960	18 678	317	0
12		平原		720		2 304		0
13	铁路单线	山区	1	2 030	7 000	6 496	16 145	55 600
14		丘陵	2	8 275	198 211	26 480	289	47 600
15		风沙	1	5 800	106 349	18 560	2 047	0
16		平原	1	2 250	6 180	7 200	242 491	0
17	铁路复线	山区		1 600		5 120		51 800
18		丘陵	1	11 000	78 298	35 200	0	45 600
19		风沙		3 800		12 160		0
20		平原	1	5 800	3 506	18 560	0	0

续附表 6-4-2

序号	项目类型	类型区	项目数	依据方案资料				调整后的弃土弃渣直接入河流失率指标
				直接推算		侵蚀系数法（基础定额）	由参数推算（基础定额）	
				扰动(建设)前水土流失强度	建设期未采取措施水土流失强度	建设期未采取措施水土流失强度	弃土弃渣直接入河流失率指标	
(1)	(2)	(3)	(4)	(5)	(6)	(7)	(8)	(9)
21	供水管线	山区		1 560		4 992		3 200
22		丘陵		9 000		28 800		2 900
23		风沙		4 600		14 720		0
24		平原		960		3 072		0
25	输气管线	山区	1	2 560	22 497	8 192	0	3 600
26		丘陵	1	3 000	16 678	9 600	0	3 240
27		风沙	1	6 600	17 463	21 120	0	0
28		平原		820		2 624		0
29	输油管线	山区	1	2 080	4 694	6 656	2 422	3 600
30		丘陵	1	7 000	5 703	22 400	2 570	3 240
31		风沙	1	6 000	6 757	19 200	2 408	0
32		平原	1	1 800	4 181	5 760	2 678	0
33	通信光缆	山区	1	2 615	18 150	8 368	250 000	1 800
34		丘陵	2	10 873	6 873	34 794	2 450	1 620
35		风沙	2	6 302	10 302	20 166	2 778	0
36		平原		1 020		3 264		0
37	渠道	山区	1	2 510	4 333	8 032	151	49 600
38		丘陵	1	7 000	70 817	22 400	6 816	32 800
39		风沙		4 200		13 440		0
40		平原	3	1 800	5 801	5 760	180	0
41	堤防	山区	2	2 620	24 041	8 384	71 055	39 600
42		丘陵		8 500		27 200		22 000
43		风沙		3 600		11 520		0
44		平原		920		2 944		0
45	航道改造	山区						
46		丘陵						
47		风沙						
48		平原						

续附表 6-4-2

序号	项目类型	类型区	项目数	依据方案资料				调整后的弃土弃渣直接入河流失率指标
				直接推算		侵蚀系数法（基础定额）	由参数推算（基础定额）	
				扰动（建设）前水土流失强度	建设期未采取措施水土流失强度	建设期未采取措施水土流失强度	弃土弃渣直接入河流失率指标	
(1)	(2)	(3)	(4)	(5)	(6)	(7)	(8)	(9)
49	输变电	山区	1	2 250	347 107	7 200	0	1 980
50		丘陵	2	6 981	8 989	22 339	3 023	1 800
51		风沙	2	5 722	36 577	18 310	3 023	0
52		平原	1	2 074	96 726	6 637	6 018	0
53	火电	山区	2	2 280	12 255	7 296	915	35 000
54		丘陵	4	6 200	11 737	19 840	77 239	29 600
55		风沙	2	6 114	13 999	19 565	0	0
56		平原	6	2 300	16 426	7 360	20 795	0
57	风电	山区						
58		丘陵						
59		风沙						
60		平原						
61	核电	山区						
62		丘陵						
63		风沙						
64		平原						
65	井采矿	山区	9	3 180	53 174	10 176	9 148	8 400
66		丘陵	9	8 917	23 526	28 534	17 801	7 200
67		风沙	4	6 551	78 935	20 963	0	0
68		平原	2	2 250	38 888	7 200	8 082	0
69	井采油气田	丘陵	1	8 000	43 520	25 600	0	1 980
70		风沙	1	3 200	10 484	10 240	529	0

续附表 6-4-2

序号	项目类型	类型区	项目数	依据方案资料				调整后的弃土弃渣直接入河流失率指标
				直接推算		侵蚀系数法（基础定额）	由参数推算（基础定额）	
				扰动（建设）前水土流失强度	建设期未采取措施水土流失强度	建设期未采取措施水土流失强度	弃土弃渣直接入河流失率指标	
（1）	（2）	（3）	（4）	（5）	（6）	（7）	（8）	（9）
71	露天矿工程（煤矿，铁、铜等金属矿）	山区	3	2 270	38 312	7 264	34 877	28 800
72		丘陵	3	6 984	44 525	22 349	54 407	25 200
73		风沙	3	6 779	33 576	21 693	0	0
74		平原	3	2 695	32 148	8 624	640 211	0
75	水利水电	山区	11	2 320	17 542	7 424	4 889	3 600
76		丘陵	4	7 112	94 924	22 758	5 782	3 300
77		风沙	1	7 000	60 763	22 400	0	0
78		平原						
79	码头	山区						
80		丘陵						
81		风沙						
82		平原						
83	抽水蓄能站	山区						
84		丘陵						
85		风沙						
86		平原						

续附表 6-4-2

序号	项目类型	类型区	项目数	依据方案资料				
				直接推算		侵蚀系数法（基础定额）	由参数推算（基础定额）	调整后的弃土弃渣直接入河流失率指标
				扰动（建设）前水土流失强度	建设期未采取措施水土流失强度	建设期未采取措施水土流失强度	弃土弃渣直接入河流失率指标	
（1）	（2）	（3）	（4）	（5）	（6）	（7）	（8）	（9）
87	城镇建设（城镇改扩建、开发区、房地产）	山区	1	2 500	297 100	8 000	36 184	12 000
88		丘陵	1	3 000	39 777	9 600	55	10 800
89		风沙	1	6 105	9 247	19 536	2 651	0
90		平原	1	2 220	3 703	7 104	0	0
91	城镇建设（采石、采砂、取土）	山区	1	2 500	297 100	8 000	36 184	12 000
92		丘陵	1	3 000	39 777	9 600	55	10 800
93		风沙	1	6 105	9 247	19 536	2 651	0
94		平原	1	2 220	3 703	7 104	0	0
95	农林开发（定向用材林开发）	山区						
96		丘陵						
97		风沙						
98		戈壁平原						
99	农林开发（农业开业规模化）	山区		400		1 280		0
100		丘陵		6 000		19 200		0
101		风沙		4 100		13 120		0
102		戈壁平原	1	2 250	8 493	7 200	3 975	0
103	冶金	山区	2	2 460	978 083	7 872	394 193	48 000
104		丘陵		6 500		20 800		43 000
105		风沙		4 200		13 440		0
106		平原	1	2 500	1 500	8 000	156 260	0
107	化工	山区	3	2 410	135 304	7 712	5 377	12 000
108		丘陵	2	7 769	27 284	24 861	0	10 800
109		风沙	2	4 253	9 258	13 610	12 997	0
110		平原	1	2 500	4 501	8 000	12 652	0

附表6-5　开发建设项目指标效益表

序号	项目类型	项目等级(规模)	山区	丘陵区	风沙区	平原区
			效益(%)	效益(%)	效益(%)	效益(%)
(1)	(2)	(3)	(4)	(5)	(6)	(7)
1	公路工程	高等级公路	50	50	40	55
		普通公路	46	46	30	50
		乡村公路	36	36	20	40
2	铁路工程	单线	44	44	40	50
		复线(改扩建)	45	45	40	50
3	管线工程	供水	48	48	40	50
		输油	46	46	38	48
		输气	46	46	38	48
		通信光缆	46	46	38	48
4	渠道和堤防工程	渠道	46	46	38	48
		堤防	50	50	38	50
		航道改造	—	—	—	—
5	输变电工程	kV	40	40	30	46
6	火电(风电、核电)工程	火电	58	58	40	62
		风电	—	—	—	—
		核电	—	—	—	—
7	井采矿工程	煤矿(铁、铜等金属矿)	80	80	50	80
8	露天矿工程	煤矿(铁、铜等金属矿)	75	75	46	75
9	水利水电工程	水库、水电站	68	68	46	—
		码头	—	—	—	—
		抽水蓄能电站	—	—	—	—
10	城镇建设工程	城镇改扩建、开发区、房地产	75	65	55	80
		采石、采砂、取土	46	46	20	46
11	农林开发工程	定向用材林开发	—	—	—	—
		规模化农林开发	50	50	35	55
12	金属冶炼和化工工程	金属冶炼	70	75	45	80
		化工工程	75	76	40	80

附表 6-6-1　黄河中游地区开发建设项目表面侵蚀水土流失估算定额　　（单位：t/(km² · a)）

项目类型	项目等级（规模）	山区					丘陵区				
		侵蚀模数背景值	建设期		项目建设新增水土流失指标	水土保持方案效益指标	侵蚀模数背景值	建设期		项目建设新增水土流失指标	水土保持方案效益指标
			未采取措施	采取措施后				未采取措施	采取措施后		
（1）	（2）	（3）	（4）	（5）	（6）	（7）	（8）	（9）	（10）	（11）	（12）
公路工程	高等级公路	1 210	3 872	1 936	2 662	1 936	8 500	27 200	13 600	18 700	13 600
	普通公路	1 210	3 872	1 781	2 662	2 091	11 100	35 520	16 339	24 420	19 181
	乡村公路	1 100	3 520	1 267	2 420	2 253	8 000	25 600	9 216	17 600	16 384
铁路工程	单线	1 030	3 296	1 450	2 266	1 846	13 275	42 480	18 691	29 205	23 789
	复线（改扩建）	1 500	4 800	2 160	3 300	2 640	16 000	51 200	23 040	35 200	28 160
管线工程	供水	1 260	4 032	1 935	2 772	2 097	15 000	48 000	23 040	33 000	24 960
	输油	1 080	3 456	1 590	2 376	1 866	13 000	41 600	19 136	28 600	22 464
	输气	1 060	3 392	1 560	2 332	1 832	5 000	16 000	7 360	11 000	8 640
	通信光缆	815	2 608	1 200	1 793	1 408	16 873	53 994	24 837	37 121	29 157
渠道和堤防工程	渠道	1 050	3 360	1 546	2 310	1 814	13 000	41 600	19 136	28 600	22 464
	堤防	1 220	3 904	1 952	2 684	1 952	13 500	43 200	21 600	29 700	21 600
	航道改造										
输变电工程	kV	1 250	4 000	1 600	2 750	2 400	11 981	38 339	15 336	26 358	23 004
火电（风电、核电）工程	火电	1 580	5 056	2 932	3 476	2 124	11 200	35 840	20 787	24 640	15 053
	风电										
	核电										
井采矿工程	煤矿（铁、铜等金属矿）	1 180	3 776	3 021	2 596	755	1 317	4 214	3 372	2 897	843
露天矿工程	煤矿（铁、铜等金属矿）	1 270	4 064	3 048	2 794	1 016	12 984	41 549	31 162	28 565	10 387
水利水电工程	水库、水电站	1 320	4 224	2 872	2 904	1 352	13 112	41 958	28 532	28 846	13 427
	码头										
	抽水蓄能电站										
城镇建设工程	城镇改扩建、开发区、房地产	1 100	3 520	2 640	2 420	880	8 000	25 600	16 640	17 600	8 960
	采石、采砂、取土	1 200	3 840	1 766	2 640	2 074	11 000	35 200	16 192	24 200	19 008
农林开发工程	定向用材林开发										
	规模化农林开发	600	1 920	960	1 320	960	10 000	32 000	16 000	22 000	16 000
金属冶炼和化工工程	金属冶炼	140	448	314	308	134	16 000	51 200	38 400	35 200	12 800
	化工工程	1 010	3 232	2 424	2 222	808	13 769	44 061	33 486	30 292	10 575

续附表 6-6-1

项目类型	项目等级（规模）	风沙区					平原区				
		侵蚀模数背景值	建设期		项目建设新增水土流失指标	水土保持方案效益指标	侵蚀模数背景值	建设期		项目建设新增水土流失指标	水土保持方案效益指标
			未采取措施	采取措施后				未采取措施	采取措施后		
（1）	（2）	（13）	（14）	（15）	（16）	（17）	（18）	（19）	（20）	（21）	（22）
公路工程	高等级公路	3 200	10 240	4 096	7 040	6 144	1 500	4 800	2 640	3 300	2 160
	普通公路	3 500	11 200	3 360	7 700	7 840	1 300	4 160	2 080	2 860	2 080
	乡村公路	2 837	9 078	1 816	6 241	7 263	1 400	4 480	1 792	3 080	2 688
铁路工程	单线	2 800	8 960	3 584	6 160	5 376	1 250	4 000	2 000	2 750	2 000
	复线（改扩建）	3 000	9 600	3 840	6 600	5 760	8 960	28 672	14 336	19 712	14 336
管线工程	供水	3 800	12 160	4 864	8 360	7 296	750	2 400	1 200	1 650	1 200
	输油	9 600	30 720	11 674	21 120	19 046	800	2 560	1 229	1 760	1 331
	输气	3 600	11 520	4 378	7 920	7 142	760	2 432	1 167	1 672	1 265
	通信光缆	3 302	10 566	4 015	7 264	6 551	800	2 560	1 229	1 760	1 331
渠道和堤防工程	渠道	2 600	8 320	3 162	5 720	5 158	1 250	4 000	1 920	2 750	2 080
	堤防	3 200	10 240	3 891	7 040	6 349	720	2 304	1 152	1 584	1 152
	航道改造										
输变电工程	kV	2 722	8 710	2 613	5 988	6 097	1 074	3 437	1 581	2 363	1 856
火电（风电、核电）工程	火电	3 114	9 965	3 986	6 851	5 979	1 300	4 160	2 579	2 860	1 581
	风电										
	核电										
井采矿工程	煤矿（铁、铜等金属矿）	3 551	11 363	5 682	7 812	5 682	1 250	4 000	3 200	2 750	800
露天矿工程	煤矿（铁、铜等金属矿）	3 779	12 093	5 563	8 314	6 530	1 693	5 418	4 063	3 725	1 354
水利水电工程	水库、水电站	4 000	12 800	5 888	8 800	6 912					
	码头										
	抽水蓄能电站										
城镇建设工程	城镇改扩建、开发区、房地产	3 105	9 936	5 465	6 831	4 471	1 220	3 904	3 123	2 684	781
	采石、采砂、取土	3 105	9 936	1 987	6 831	7 949	1 000	3 200	1 472	2 200	1 728
农林开发工程	定向用材林开发										
	规模化农林开发	3 100	9 920	3 472	6 820	6 448	1 130	3 616	1 989	2 486	1 627
金属冶炼和化工工程	金属冶炼	3 200	10 240	4 608	7 040	5 632	1 500	4 800	3 840	3 300	960
	化工工程	1 253	4 010	1 604	2 757	2 406	1 500	4 800	3 840	3 300	960

附表 6-6-2　西北其他区域（黄河中游地区以外）开发建设项目表面侵蚀水土流失估算定额

（单位：t/（km^2·a））

项目类型	项目等级（规模）	山区					丘陵区				
		侵蚀模数背景值	建设期		项目建设新增水土流失指标	水土保持方案效益指标	侵蚀模数背景值	建设期		项目建设新增水土流失指标	水土保持方案效益指标
			未采取措施	采取措施后				未采取措施	采取措施后		
（1）	（2）	（3）	（4）	（5）	（6）	（7）	（8）	（9）	（10）	（11）	（12）
公路工程	高等级公路	2 650	8 480	4 240	5 830	4 240	7 500	24 000	12 000	16 500	12 000
	普通公路	2 925	9 360	4 306	6 435	5 054	6 100	19 520	8 979	13 420	10 541
	乡村公路	2 700	8 640	3 110	5 940	5 530	5 000	16 000	5 760	11 000	10 240
铁路工程	单线	2 030	6 496	2 858	4 466	3 638	8 275	26 480	11 651	18 205	14 829
	复线（改扩建）	1 600	5 120	2 304	3 520	2 816	11 000	35 200	15 840	24 200	19 360
管线工程	供水	1 560	4 992	2 396	3 432	2 596	9 000	28 800	13 824	19 800	14 976
	输油	2 080	6 656	3 062	4 576	3 594	7 000	22 400	10 304	15 400	12 096
	输气	2 560	8 192	3 768	5 632	4 424	3 000	9 600	4 416	6 600	5 184
	通信光缆	2 615	8 368	3 849	5 753	4 519	10 873	34 794	16 005	23 921	18 789
渠道和堤防工程	渠道	2 510	8 032	3 695	5 522	4 337	7 000	22 400	10 304	15 400	12 096
	堤防	2 620	8 384	4 192	5 764	4 192	8 500	27 200	13 600	18 700	13 600
	航道改造										
输变电工程	kV	2 250	7 200	2 880	4 950	4 320	6 981	22 339	8 936	15 358	13 404
火电（风电、核电）工程	火电	2 280	7 296	4 232	5 016	3 064	6 200	19 840	11 507	13 640	8 333
	风电										
	核电										
井采矿工程	煤矿（铁、铜等金属矿）	3 180	10 176	8 141	6 996	2 035	8 917	28 534	22 828	19 617	5 707
露天矿工程	煤矿（铁、铜等金属矿）	2 270	7 264	5 448	4 994	1 816	6 984	22 349	16 762	15 365	5 587
水利水电工程	水库、水电站	2 320	7 424	5 048	5 104	2 376	7 112	22 758	15 476	15 646	7 283
	码头										
	抽水蓄能电站										
城镇建设工程	城镇改扩建、开发区、房地产	2 500	8 000	6 000	5 500	2 000	3 000	9 600	6 240	6 600	3 360
	采石、采砂、取土	2 500	8 000	3 680	5 500	4 320	3 000	9 600	4 416	6 600	5 184
农林开发工程	定向用材林开发										
	规模化农林开发	400	1 280	640	880	640	6 000	19 200	9 600	13 200	9 600
金属冶炼和化工工程	金属冶炼	2 460	7 872	5 510	5 412	2 362	6 500	20 800	15 600	14 300	5 200
	化工工程	2 410	7 712	5 784	5 302	1 928	7 769	24 861	18 894	17 092	5 967

续附表 6-6-2

项目类型	项目等级（规模）	风沙区					平原区				
		侵蚀模数背景值	建设期		项目建设新增水土流失指标	水土保持方案效益指标	侵蚀模数背景值	建设期		项目建设新增水土流失指标	水土保持方案效益指标
			未采取措施	采取措施后				未采取措施	采取措施后		
（1）	（2）	（13）	（14）	（15）	（16）	（17）	（18）	（19）	（20）	（21）	（22）
公路工程	高等级公路	6 800	21 760	8 704	14 960	13 056	2 500	8 000	4 400	5 500	3 600
	普通公路	6 500	20 800	6 240	14 300	14 560	2 300	7 360	3 680	5 060	3 680
	乡村公路	5 837	18 678	3 736	12 841	14 943	720	2 304	922	1 584	1 382
铁路工程	单线	5 800	18 560	7 424	12 760	11 136	2 250	7 200	3 600	4 950	3 600
	复线（改扩建）	5 800	12 160	4 864	8 360	7 296	5 800	18 560	9 280	12 760	9 280
管线工程	供水	4 600	14 720	5 888	10 120	8 832	960	3 072	1 536	2 112	1 536
	输油	6 000	19 200	7 296	13 200	11 904	1 800	5 760	2 765	3 960	2 995
	输气	6 600	21 120	8 026	14 520	13 094	820	2 624	1 260	1 804	1 364
	通信光缆	6 302	20 166	7 663	13 864	12 503	1 020	3 264	1 567	2 244	1 697
渠道和堤防工程	渠道	4 200	13 440	5 107	9 240	8 333	1 800	5 760	2 765	3 960	2 995
	堤防	3 600	11 520	4 378	7 920	7 142	920	2 944	1 472	2 024	1 472
	航道改造										
输变电工程	kV	5 722	18 310	5 493	12 588	12 817	2 074	6 637	3 053	4 563	3 584
火电（风电、核电）工程	火电	6 114	19 565	7 826	13 451	11 739	2 300	7 360	4 563	5 060	2 797
	风电										
	核电										
井采矿工程	煤矿（铁、铜等金属矿）	6 551	20 963	10 482	14 412	10 482	2 250	7 200	5 760	4 950	1 440
露天矿工程	煤矿（铁、铜等金属矿）	6 779	21 693	9 979	14 914	11 714	2 695	8 624	6 468	5 929	2 156
水利水电工程	水库、水电站	7 000	22 400	10 304	15 400	12 096					
	码头										
	抽水蓄能电站										
城镇建设工程	城镇改扩建、开发区、房地产	6 105	19 536	10 745	13 431	8 791	2 220	7 104	5 683	4 884	1 421
	采石、采砂、取土	6 105	19 536	3 907	13 431	15 629	2 220	7 104	3 268	4 884	3 836
农林开发工程	定向用材林开发										
	规模化农林开发	4 100	13 120	4 592	9 020	8 528	2 250	7 200	3 960	4 950	3 240
金属冶炼和化工工程	金属冶炼	4 200	13 440	6 048	9 240	7 392	2 500	8 000	6 400	5 500	1 600
	化工工程	4 253	13 610	5 444	9 357	8 166	2 500	8 000	6 400	5 500	1 600

附表 6-7-1　黄河中游地区开发建设项目弃土弃渣直接入河流失率估算定额

（单位：t/（km² · a））

项目类型	项目等级（规模）	山区					丘陵区				
		侵蚀模数背景值	建设期		项目建设新增水土流失指标	水土保持方案效益指标	侵蚀模数背景值	建设期		项目建设新增水土流失指标	水土保持方案效益指标
			未采取措施	采取措施后				未采取措施	采取措施后		
（1）	（2）	（3）	（4）	（5）	（6）	（7）	（8）	（9）	（10）	（11）	（12）
公路工程	高等级公路	0	731 400	243 800	731 400	487 600	0	555 450	185 150	555 450	370 300
	普通公路	0	800 400	266 800	800 400	533 600	0	607 200	202 400	607 200	404 800
	乡村公路	0	400 200	133 400	400 200	266 800	0	303 600	101 200	303 600	202 400
铁路工程	单线	0	869 400	289 800	869 400	579 600	0	662 400	220 800	662 400	441 600
	复线（改扩建）	0	583 050	194 350	583 050	388 700	0	524 400	174 800	524 400	349 600
管线工程	供水	0	55 200	18 400	55 200	36 800	0	51 060	17 020	51 060	34 040
	输油	0	41 400	13 800	41 400	27 600	0	37 260	12 420	37 260	24 840
	输气	0	41 400	13 800	41 400	27 600	0	37 260	12 420	37 260	24 840
	通信光缆	0	20 700	6 900	20 700	13 800	0	18 630	6 210	18 630	12 420
渠道和堤防工程	渠道	0	800 400	266 800	800 400	533 600	0	607 200	202 400	607 200	404 800
	堤防	0	800 400	266 800	800 400	533 600	0	69 000	23 000	69 000	46 000
	航道改造										
输变电工程	kV	0	22 770	7 590	22 770	15 180	0	20 700	6 900	20 700	13 800
火电（风电、核电）工程	火电	0	517 500	172 500	517 500	345 000	0	455 400	151 800	455 400	303 600
	风电										
	核电										
井采矿工程	煤矿（铁、铜等金属矿）	0	96 600	32 200	96 600	64 400	0	82 800	27 600	82 800	55 200
露天矿工程	煤矿（铁、铜等金属矿）	0	331 200	110 400	331 200	220 800	0	289 800	96 600	289 800	193 200
水利水电工程	水库、水电站	0	41 400	13 800	41 400	27 600	0	37 950	12 650	37 950	25 300
	码头										
	抽水蓄能电站										
城镇建设工程	城镇改扩建、开发区、房地产	0	138 000	46 000	138 000	92 000	0	124 200	41 400	124 200	82 800
	采石、采砂、取土	0	207 000	69 000	207 000	138 000	0	186 300	62 100	186 300	124 200
农林开发工程	定向用材林开发										
	规模化农林开发	0	0	0	0	0	0	0	0	0	0
金属冶炼和化工工程	金属冶炼	0	552 000	184 000	552 000	368 000	0	496 800	165 600	496 800	331 200
	化工工程	0	138 000	46 000	138 000	92 000	0	124 200	41 400	124 200	82 800

续附表 6-7-1

项目类型	项目等级（规模）	风沙区					平原区				
		侵蚀模数背景值	建设期		项目建设新增水土流失指标	水土保持方案效益指标	侵蚀模数背景值	建设期		项目建设新增水土流失指标	水土保持方案效益指标
			未采取措施	采取措施后				未采取措施	采取措施后		
（1）	（2）	（13）	（14）	（15）	（16）	（17）	（18）	（19）	（20）	（21）	（22）
公路工程	高等级公路	0	0	0	0	0	0	0	0	0	0
	普通公路	0	0	0	0	0	0	0	0	0	0
	乡村公路	0	0	0	0	0	0	0	0	0	0
铁路工程	单线	0	0	0	0	0	0	0	0	0	0
	复线（改扩建）	0	0	0	0	0	0	0	0	0	0
管线工程	供水	0	0	0	0	0	0	0	0	0	0
	输油	0	0	0	0	0	0	0	0	0	0
	输气	0	0	0	0	0	0	0	0	0	0
	通信光缆	0	0	0	0	0	0	0	0	0	0
渠道和堤防工程	渠道	0	0	0	0	0	0	0	0	0	0
	堤防	0	0	0	0	0	0	0	0	0	0
	航道改造										
输变电工程	kV	0	0	0	0	0	0	0	0	0	0
火电（风电、核电）工程	火电	0	0	0	0	0	0	0	0	0	0
	风电										
	核电		0	0	0	0		0	0	0	0
井采矿工程	煤矿（铁、铜等金属矿）	0	0	0	0	0	0	0	0	0	0
露天矿工程	煤矿（铁、铜等金属矿）	0	0	0	0	0	0	0	0	0	0
水利水电工程	水库、水电站	0	0	0	0	0					
	码头							0	0	0	0
	抽水蓄能电站		0	0	0	0		0	0	0	0
城镇建设工程	城镇改扩建、开发区、房地产	0	0	0	0	0	0	0	0	0	0
	采石、采砂、取土	0	0	0	0	0	0	0	0	0	0
农林开发工程	定向用材林开发										
	规模化农林开发	0	0	0	0	0	0	0	0	0	0
金属冶炼和化工工程	金属冶炼	0	0	0	0	0	0	0	0	0	0
	化工工程	0	0	0	0	0	0	0	0	0	0

附表 6-7-2　西北其他区域(黄河中游地区以外)开发建设项目弃土弃渣直接入河流失率估算定额

(单位:t/(km^2·a))

项目类型	项目等级(规模)	山区					丘陵区				
		侵蚀模数背景值	建设期		项目建设新增水土流失指标	水土保持方案效益指标	侵蚀模数背景值	建设期		项目建设新增水土流失指标	水土保持方案效益指标
			未采取措施	采取措施后				未采取措施	采取措施后		
(1)	(2)	(3)	(4)	(5)	(6)	(7)	(8)	(9)	(10)	(11)	(12)
公路工程	高等级公路	0	438 840	146 280	438 840	292 560	0	333 270	111 090	333 270	222 180
	普通公路	0	480 240	160 080	480 240	320 160	0	364 320	121 440	364 320	242 880
	乡村公路	0	240 120	80 040	240 120	160 080	0	182 160	60 720	182 160	121 440
铁路工程	单线	0	383 640	127 880	383 640	255 760	0	328 440	109 480	328 440	218 960
	复线(改扩建)	0	357 420	119 140	357 420	238 280	0	314 640	104 880	314 640	209 760
管线工程	供水	0	22 080	7 360	22 080	14 720	0	20 010	6 670	20 010	13 340
	输油	0	24 840	8 280	24 840	16 560	0	22 356	7 452	22 356	14 904
	输气	0	24 840	8 280	24 840	16 560	0	22 356	7 452	22 356	14 904
	通信光缆	0	12 420	4 140	12 420	8 280	0	11 178	3 726	11 178	7 452
渠道和堤防工程	渠道	0	342 240	114 080	342 240	228 160	0	226 320	75 440	226 320	150 880
	堤防	0	273 240	91 080	273 240	182 160	0	151 800	50 600	151 800	101 200
	航道改造										
输变电工程	kV	0	13 662	4 554	13 662	9 108	0	12 420	4 140	12 420	8 280
火电(风电、核电)工程	火电	0	241 500	80 500	241 500	161 000	0	204 240	68 080	204 240	136 160
	风电										
	核电										
井采矿工程	煤矿(铁、铜等金属矿)	0	57 960	19 320	57 960	38 640	0	49 680	16 560	49 680	33 120
露天矿工程	煤矿(铁、铜等金属矿)	0	198 720	66 240	198 720	132 480	0	173 880	57 960	173 880	115 920
水利水电工程	水库、水电站	0	24 840	8 280	24 840	16 560	0	22 770	7 590	22 770	15 180
	码头										
	抽水蓄能电站										
城镇建设工程	城镇改扩建、开发区、房地产	0	82 800	27 600	82 800	55 200	0	74 520	24 840	74 520	49 680
	采石、采砂、取土	0	82 800	27 600	82 800	55 200	0	74 520	24 840	74 520	49 680
农林开发工程	定向用材林开发										
	规模化农林开发	0	0	0	0	0	0	0	0	0	0
金属冶炼和化工工程	金属冶炼	0	331 200	110 400	331 200	220 800	0	296 700	98 900	296 700	197 800
	化工工程	0	82 800	27 600	82 800	55 200	0	74 520	24 840	74 520	49 680

续附表 6-7-2

项目类型	项目等级（规模）	风沙区					平原区				
		侵蚀模数背景值	建设期		项目建设新增水土流失指标	水土保持方案效益指标	侵蚀模数背景值	建设期		项目建设新增水土流失指标	水土保持方案效益指标
			未采取措施	采取措施后				未采取措施	采取措施后		
（1）	（2）	（13）	（14）	（15）	（16）	（17）	（18）	（19）	（20）	（21）	（22）
公路工程	高等级公路	0	0	0	0	0	0	0	0	0	0
	普通公路	0	0	0	0	0	0	0	0	0	0
	乡村公路	0	0	0	0	0	0	0	0	0	0
铁路工程	单线	0	0	0	0	0	0	0	0	0	0
	复线（改扩建）	0	0	0	0	0	0	0	0	0	0
管线工程	供水	0	0	0	0	0	0	0	0	0	0
	输油	0	0	0	0	0	0	0	0	0	0
	输气	0	0	0	0	0	0	0	0	0	0
	通信光缆	0	0	0	0	0	0	0	0	0	0
渠道和堤防工程	渠道	0	0	0	0	0	0	0	0	0	0
	堤防	0	0	0	0	0	0	0	0	0	0
	航道改造										
输变电工程	kV	0	0	0	0	0	0	0	0	0	0
火电（风电、核电）工程	火电	0	0	0	0	0	0	0	0	0	0
	风电										
	核电										
井采矿工程	煤矿（铁、铜等金属矿）	0	0	0	0	0	0	0	0	0	0
露天矿工程	煤矿（铁、铜等金属矿）	0	0	0	0	0	0	0	0	0	0
水利水电工程	水库、水电站	0	0	0	0	0					
	码头										
	抽水蓄能电站										
城镇建设工程	城镇改扩建、开发区、房地产	0	0	0	0	0	0	0	0	0	0
	采石、采砂、取土	0	0	0	0	0	0	0	0	0	0
农林开发工程	定向用材林开发										
	规模化农林开发	0	0	0	0	0	0	0	0	0	0
金属冶炼和化工工程	金属冶炼	0	0	0	0	0	0	0	0	0	0
	化工工程	0	0	0	0	0	0	0	0	0	0

附表 6-8-1　**黄河中游地区开发建设项目水土流失综合估算定额**　（单位：t/（km^2·a））

项目类型	项目等级（规模）	山区					丘陵区				
		侵蚀模数背景值	建设期		项目建设新增水土流失指标	水土保持方案效益指标	侵蚀模数背景值	建设期		项目建设新增水土流失指标	水土保持方案效益指标
			未采取措施	采取措施后				未采取措施	采取措施后		
（1）	（2）	（3）	（4）	（5）	（6）	（7）	（8）	（9）	（10）	（11）	（12）
公路工程	高等级公路	1 210	735 272	245 736	734 062	489 536	8 500	582 650	198 750	574 150	383 900
	普通公路	1 210	804 272	268 581	803 062	535 691	11 100	642 720	218 739	631 620	423 981
	乡村公路	1 100	403 720	134 667	402 620	269 053	8 000	329 200	110 416	321 200	218 784
铁路工程	单线	1 030	872 696	291 250	871 666	581 446	13 275	704 880	239 491	691 605	465 389
	复线（改扩建）	1 500	587 850	196 510	586 350	391 340	16 000	575 600	197 840	559 600	377 760
管线工程	供水	1 260	59 232	20 335	57 972	38 897	15 000	99 060	40 060	84 060	59 000
	输油	1 080	44 856	15 390	43 776	29 466	13 000	78 860	31 556	65 860	47 304
	输气	1 060	44 792	15 360	43 732	29 432	5 000	53 260	19 780	48 260	33 480
	通信光缆	815	23 308	8 100	22 493	15 208	16 873	72 624	31 047	55 751	41 577
渠道和堤防工程	渠道	1 050	803 760	268 346	802 710	535 414	13 000	648 800	221 536	635 800	427 264
	堤防	1 220	804 304	268 752	803 084	535 552	13 500	112 200	44 600	98 700	67 600
	航道改造										
输变电工程	kV	1 250	26 770	9 190	25 520	17 580	11 981	59 039	22 236	47 058	36 804
火电（风电、核电）工程	火电	1 580	522 556	175 432	520 976	347 124	11 200	491 240	172 587	480 040	318 653
	风电										
	核电										
井采矿工程	煤矿（铁、铜等金属矿）	1 180	100 376	35 221	99 196	65 155	1 317	87 014	30 972	85 697	56 043
露天矿工程	煤矿（铁、铜等金属矿）	1 270	335 264	113 448	333 994	221 816	12 984	331 349	127 762	318 365	203 587
水利水电工程	水库、水电站	1 320	45 624	16 672	44 304	28 952	13 112	79 908	41 182	66 796	38 727
	码头										
	抽水蓄能电站										
城镇建设工程	城镇改扩建、开发区、房地产	1 100	141 520	48 640	140 420	92 880	8 000	149 800	58 040	141 800	91 760
	采石、采砂、取土	1 200	210 840	70 766	209 640	140 074	11 000	221 500	78 292	210 500	143 208
农林开发工程	定向用材林开发										
	规模化农林开发	600	1 920	960	1 320	960	10 000	32 000	16 000	22 000	16 000
金属冶炼和化工工程	金属冶炼	140	552 448	184 314	552 308	368 134	16 000	548 000	204 000	532 000	344 000
	化工工程	1 010	141 232	48 424	140 222	92 808	13 769	168 261	74 886	154 492	93 375

续附表 6-8-1

项目类型	项目等级（规模）	风沙区					平原区				
		侵蚀模数背景值	建设期		项目建设新增水土流失指标	水土保持方案效益指标	侵蚀模数背景值	建设期		项目建设新增水土流失指标	水土保持方案效益指标
			未采取措施	采取措施后				未采取措施	采取措施后		
（1）	（2）	（13）	（14）	（15）	（16）	（17）	（18）	（19）	（20）	（21）	（22）
公路工程	高等级公路	3 200	10 240	4 096	7 040	6 144	1 500	4 800	2 640	3 300	2 160
	普通公路	3 500	11 200	3 360	7 700	7 840	1 300	4 160	2 080	2 860	2 080
	乡村公路	2 837	9 078	1 816	6 241	7 263	1 400	4 480	1 792	3 080	2 688
铁路工程	单线	2 800	8 960	3 584	6 160	5 376	1 250	4 000	2 000	2 750	2 000
	复线（改扩建）	3 000	9 600	3 840	6 600	5 760	8 960	28 672	14 336	19 712	14 336
管线工程	供水	3 800	12 160	4 864	8 360	7 296	750	2 400	1 200	1 650	1 200
	输油	9 600	30 720	11 674	21 120	19 046	800	2 560	1 229	1 760	1 331
	输气	3 600	11 520	4 378	7 920	7 142	760	2 432	1 167	1 672	1 265
	通信光缆	3 302	10 566	4 015	7 264	6 551	800	2 560	1 229	1 760	1 331
渠道和堤防工程	渠道	2 600	8 320	3 162	5 720	5 158	1 250	4 000	1 920	2 750	2 080
	堤防	3 200	10 240	3 891	7 040	6 349	720	2 304	1 152	1 584	1 152
	航道改造										
输变电工程	kV	2 722	8 710	2 613	5 988	6 097	1 074	3 437	1 581	2 363	1 856
火电（风电、核电）工程	火电	3 114	9 965	3 986	6 851	5 979	1 300	4 160	2 579	2 860	1 581
	风电										
	核电										
井采矿工程	煤矿（铁、铜等金属矿）	3 551	11 363	5 682	7 812	5 682	1 250	4 000	3 200	2 750	800
露天矿工程	煤矿（铁、铜等金属矿）	3 779	12 093	5 563	8 314	6 530	1 693	5 418	4 063	3 725	1 354
水利水电工程	水库、水电站	4 000	12 800	5 888	8 800	6 912					
	码头										
	抽水蓄能电站										
城镇建设工程	城镇改扩建、开发区、房地产	3 105	9 936	5 465	6 831	4 471	1 220	3 904	3 123	2 684	781
	采石、采砂、取土	3 105	9 936	1 987	6 831	7 949	1 000	3 200	1 472	2 200	1 728
农林开发工程	定向用材林开发										
	规模化农林开发	3 100	9 920	3 472	6 820	6 448	1 130	3 616	1 989	2 486	1 627
金属冶炼和化工工程	金属冶炼	3 200	10 240	4 608	7 040	5 632	1 500	4 800	3 840	3 300	960
	化工工程	1 253	4 010	1 604	2 757	2 406	1 500	4 800	3 840	3 300	960

附表 6-8-2 西北其他区域(黄河中游地区以外)开发建设项目水土流失综合估算定额

(单位:t/(km² · a))

项目类型	项目等级(规模)	山区					丘陵区				
		侵蚀模数背景值	建设期		项目建设新增水土流失指标	水土保持方案效益指标	侵蚀模数背景值	建设期		项目建设新增水土流失指标	水土保持方案效益指标
			未采取措施	采取措施后				未采取措施	采取措施后		
(1)	(2)	(3)	(4)	(5)	(6)	(7)	(8)	(9)	(10)	(11)	(12)
公路工程	高等级公路	2 650	447 320	150 520	444 670	296 800	7 500	357 270	123 090	349 770	234 180
	普通公路	2 925	489 600	164 386	486 675	325 214	6 100	383 840	130 419	377 740	253 421
	乡村公路	2 700	248 760	83 150	246 060	165 610	5 000	198 160	66 480	193 160	131 680
铁路工程	单线	2 030	390 136	130 738	388 106	259 398	8 275	354 920	121 131	346 645	233 789
	复线(改扩建)	1 600	362 540	121 444	360 940	241 096	11 000	349 840	120 720	338 840	229 120
管线工程	供水	1 560	27 072	9 756	25 512	17 316	9 000	48 810	20 494	39 810	28 316
	输油	2 080	31 496	11 342	29 416	20 154	7 000	44 756	17 756	37 756	27 000
	输气	2 560	33 032	12 048	30 472	20 984	3 000	31 956	11 868	28 956	20 088
	通信光缆	2 615	20 788	7 989	18 173	12 799	10 873	45 972	19 731	35 099	26 241
渠道和堤防工程	渠道	2 510	350 272	117 775	347 762	232 497	7 000	248 720	85 744	241 720	162 976
	堤防	2 620	281 624	95 272	279 004	186 352	8 500	179 000	64 200	170 500	114 800
	航道改造										
输变电工程	kV	2 250	20 862	7 434	18 612	13 428	6 981	34 759	13 076	27 778	21 684
火电(风电、核电)工程	火电	2 280	248 796	84 732	246 516	164 064	6 200	224 080	79 587	217 880	144 493
	风电										
	核电										
井采矿工程	煤矿(铁、铜等金属矿)	3 180	68 136	27 461	64 956	40 675	8 917	78 214	39 388	69 297	38 827
露天矿工程	煤矿(铁、铜等金属矿)	2 270	205 984	71 688	203 714	134 296	6 984	196 229	74 722	189 245	121 507
水利水电工程	水库、水电站	2 320	32 264	13 328	29 944	18 936	7 112	45 528	23 066	38 416	22 463
	码头										
	抽水蓄能电站										
城镇建设工程	城镇改扩建、开发区、房地产	2 500	90 800	33 600	88 300	57 200	3 000	84 120	31 080	81 120	53 040
	采石、采砂、取土	2 500	90 800	31 280	88 300	59 520	3 000	84 120	29 256	81 120	54 864
农林开发工程	定向用材林开发										
	规模化农林开发	400	1 280	640	880	640	6 000	19 200	9 600	13 200	9 600
金属冶炼和化工工程	金属冶炼	2 460	339 072	115 910	336 612	223 162	6 500	317 500	114 500	311 000	203 000
	化工工程	2 410	90 512	33 384	88 102	57 128	7 769	99 381	43 734	91 612	55 647

续附表 6-8-2

项目类型	项目等级（规模）	风沙区					平原区				
		侵蚀模数背景值	建设期		项目建设新增水土流失指标	水土保持方案效益指标	侵蚀模数背景值	建设期		项目建设新增水土流失指标	水土保持方案效益指标
			未采取措施	采取措施后				未采取措施	采取措施后		
（1）	（2）	（13）	（14）	（15）	（16）	（17）	（18）	（19）	（20）	（21）	（22）
公路工程	高等级公路	6 800	21 760	8 704	14 960	13 056	2 500	8 000	4 400	5 500	3 600
	普通公路	6 500	20 800	6 240	14 300	14 560	2 300	7 360	3 680	5 060	3 680
	乡村公路	5 837	18 678	3 736	12 841	14 943	720	2 304	922	1 584	1 382
铁路工程	单线	5 800	18 560	7 424	12 760	11 136	2 250	7 200	3 600	4 950	3 600
	复线（改扩建）	3 800	12 160	4 864	8 360	7 296	5 800	18 560	9 280	12 760	9 280
管线工程	供水	4 600	14 720	5 888	10 120	8 832	960	3 072	1 536	2 112	1 536
	输油	6 000	19 200	7 296	13 200	11 904	1 800	5 760	2 765	3 960	2 995
	输气	6 600	21 120	8 026	14 520	13 094	820	2 624	1 260	1 804	1 364
	通信光缆	6 302	20 166	7 663	13 864	12 503	1 020	3 264	1 567	2 244	1 697
渠道和堤防工程	渠道	4 200	13 440	5 107	9 240	8 333	1 800	5 760	2 765	3 960	2 995
	堤防	3 600	11 520	4 378	7 920	7 142	920	2 944	1 472	2 024	1 472
	航道改造										
输变电工程	kV	5 722	18 310	5 493	12 588	12 817	2 074	6 637	3 053	4 563	3 584
火电（风电、核电）工程	火电	6 114	19 565	7 826	13 451	11 739	2 300	7 360	4 563	5 060	2 797
	风电										
	核电										
井采矿工程	煤矿（铁、铜等金属矿）	6 551	20 963	10 482	14 412	10 482	2 250	7 200	5 760	4 950	1 440
露天矿工程	煤矿（铁、铜等金属矿）	6 779	21 693	9 979	14 914	11 714	2 695	8 624	6 468	5 929	2 156
水利水电工程	水库、水电站	7 000	22 400	10 304	15 400	12 096					
	码头										
	抽水蓄能电站										
城镇建设工程	城镇改扩建、开发区、房地产	6 105	19 536	10 745	13 431	8 791	2 220	7 104	5 683	4 884	1 421
	采石、采砂、取土	6 105	19 536	3 907	13 431	15 629	2 220	7 104	3 268	4 884	3 836
农林开发工程	定向用材林开发										
	规模化农林开发	4 100	13 120	4 592	9 020	8 528	2 250	7 200	3 960	4 950	3 240
金属冶炼和化工工程	金属冶炼	4 200	13 440	6 048	9 240	7 392	2 500	8 000	6 400	5 500	1 600
	化工工程	4 253	13 610	5 444	9 357	8 166	2 500	8 000	6 400	5 500	1 600

第七章　开发建设项目集中区域水土流失估算实例

——以乌兰木伦河流域为例

区域开发建设项目水土流失量的分析，目前尚没有成熟的研究成果和方法可供借鉴。本章介绍“黄河中游地区开发建设项目新增水土流失预测研究”课题在研究乌兰木伦河流域新增水土流失量时所采用的两种方法，第一种方法是实测资料分析法，它是利用实测流域水文资料、河道淤积测量资料和实地调查的水保水利措施资料，从水土流失成因的角度来分析流域因开发建设而新增的土壤侵蚀量；另一种方法是数学模型法，它是利用新增水土流失试验建立起来的数学模型，根据流域内开发建设项目调查资料，从新增水土流失成因的角度来分析开发建设产生的新增流失量。

乌兰木伦河流域是窟野河的一级支流，流域面积 3 839 km^2，涉及的伊旗、准旗、东胜、神木等县(旗)，地处黄河中游的多沙粗沙区、晋陕蒙接壤区“黑三角”的中心地区，是国家重要的能源化工基地，矿区面积占流域面积的60%以上，已探明神府东胜矿区煤炭储量2 312亿t，占全国煤炭储量的25%～30%。20 世纪 80 年代后期，随着国家能源战略的西移，在国家修路、地方办矿，国家、集体、个人一齐上的政策感召下，这一地区的生态环境遭到破坏，出现了新的环境危机。自 1986 年开始对该煤田进行开发，到 1998 年共开发面积 2 756 km^2，主要分布于乌兰木伦河的干支流两侧，有开发建设项目 208 个。由于开发建设使大面积的地表、植被遭到破坏，产生大量弃渣，造成严重的水土流失。

本项研究分析了乌兰木伦河流域 1986～1998 年神府东胜煤田大规模开发建设期间的新增水土流失量。

第一节　水文资料收集与分析

一、降水

根据乌兰木伦河流域 1959～1998 年的资料分析，各时段降雨情况见表 7-1。由表可知，从 20 世纪 50 年代到 90 年代，年降水量呈减少趋势。以开发建设前后来划分，1986 年前年均降水量 364.1 mm，1986 年后降水量为 325.0 mm，减少 39.1 mm，减少比例为 10.7%；1986 年后年均有效降水量比 1986 年前的 203.9 mm 减少 29.2 mm，减少比例为 12.5%。

二、径流

径流是泥沙的载体，是土壤侵蚀的主要动力。乌兰木伦河流域在 1959～1998 年期间年均径流量 20 940 万 m^3，与降雨变化趋势一样，从 20 世纪 60 年代到 90 年代径流量也有逐渐减少的趋势。从洪水径流量占各年代的比例来看，各年代相差不大，最大为 43.7%，最小为

38.1%,见表7-2。从区域开发建设前后来比较,1986~1998年间的年均径流量较1959~1985年平均值23 530万m^3减少36.6%,年洪水径流量较1959~1985年平均值9 930万m^3减少40.4%。

表7-1 乌兰木伦河降雨特性

控制站	时段	年降水量(mm)	有效降水量		汛期降水量	
			均值(mm)	占年值(%)	均值(mm)	占年值(%)
王道恒塔	1959~1969	395	249	63.0	300	75.9
	1970~1979	347	241	69.5	288	83.0
	1980~1989	343	199	58.0	256	74.6
	1990~1998	316.1	203.4	64.3	260.7	82.4
	1959~1985	364.1	233.1	64.0	285.0	78.3
	1986~1998	325.0	203.9	62.7	258.4	79.5
	1959~1998	352	224.3	63.7	277	78.7

表7-2 乌兰木伦河径流特征

控制站	时段	年均径流量(万m^3)	洪水径流量	
			均值(万m^3)	占年值(%)
王道恒塔	1959~1969	25 400	11 010	43.3
	1970~1979	24 160	10 560	43.7
	1980~1989	18 700	7 127	38.1
	1990~1998	14 490	5 680	39.2
	1959~1985	23 530	9 930	42.2
	1986~1998	14 910	5 923	39.7
	1959~1998	20 940	8 728	41.7

三、泥沙

(一)输沙量

乌兰木伦河流域泥沙特征见表7-3。由表可以看出,该流域20世纪70年代年均产沙量为3 408万t,50、60年代的年均输沙量3 307万t,70年代较50、60年代增加了3.1%,较80、90年代分别减少41.0%、41.4%。开发建设前(1959~1985年)年均输沙量为3 025万t,开发建设后(1986~1998年)为1 795万t,减少40.7%。该流域的泥沙还有一个显著特点,就是洪水输沙占年输沙量的96%以上,最高可达98.5%。

表 7-3　乌兰木伦河泥沙特征

控制站	时段	年输沙量（万 t）	洪水输沙量	
			均值(万 t)	占年值(%)
王道恒塔	1959 ~ 1969	3 307	3 229	97.6
	1970 ~ 1979	3 408	3 339	98.0
	1980 ~ 1989	1 950	1 887	96.8
	1990 ~ 1998	1 938	1 912	98.7
	1959 ~ 1985	3 025	2 951	97.6
	1986 ~ 1998	1 795	1 768	98.5
	1959 ~ 1998	2 656	2 596	97.7

(二)含沙量

洪水含沙量的高低可以反映流域的水沙状况,表 7-4 为王道恒塔站历年次洪水输沙量大于 500 万 t 的洪水径流量、输沙量和含沙量。在 1959 ~ 1998 年间,次洪水输沙量大于 500 万 t 的洪水共有 37 次,其中开发建设前为 28 次,开发建设后为 9 次;尽管开发建设前降水量和径流量较大,洪水输沙量也大,但开发建设后的洪水含沙量更大,由 474 kg/m^3 增加到 508 kg/m^3。

表 7-4　王道恒塔次洪水输沙量大于 500 万 t 统计

洪水编号	洪水径流量(万 m^3)	洪水输沙量(万 t)	含沙量(kg/m^3)
590718	1 805	938	520
590726	2 523	931	369
590803	13 065	4 543	348
610721	7 423	3 846	518
610728	10 137	4 433	437
610819	4 080	1 903	466
670805	3 090	572	185
670825	3 276	1 925	588
680821	1 924	1 420	738
690815	1 845	486	263
700731	2 004	773	386
700807	2 292	1 955	853
710722	5 886	2 006	341
720718	2 992	2 491	833
730716	1 079	569	527
750810	1 471	1 051	715
760726	3 310	1 662	502

续表 7-4

洪水编号	洪水径流量(万 m^3)	洪水输沙量(万 t)	含沙量(kg/m^3)
760731	12 844	9 896	770
770731	3 047	623	204
780806	2 589	551	213
780830	6 998	4 694	671
790806	11 856	2 426	205
810630	1 270	545	429
840509	771	643	834
840729	4 272	2 307	540
850707	1 121	723	645
850804	7 152	5 702	797
850822	7 932	1 037	131
1959～1986 年平均	4 573	2 166	474
880712	1 566	1 066	681
890721	3 881	2 936	757
900721	1 454	791	544
910719	3 462	900	260
920805	6 610	4 132	625
940721	4 222	2 191	519
940801	7 223	2 692	373
960712	2 405	1 035	430
960807	5 551	2 725	491
1987～1998 年平均	4 042	2 052	508

(三)泥沙颗粒

我们选取 1980～1998 年资料(1979 年前的泥沙颗粒级配需进行改正)进行分析,对开矿前(1980～1986 年)和开矿后(1987～1998 年)两个时段进行对比,河流泥沙颗粒资料的统计分析成果见表 7-5 和图 7-1。由图和表可以看出,乌木伦河流域开矿后泥沙平均粒径 d_{cp}和中数粒径 d_{50}均变粗,分别增大 25.45% 和 33.71%。

表 7-5　王道恒塔站开矿前后泥沙组成变化情况

统计系列	d_{50}		d_{cp}	
	均值(mm)	增加(%)	均值(mm)	增加(%)
1980～1986 年	0.061 7	33.71	0.110	25.45
1987～1998 年	0.082 5		0.138	

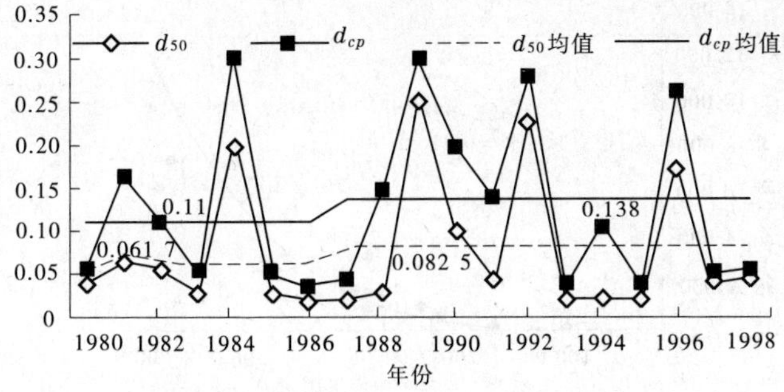

图 7-1　王道恒塔站泥沙粒径组成变化

四、河流产输沙规律分析

（一）洪水输沙规律

径流是泥沙输移的源动力和载体，如前所述，乌兰木伦河洪水输沙量占到年输沙量的96%以上，最高可达98.5%，这是该流域洪沙的显著特点，也就是说该流域的洪水泥沙关系比较紧密。利用1959～1970期间的洪水径流量和洪水输沙量建立如下经验关系（见图7-2）：

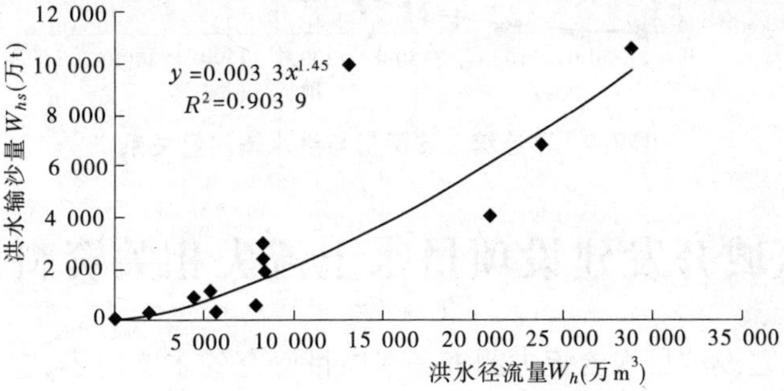

图 7-2　王道恒塔以上洪水水沙关系

王道恒塔　　$$W_{hs} = 0.0033W_h^{1.45} \tag{7-1}$$

式中　W_{hs}——年洪水输沙量，万 t；

W_h——年洪水径流量，万 m^3。

上述经验公式是未治理状态下的，相关系数为 $R=0.951$，可见其精度是比较高的。

（二）降雨产沙规律

利用70年前还原的洪水输沙资料和降雨指标，建立汛雨量和最大7日雨量与洪水输沙量的关系，见图7-3、图7-4，最终建立如下降雨产沙关系：

王道恒塔　　$$W_{hs} = 0.0000002P_x^{4.0527} \tag{7-2}$$

王道恒塔　　$$W_{hs} = 0.0017P_7^{2.6463} \tag{7-3}$$

上述二式的相关系数分别达到0.957和0.964。

式中　W_{hs}——汛期输沙量，万 t；

P_x——汛期雨量，mm；

P_7——最大7日雨量，mm。

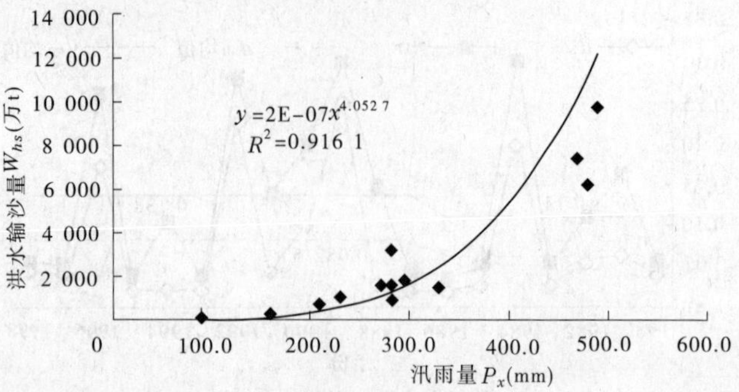

图 7-3　汛雨量与洪水输沙量关系

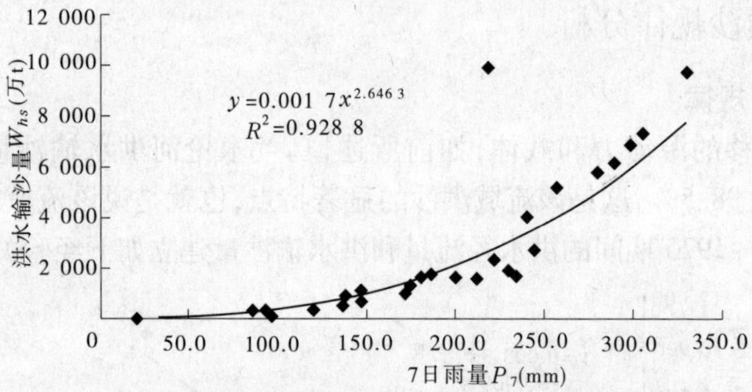

图 7-4　不连续 7 日雨量与洪水输沙量关系

第二节　区域开发建设项目水土流失相关资料调查与分析

典型区域开发建设项目水土流失调查是本项目研究的主要内容,它是研究乌兰木伦河流域开发建设项目新增水土流失量的基础工作。调查的时间跨度与研究时段(1986～1998年)一致。

根据分析计算开发建设项目新增水土流失量的需要,对各个开发建设项目的弃土弃渣量和人为扰动地面面积在时程上的分布及有关技术指标进行了调查。

一、调查范围

因乌兰木伦河流域大规模的开发建设是从 1986 开始的,所以调查范围为 1986～1998 年开工建设的各类开发建设项目。主要包括煤炭开发、铁路项目、公路项目、城市与小区建设、农村基建等类型。

(1)煤炭开发项目将煤炭生产项目按生产规模分为 1 万～5 万 t、5 万～10 万 t、10 万～30 万 t 和大型矿(应该用数值)4 个级别进行了调查。

(2)铁路项目把流域内所有的路段分项目进行逐段调查。

(3)公路项目包括流域范围内在 1986～1998 年间新建、改建、扩建的等级公路和乡村土路,包括大中型企业的专用道路。

(4)城市与小区建设主要调查了大柳塔、上湾两个小区及东胜市和伊旗两座城市(镇)。

(5)农村基建调查了乌兰木伦河全流域除上述 4 个城市(镇)外的农村地区,在 1986～

1998 年间因新建住宅(包括入户道路)而产生的弃土弃渣及扰动地面数量。

(6)其他项目包括建材企业、矿区生活及后勤保障等部门在建设过程中的弃土弃渣和扰动地面情况。

二、调查内容

(1)各种技术经济指标、设计弃土弃渣量和扰动面积及其在时程上的分布、位置、弃土弃渣的处置方式。

(2)实际的生产规模、弃土弃渣量及其堆放位置、形态(几何尺寸)、粒径组成、弃土弃渣堆下原生地面的地面坡度和地表物质组成。

(3)扰动地面的分布、数量、地表物质组成及其坡度。

(4)弃土弃渣堆和扰动地面上游来水面积。

(5)弃土弃渣直接弃入河(沟)道中的量。

三、调查方法

根据调查研究深度的要求,结合实际情况,调查工作采用了全面调查与典型调查相结合、查阅资料与实地调查相结合,考虑行政区和项目类型,使调查成果最大限度地满足研究的要求。

全面调查的对象是政府相关的管理部门,典型调查的对象是建设单位及建设项目。

(1)煤炭项目调查。大中型(年产 10 万 t 以上)煤炭项目逐项调查。以建设单位的总体设计资料为主要依据,同时进行实地调查。小型项目通过到当地县级行政管理部门了解情况,在此基础上,按 25% 抽样比例进行调查,利用抽样调查和典型调查的成果,推求小型矿的弃土弃渣和扰动地面数量。

(2)铁路项目调查。在查阅设计资料的基础上,对境内 3 条铁路分别在位于黄丘区和盖沙区内的 3 段各 10 km 路段做了典型调查,对 7 座火车站逐站进行了实地调查。

(3)公路项目调查。在地方交通主管部门和建设单位调查了国道、省道及县乡公路和乡村公路,并实地调查了 5 段各 1 km 的典型路段。

(4)城市与小区建设调查。结合地方建设主管部门提供的资料和各个小区与城市(镇)的市政建设规划图及现状图,进行了实地调查。

(5)农村基建调查。全流域农村居民户数、人口情况,通过各县(旗、区)的民政部门,确定农村平均每户或每人修建住宅的规模及相应的弃土弃渣和扰动地面数量等指标,并在流域内选择两个典型村进行实地调查,对各项指标值进行校正。

(6)其他项目调查。其他项目包括选装煤项目、煤焦化项目、发电及输变电项目、建材项目等开发建设配套项目和供水、卫生等生活及后勤保障项目等。这些项目都在实地进行逐一调查,同时对 3 个砖场和 1 个采石场进行了典型调查。

(7)弃土弃渣直接进入河(沟)道量的调查。采用 1994 年矿区清障前后的检查、验收资料及其他单位的调查成果,并对乌兰木伦河的一级支沟忽鸡图沟进行了详细调查。

四、调查结果

在对 208 个建设项目普查的基础上,选择了有代表性的 15 个建设项目进行典型调查,调查点基本情况及调查结果见表7-6。这些指标将为开发建设项目新增水土流失量计算中有关指标的确定提供依据。

根据对乌兰木伦河流域内1986～1998年间开工建设的208个项目的调查,13年间开发建设项目共弃土弃渣13 681.53万t,其中,直接弃入河道的达3 407万t,堆弃在开发建设项目附近5 708.07万m^3;扰动地面面积5 373.69万m^2。调查成果汇总见表7-7。

表7-6　乌兰木伦河流域开发建设项目典型调查基本情况

序号	项目			调查区段		扰动地面						
	类型	名称	规模	地貌类型	范围	形态 挖损	地表扰动类型 土壤	植被	面积(hm^2)	平均坡度(°)	上游来洪面积(hm^2)	扰动时间
1		大石二级油路	22 km	丘陵	1 km	挖损	沙壤土	荒草	3.5	10	0.35	1987
2		大柳塔至三不拉村土路	10 km	盖沙丘陵	10 km	挖损	沙壤土	人工灌木	15.1	8	0	1988
3	公路	大柳塔至中鸡油路	9 km	黄丘	1 km	挖损	黄土	荒地	1.922	0	0.4	2001
4		大柳塔至中鸡油路	16 km	盖沙	1 km	挖损	沙	沙蒿	2.34	3	0.6	2001
5		西召乡村土路		砾质丘陵	1 km	半挖	黄土、砾石	荒草	0.8	0～5	5.2	1996
6	铁路	包神路 k157－k158	70.3 km	丘陵	1 km	挖损	沙壤	耕地	5	10	0.5	1986～1989
7		包神路 k169－k170＋250	70.3 km	丘陵	1.25 km	挖损	沙壤	耕地	5	5	0.6	1986～1989
8	火车站	瓷窑湾		丘陵	1座	挖损	沙土、石	荒草	0.1	7	0	1987
9		后补连露天矿	30万t/a	盖沙	1座	挖损	沙壤土	草地	7.33	6	200	1988～1992
10	煤矿	上湾井矿	300万t/a	盖沙	1座	挖损	沙壤土	耕地	31.87	8	1 000	1987～1998
11		瓷窑湾井矿	15万t/a	盖沙	1座	挖损	沙壤土	荒地	56	5	300	1986～1996
12		武家塔井矿	6万t/a	盖沙	1座	挖损	沙壤土	水地	1.27	2	0	1988～1989
13		王哲平采石场	0.51万m^3/a	丘陵	1座	挖损	沙壤土	荒草	5	10	2.5	1987
14	建材	油坊梁采石场	2.1万m^3/a	土石山	1座	挖损	石		30	8	1	1994
15		王渠砖场	200万块/a	黄丘	1座	挖损	黄土	荒地	3.45	8	2.5	1987

续表 7-6

序号	项目		弃土弃渣							
	类型	名称	体积（万 m^3）	侵蚀面积（hm^2）	物料组成	坡度（°）	原生地面坡度（°）	堆放位置	堆弃时间	上游来洪面积（hm^2）
1	公路	大石二级油路	2.5	1.6	土石混合	30		岸坡	1987	0.35
2		大柳塔至三不拉村土路	3.2	0.1	沙壤土	45		岸坡	1988	0
3		大柳塔至中鸡油路	0.012	0.026	黄土	平堆		路边	2001	0
4		大柳塔至中鸡油路	0.84	0.42	沙	5		路边	2001	0
5		西召乡村土路	边坡利用	0.06	土、砾	40		边坡利用	1996	0.26
6	铁路	包神路 k157－k158	3.7	0.2	土石混合	28		河岸边	1986～1989	0.5
7		包神路 k169－k170＋250	8	0.65	石	30		河岸边	1986～1989	0.6
8	火车站	瓷窑湾	0						1987	
9	煤矿	后补连露天矿	598	18.3	土石混合	40		一级阶地	1988～1992	0
10		上湾井矿	75.3	6.5	土石混合	36		沟、坡	1987～1998	100
11		瓷窑湾井矿	60	3.5	土、砂	35		岸坡	1986～1996	300
12		武家塔井矿	0.2	0.9	土、砂	35		依河	1988～1989	0
13	建材	王哲平采石场	6.5	3.25	石	45		依坡	1987	2.5
14		油坊梁采石场	0.5	0.33	石	30		原坡面	1994	1
15		王渠砖场	20	1.15	土、弃砖	45	15	王渠岸坡	1987	10

(1)乌兰木伦河流域在 1986～1998 年间，共新建煤矿 111 座，其中，1 万～5 万 t 的有 45 个，5 万～10 万 t 的有 45 个，10 万～30 万 t 的有 10 个，神东公司的大型矿有 11 个，这些煤矿共产生弃土弃渣 5 637.8 万 m^3，占总弃土弃渣量的 74.18%，总共扰动地面 702.38 hm^2。弃土弃渣堆放在开发建设项目区附近的为 3 745.21 万 m^3，直接弃入河道的为 1 893 万 m^3。

(2)在 1986～1998 年间，乌兰木伦河流域内兴建了 1 条过境铁路，2 条进矿铁路，7 座火车站，总里程 107.3 km；兴建了 26 条等级公路，总里程 239.02 km；土路 31 条，总里程 299.97 km。这些项目共产生弃土弃渣 1 949.72 万 m^3，占弃土弃渣总量的 25.65%，总共扰动地面 1 995.44 hm^2。其中，铁路项目弃土弃渣 748.93 万 m^3，扰动地面 744.05 hm^2，每千米弃土弃渣 6.98 万 m^3，扰动地面 6.93 hm^2；等级公路项目弃土弃渣 981.94 万 m^3，扰动地面 831.43 万 hm^2，每千米弃土弃渣 4.11 万 m^3，扰动地面 3.48 hm^2；土路项目弃土弃渣 218.85 万 m^3，扰动地面 419.96 hm^2，每千米弃土弃渣 0.73 万 m^3，扰动地面 1.4 hm^2。火车站建设过程中的弃方和填方大体相等，即不产生弃土弃渣，每座火车站的平均扰动地面面积为 10 hm^2，地面坡度为 7°。

表 7-7　乌兰木伦河流域开发建设项目调查汇总

侵蚀类型	序号	项目名称	项目数	规模	弃土弃渣量（万 t）	扰动面积（hm^2）
(1)	(2)	(3)	(4)	(5)	(6)	(7)
原地堆弃、扰动	1	煤矿:1 万～5 万 t	45	100 万 t/a	60.98	24.75
	2	煤矿:5 万～10 万 t	45	311 万 t/a	265.79	43.65
	3	煤矿:10 万～30 万 t	10	275 万 t/a	567.29	19.24
	4	神东公司大型矿	11	2 190 万 t/a	5 847.32	634.43
	5	铁路	3	107.3 km	1 348.07	674.05
	6	火车站	7		0	70
	7	等级公路	11	207 km	1 552.19	786.6
	8	土路	24	281 km	368.68	393.4
	9	进矿等级公路	15	30.02 km	215.30	44.83
	10	进矿土路	7	18.97 km	25.25	26.56
	11	后勤保障项目	10		0	92.34
	12	砖厂	4	3 800 万块/a	9.58	22.33
	13	采石场	8	10.63 万 m^3/a	10.39	3.16
	14	水泥预制厂	2		2.18	0.681
	15	焦化厂	2		1.51	0.47
	16	市镇建设	4	20.9 km	0	2 090
	17	农村修建		35.88 hm^2/a	0	466.44
	合计		208		10 274.5	5 392.931
弃渣入河	1	煤碳生产系统 1986 年初～1993 年底(8 年)			3 086.33	
	2	煤碳生产系统 1994 年初～1998 年底(5 年)			320.67	
	合计	煤碳生产系统 1986 年初～1998 年底(13 年)			3 407	
总计			208		13 681.53	5 392.931

(3)流域所涉及的 4 座城镇(市),在开发建设中挖方和填方基本持平,扰动地面总面积为2 090 hm^2,扰动地面平均坡度为 6°。

(4)据典型村调查推算,乌兰木伦河流域除城镇外,有 8 480 户农民新建了住房,平均每年有 652.3 户农民新建住房,每年建房扰动地面 35.88 hm^2。

(5)与矿区开发有关的 26 个建材及生活、后勤保障项目,共产生弃土弃渣 7.3 万 m^3,扰动地面 118.98 hm^2。

(6)弃土弃渣直接弃入河(沟)道量,乌兰木伦河流域因开发建设,在 1986～1994 年 3 月间弃渣直接入河量 1 928 万 m^3,1994 年汛前清障量 213.37 万 m^3,流失量 1 714.63 万 m^3;

1994 年 3 月 ~ 1998 年底，弃渣直接入河量 178.15 万 m^3，全部流失。据此推算，1986 ~ 1998 年间，因弃渣直接入河而流失的量为 1 892.78 万 m^3，合 3 407 万 t。

从以上调查结果来看，开发建设项目破坏地表形态，排弃、堆积大量弃土弃渣，是造成新增水土流失的首要环节。乌兰木伦河流域因神府东胜矿区开发建设，造成的弃土弃渣总量为 7 600 万 m^3，扰动面积 53.92 km^2。

第三节　河道冲淤变化分析

乌兰木伦河转龙湾至王道恒塔区间主河道全长 65 km，为开发建设密集区，1991 年测得河道比降为 2.97‰。一级阶地以下谷底宽约 280 m，两岸塬面宽阔平坦，以长梁式面状丘陵向两岸谷地微倾，主要为漫沙区，部分地方有岸坡基岩出露，河床绝大部分为砂砾石覆盖，该河段共有较大的支沟 6 条，其中右岸 4 条。20 世纪 90 年代初，黄河上中游管理局在该河段布设了 13 个断面，观测河道的冲淤变化，1991 年矿区规划时又对河道进行了纵、横断面测量，1999 年汛前对转龙湾到王道恒塔之间的 7 个断面进行了实地测量。

矿区规划时，利用 1981 年实测万分之一地形图和 1987 年实测五千分之一地形图，与 1991 年实测断面进行套绘，分别计算得到 1981 ~ 1987 年和 1987 ~ 1991 年两个时段的矿区河段冲淤量，见表 7-8。1999 年汛前对上述河段分 7 个断面进行了测量，并与 1991 年的实测断面进行比较，结果见表 7-9。

表 7-8　乌兰木伦河矿区河段冲淤计算表一

断面	断面间距（m）	1987 年与 1981 年比较				1991 年与 1987 年比较			
		平均深度		冲淤方量		平均深度		冲淤方量	
		冲（m）	淤（m）	冲（万 m^3）	淤（万 m^3）	冲（m）	淤（m）	冲（万 m^3）	淤（万 m^3）
干 7	6 135	0.42		47.85		0.03		167.49	
干 8	4 625		0.41	123.03		0.79		236.8	
干 9	4 670	1		174.66		0.63		63.51	
干 10	2 905		0.06		115.76		0.27	57.81	
干 11	2 960		1.74		233.1	147		219.04	
干 12	5 985		1.26		178.35	1.3		301.64	
干 13	6 380	0.44			16.59	0.3		125.69	
干 14	4 620		0.61		6.93	0.5		60.06	
干 15	5 580	0.72		26.78		0.07		26.23	
干 16									
合计	43 860	2.58	4.08	372.32	550.73	5.09	0.27	1 258.27	0
					178.41			1 258.27	

表 7-9　乌兰木伦河矿区河段冲淤计算表二

断面名称	断面间距(m)	断面平均高程(m)		冲淤深(m)		断面宽(m)	冲淤面积(m^2)		冲淤量(万 m^3)	
		1991 年	2001 年	冲	淤		冲	淤	冲	淤
转龙湾 G4	11 429	1 184.604	1 184.507	0.097		239.5	23.2		38.3	
石圪台 G6	15 908	1 153.264	1 153.167	0.097		451.9	43.8			83.4
马家塔 G9	7 575	1 101.401	1 101.932		0.531	280		148.7		131.5
大柳塔 G11	8 945	1 076.855	1 077.354		0.499	397.9		198.6		208.5
朱盖沟 G13	6 380	1 048.927	1 050.482		1.555	172		267.5		202.3
何家沟 G14	14 895	1 028.823	1 030.378		1.555	235.8		366.7		440.9
王道恒塔 G17		991.154	992.709		1.555	144.9		225.3		
小计									38.3	1 066.6
合计	65 132									1 028.3

由表 7-8、表 7-9 可知,1981 ~ 1987 年间河道发生了淤积,年均淤积量为 29.74 万 m^3,1987 ~ 1991 年间发生了冲刷,冲刷总量为 1 258.27 万 m^3,由此推算,1986 ~ 1991 年间河道总体上是冲刷的,冲刷量为 1 228.53 万 m^3。1991 ~ 1998 年间,河道发生了淤积,其总量为 1 028.3 万 m^3。

乌兰木伦河在 1986 ~ 1998 年间总体上是冲刷的,冲刷总量为 200.23 万 m^3。

第四节　典型区域开发建设新增流失量实测资料分析法

在水土保持效益计算中,水土保持措施量的调查落实和水土保持措施减洪减沙指标的确定是两个关键。

一、水土保持措施的调查落实

利用流域内各县逐年的水土保持年报、国民经济统计资料和 1989 年土地详查资料、1996 年土地变更调查资料,结合典型调查,参照"黄河流域水土保持研究基金"、"水利部水沙变化研究基金"、"国家自然科学研究基金"等课题的研究成果,确定水土保持措施的保存数量,结果见表 7-10,水土保持措施的质量情况见表 7-11。

表 7-10　乌兰木伦河流域水土保持措施的保存数量　(单位:hm^2)

年份	梯田	林地	草地	坝地
1959	173.3	426.7	913.3	0
1960	246.7	1 040.0	1 153.3	0
1961	240.0	1 120.0	1 413.3	0
1962	513.3	1 186.7	1 640.0	0

续表 7-10

年份	梯田	林地	草地	坝地
1963	366.7	1 253.3	1 886.7	0
1964	460.0	1 466.7	2 166.7	0
1965	560.0	1 846.7	2 460.0	0
1966	613.3	2 446.7	2 600.0	0
1967	713.3	2 800.0	2 753.3	0
1968	806.7	3 160.0	2 893.3	0
1969	893.3	3 053.3	3 093.3	6.7
1970	1 020.0	3 373.3	3 286.7	13.3
1971	1 086.7	3 806.7	3 520.0	26.7
1972	2 293.3	4 986.7	3 753.3	33.3
1973	1 280.0	5 886.7	3 973.3	46.7
1974	1 393.3	7 313.3	4 166.7	53.3
1975	1 580.0	8 866.7	4 366.7	53.3
1976	1 713.3	10 853.3	4 600.0	66.7
1977	1 833.3	12 380.0	4 886.7	73.3
1978	1 853.3	16 880.0	5 160.0	73.3
1979	1 686.7	18 513.3	3 273.3	86.7
1980	1 373.3	19 806.7	3 200.0	86.7
1981	1 393.3	22 553.3	3 273.3	93.3
1982	1 593.3	24 900.0	3 106.7	133.3
1983	1 600.0	27 226.7	3 066.7	153.3
1984	1 653.3	29 693.3	10 046.7	166.7
1985	1 666.7	31 746.7	12 580.0	180.0
1986	1 413.3	37 606.7	12 100.0	180.0
1987	1 440.0	39 100.0	16 160.0	220.0
1988	1 453.3	41 033.3	20 393.3	233.3
1989	1 486.7	42 413.3	18 506.7	286.7
1990	1 564.0	42 550.8	18 078.6	319.3
1991	1 776.0	43 833.4	18 577.6	319.3
1992	1 905.3	44 252.3	19 028.7	346.0
1993	2 039.3	44 658.1	19 480.6	378.0
1994	2 154.0	45 063.9	19 931.7	397.0
1995	2 210.7	45 519.9	20 384.9	433.7
1996	2 240.7	45 851.3	20 835.3	453.7
1997	2 253.3	47 992.3	22 068.1	522.0
1998	2 260.0	46 935.3	20 835.3	534.0

表 7-11 各年代水土保持措施的质量情况

措施	时段	Ⅰ类(%)	Ⅱ类(%)	Ⅲ类(%)
梯田	20 世纪 70 年代前	4	64	32
	20 世纪 70～80 年代	38	26	36
	20 世纪 90 年代	26	42	32
林地	20 世纪 70 年代前	23	28	49
	20 世纪 70～80 年代	23	28	49
	20 世纪 90 年代	29	29	42
草地	20 世纪 70 年代前	41	38	21
	20 世纪 70～80 年代	17	41	42
	20 世纪 90 年代	18	30	53

二、水土保持措施减沙作用分析

(一)坡面措施减沙指标的确定

1. 坡面措施减沙指标研究概况

梯田、人工林地、人工草地是坡面水土流失治理的 3 项主要措施，其面积分布广，数量多。正确合理地确定梯田、人工林地、人工草地等坡面措施的减洪减沙量，直接关系到水土保持减水减沙效益计算的精度。有关坡面措施的减水减沙作用，各地水土保持试验站所相继建立了坡面径流小区进行对比试验，得出各地试验年限内梯田、人工林地、人工草地的平均减水减沙指标见表 7-12。

表 7-12 各地梯田、人工林地、人工草地效益指标

地点	梯田		人工林地		人工草地		资料年限
	径流 (m^3/hm^2)	泥沙 (t/hm^2)	径流 (m^3/hm^2)	泥沙 (t/hm^2)	径流 (m^3/hm^2)	泥沙 (t/hm^2)	
绥德	214.5	169.5	223.5	93.0	129.0	87.0	1953～1967
离石	157.5	67.5	72.0	96.0	0	54.0	1957～1966
延安	418.5	46.5	179.0	9.0	82.5	18.0	1959～1966
准旗					99.0	19.5	1980～1984
平均	264	94.5	190.5	66.0	105.0	45.0	

由表 7-12 可见，对于同一种措施，各地试验站所得的平均指标差异较大，其减水范围梯田为 157.5～418.5 m^3/hm^2，人工林地为 72.0～233.5 m^3/hm^2，人工草地为 82.5～129.0 m^3/hm^2；其减沙效益范围为：梯田 46.5～169.5 t/hm^2，人工林地 9.0～93.0 t/hm^2，人工草地 18.0～87.0 t/hm^2。

以往应用的坡面措施水洪减沙指标主要有以下几种：一是定额指标，表 7-13 是宏观范

围的减沙定额，河口镇至龙门区间的定额指标与绥德站观测分析结果相近，表7-14为窟野河流域坡面措施减水减沙定额指标，流域内进行了分区，各分区使用值与表7-13结果相近。使用定额指标的特点是不考虑降雨产流产沙水平，丰、平、枯不同年份都用同一指标。定额指标的弊端是出现某些枯水年份产水产沙量小于拦洪拦沙量，出现效益偏高的不合理现象。二是相对指标，表7-15为相对指标分丰、平、枯降水年份。其特点是：①考虑了降水水平的变化，不同降水年份，减水减沙水平不同。②同产水产沙建立了联系，避免了定额指标没有侵蚀产沙也有减沙效益，甚至效益大于100%的弊端。有的考虑了降水水平变化，又考虑了措施质量等级并加不同流域的丰、平、枯修正系数。使用时坡面的产水产沙模数乘以相应质量等级的相对指标，再乘以不同流域丰、平、枯的修正系数。三是“八五”期间，西峰、天水站研究使用的用“同频率移用法”计算减洪量（将不同措施小区减洪频率曲线移用到流域），再用“以洪算沙”方法，用水沙关系计算减沙量的方法。四是绥德站在“七五”、“八五”期间研究使用的相对效益指标，是利用一组与产流产沙水平、措施质量等级有关的曲线来计算的。

表7-13　黄河上中游梯田、人工林地、人工草地减沙效益定额

（单位：$t/(hm^2 \cdot a)$）

计算区间	梯田	人工林地	人工草地
龙羊峡—河口镇	30.0	15.0	15.0
河口镇—龙门	150.0	90.0	75.0
龙门—三门峡	90.0	60.0	45.0

表7-14　窟野河流域减水减沙定额

类型区	梯田		造林		种草	
	减水（m^3/hm^2）	减沙（t/hm^2）	减水（m^3/hm^2）	减沙（t/hm^2）	减水（m^3/hm^2）	减沙（t/hm^2）
黄土丘副区	213	0	90	35.4	16.5	25.2
砂石丘副区	213	58.1	90	15.5	16.5	1.11
砾石丘副区	213	36.9	90	9.9	16.5	7.1

表7-15　丰、平、枯年份减水减沙效益指标　（%）

措施	丰水年		平水年		枯水年	
	减水	减沙	减水	减沙	减水	减沙
梯田	20	30	60	70	40	50
造林	25	30	45	50	35	40
种草	10	20	20	40	15	30

2. 所用资料情况

本地区及邻近地区进行水土流失规律及水保措施效益试验研究的单位有绥德水保站、延安地区水土保持研究所、水利部水保所安塞试验点、山西离石水保所、内蒙古皇甫川试验站、北京林业大学宁夏西吉试验点、米脂黄土高原研究所、河曲县砖窑沟等，这些试验站所观测分析的流域有绥德辛店沟试验场、桥沟，绥德韭园沟，靖边小河沟、于家沟，神木孟家沟，榆林王家沟、青云沟，延安大砭沟、上砭沟，山西离石王家沟，内蒙古五分地沟，安塞纸坊沟，西峰南小河杨家沟，米脂泉家沟，西吉黄二岔，河曲砖窑沟等。这些试验流域的资料系列长短不一，汇集起来资料丰富，据不完全统计，所用农地、荒地、梯田、人工林地、人工牧草单项径流场资料 1 000 站年以上，小流域观测 30 多条 300 多个站年，有些流域由于未收集到小区观测资料，采用分析成果。

3. 坡面措施减沙指标的确定

坡面措施减沙质量标准将梯田、林地、草地按照质量的优劣分为 3 个等级。

1) 梯田质量

根据梯田径流小区实际，结合大面积的梯田情况，确定不同梯田质量的标准如下：符合设计标准，田面宽度在 5 m 以上，田面平整或成反坡，埂坎完好，在设计暴雨情况下不发生水土流失，这是第一类。田面宽度在 5 m 以下的反坡梯田或水平梯田，或田面宽度在 5 m 以上，田面坡度小于4°，大部分已无边埂但田坎完好，小部分渠弯冲毁，但具有一定的蓄水能力，拦沙能力较强，此为第二类。田面宽度在 4 m 以下，田面坡度在 4°以上，无地埂，田坎受到破坏，蓄水能力差，但具有一定的拦沙能力，此为第三类。

2) 林地质量

Ⅰ类林地的标准是有工程整地措施，覆盖度在 60% 以上，或没有工程整地措施，覆盖度在 70% 以上；Ⅱ类林地的标准是有工程整地措施，覆盖度在 40% 以上，或没有工程整地措施，覆盖度在 50% 以上；Ⅲ类林地是有工程整地措施，覆盖度在 20% 以上，或无工程整地措施，覆盖度在 30% 以上。

3) 草地质量

Ⅰ类草地指覆盖度在 60% 以上；Ⅱ类草地指覆盖度为 40% ~60%；Ⅲ类草地指覆盖度在 40% 以下。

4) 坡面措施减沙指标

坡面措施的减沙效益随坡地的产沙量变化而变化，而且措施的质量不同，其拦沙能力也不同。按前述资料整理的要求，点绘不同质量梯田的减沙率与农坡地产沙量的关系，见图 7-5；点绘不同质量林地的减沙率与荒坡地产沙量关系，见图 7-6；点绘不同质量草地的减沙率与对照区农坡地产沙量的关系，见图 7-7。

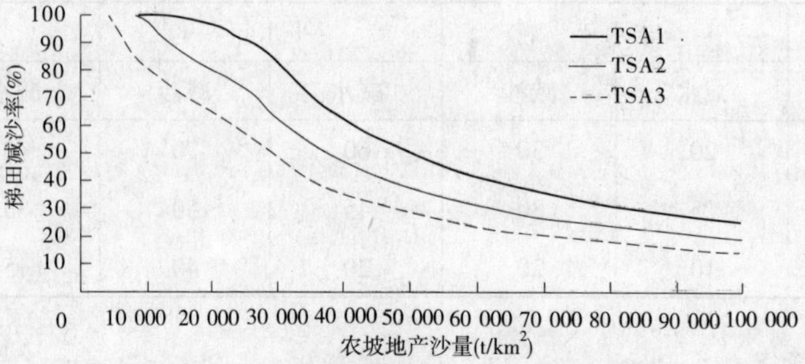

图 7-5 梯田在不同水平下的减沙指标

根据某年的坡面产沙模数和某一质量措施的面积，即可确定该级别某类措施减沙效益。

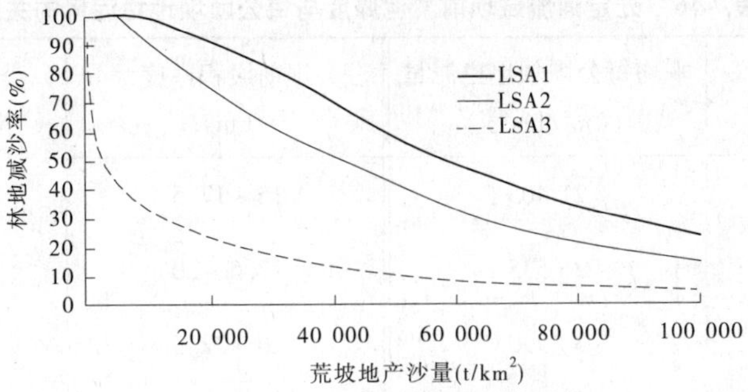

图 7-6　林地在不同水平下的减沙指标

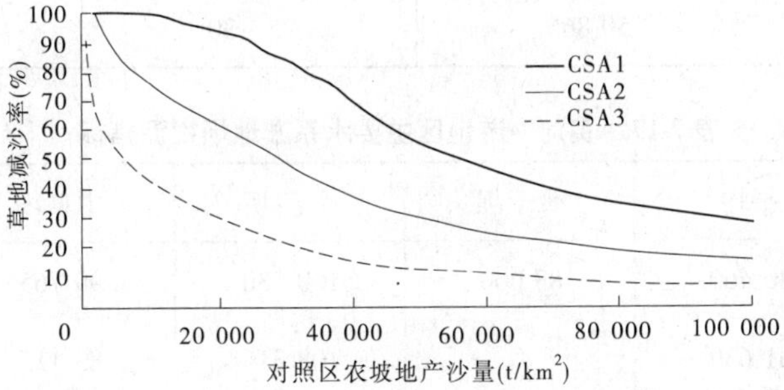

图 7-7　草地在不同水平下的减沙指标

(二)淤地坝拦蓄作用分析

1. 淤地坝拦蓄机理分析

在暴雨洪水作用下，沟壑措施可以拦蓄坡面下泄的洪水泥沙和沟壑里产生的洪水泥沙，下游工程拦蓄上游工程排泄下来的洪水泥沙和上下游之间的洪沙。

2. 淤地坝的拦蓄作用分析

淤地坝的蓄水量包括两部分，一是未淤满的淤地坝，其拦泥和蓄水作用同时进行，一般能够全拦全蓄，拦蓄的洪水一部分耗于蒸发，一部分从地下流入河流，还有一部分以常流水的形式下泄。二是已经淤平的用于农业生产的坝地，其拦洪作用已经消失，但可以减少就地产洪，其功能相当于有埂梯田。

3. 淤地坝拦蓄量计算

淤地坝拦泥量的计算方法很多，我们采用单位面积拦沙指标法计算其拦泥量。

大多数坝库工程建设无设计资料，也无坝库观测资料，因此无法直接计算其拦沙量，但在同一地貌类型区，坝高、淤地面积与库容具有一定的相关关系，利用这种关系即可分析每公顷坝地拦泥量指标，根据实地调查坝地面积和拦沙指标，可以间接计算拦沙量。坝地拦沙指标是随着坝前淤泥厚度的变化而变化的，吴以斅先生分析了无定河流域坝前淤泥厚度与每公顷坝地拦泥量的关系，见表 7-16。从表中可以看出，坝前淤积厚度不同，单位面积淤泥量差别很大，为 21 405 ~ 93 600 m^3/hm^2，坝前淤积厚度与拦沙指标呈正相关。不同的区域、不同的坝型，淤地坝的拦泥指标也不同，表 7-17 为黄河中游地区主要水系不同类型淤地坝拦泥指标。

表 7-16　无定河流域坝前淤泥厚度与每公顷坝地拦泥量的关系

坝前淤泥厚度（m）	平均每公顷坝地拦泥量（m^3/hm^2）	坝前淤积厚度（m）	平均每公顶坝地拦泥量（m^3/hm^2）
<5	21 405	15～17.5	64 605
5～7.5	26 535	17.5～20	65 115
7.5～10	30 990	20～22.5	78 705
10～12.5	39 705	22.5～25	80 235
12.5～15	50 865	25～30	93 600

表 7-17　黄河中游地区主要水系淤地坝拦泥指标　（单位：t/hm^2）

水系名称	平均	骨干坝	大型坝	中型坝	小型坝
皇甫川	80 460	83 000	100 530	99 765	59 910
孤山川	81 630		108 315	83 115	37 750
清水川	88 155		116 760	89 775	56 100
窟野河	78 180	79 470	113 445	95 775	57 105
秃尾河	82 935		132 495	85 560	50 205
佳芦河	76 545	107 820	88 665	80 295	57 840
无定河	104 310	104 760	137 535	108 900	60 390
清涧河	74 115	98 655	112 560	91 020	45 330
延　河	66 795	58 095	121 095	88 575	39 555
汾川河	57 300		121 275	87 720	39 300
仕望川	70 830			66 690	34 695
洛　河	101 625	70 200	124 500	106 335	39 315

三、水利水保措施减沙效益分析

流域实测沙量是降雨与流域下垫面共同作用的结果，它与流域产沙量包括开发建设增沙量、各项水保措施的减沙量及河道淤积量有关，根据沙量平衡原理，水保措施减沙量可由下式计算：

$$\sum \Delta W_{Hsi} = W_{Hs} + W_{Zs} - W_{Hs实} - W_{淤} \quad (7\text{-}4)$$

式中　W_{Hs}—— 天然状况下的产沙量；

$W_{Hs实}$—— 流域出口站实测的洪水输沙量；

$W_{淤}$ —— 河道淤积量；

W_{Zs}—— 开发建设增沙总量；

$\sum \Delta W_{Hsi}$—— 流域各项措施（梯、林、草、坝）的总减沙量（与 W_{Hs} 有关）。

$\sum \Delta W_{Hsi}$ 可用下式表示：

$$\sum \Delta W_{Hsi} = \Delta W_{Hs梯} + \Delta W_{Hs林} + \Delta W_{Hs草} + \Delta W_{Hs坝} \quad (7\text{-}5)$$

式中 $\sum \Delta W_{Hs梯}$、$\Delta W_{Hs林}$、$\Delta W_{Hs草}$、$\Delta W_{Hs坝}$—— 梯、林、草、坝各单项措施的减沙量，分别按下列公式计算：

$$\Delta W_{Hsi} = a_i \cdot M_{Hs} \cdot f_i \quad (7\text{-}6)$$

$$M_{Hs} = W_{Hs}/F \quad (7\text{-}7)$$

式中 M_{Hs}——流域天然状况下的产沙模数；

f_i——某一单项措施面积；

F——流域面积；

a_i——单项措施相对减沙指标，用百分数表示。

公式(7-4)为隐函数关系，而且为收敛函数，可用“逐步逼近法”在计算机上求解。利用以上公式可计算出流域水保措施年减沙量及减沙效益，结果见表7-18。

表7-18 乌兰木伦河水土保持减沙效益成果 （单位：万 t）

年份	梯田	林地	草地	坝地	总量
1959	2.25	1.71	4.77	0	8.73
1960	0.15	0.36	0.45	0	0.96
1961	3.92	5.4	7.83	0	17.15
1962	0.27	0.36	0.54	0	1.17
1963	0.68	1.08	1.8	0	3.56
1964	0.55	0.99	1.71	0	3.25
1965	0.01	0	0	0	0.01
1966	10.18	12.06	14.58	0	36.82
1967	6.18	8.28	10.53	0	24.99
1968	3.56	5.58	6.39	0	15.53
1969	1.9	3.06	3.42	35.1	43.48
1970	7.14	8.55	10.62	35.1	61.41
1971	5.83	8.19	9.45	70.2	93.67
1972	13.93	10.98	10.53	35.1	70.54
1973	5.59	10.26	8.64	70.2	94.69
1974	1.35	3.87	2.61	35.1	42.93

续表 7-18

年份	梯田	林地	草地	坝地	总量
1975	6.86	15.39	9.45	0	31.7
1976	27.32	51.3	24.84	70.2	173.66
1977	5.03	16.11	7.02	35.1	63.26
1978	20.99	60.93	23.85	0	105.77
1979	11.93	45.9	10.26	70.2	138.29
1980	0.56	4.41	0.81	0	5.78
1981	3.84	29.52	4.77	35.1	73.23
1982	5.48	40.68	5.58	211.5	263.24
1983	1.59	14.85	1.98	105.3	123.72
1984	13.21	83.16	35.64	70.2	202.21
1985	23.99	138.33	66.96	70.2	299.48
1986	10.32	34.59	31.71	160	236.62
1987	2.05	50.69	24.94	211.5	289.18
1988	6.75	116.23	57.34	270.2	450.52
1989	12.08	120.78	66.69	281.7	481.25
1990	5.62	72.63	34.11	172.8	285.16
1991	6.19	72.54	34.02	17	129.75
1992	19.34	108.5	82.62	140.4	350.86
1993	1.04	12.51	6.39	169.2	189.14
1994	17.91	122.82	56.67	99.9	297.3
1995	1.51	17.1	9.09	193.5	221.2
1996	15.25	121.12	63.07	105.3	304.74
1997	2.4	18	10.44	34	64.84
1998	1.26	7.83	4.05	12	25.14
1986 ~ 1998	101.72	875.34	481.14	1 867.5	3 325.7
合计	286.01	1 456.65	766.17	2 816.1	5 324.93

四、新增流失量估算

首先,根据乌兰木伦河产输沙规律,分别用3种方法计算流域内1986~1998年间自然条件下逐年的产沙量,再用产输沙平衡方程分析计算新增水土流失新增量。

(一)由水沙关系推算理论产沙量

根据实测资料,分别利用前面建立的洪水—洪沙、汛雨量—洪沙及最大7日雨量—洪沙等3种关系式(见式(7-1)、式(7-2)、式(7-3)),推算乌兰木伦河逐年理论产沙量,计算结果见表7-19。在1986~1998年期间流域出口的王道恒塔站实测输沙量为21 301万t,理论产沙量由洪水—洪沙关系推算值为18 843.5万t,由汛雨量—洪沙关系推算值为19 134.6万t,由最大7日雨量—洪沙关系推算值为19 052.5万t。

表7-19 乌兰木伦河理论产沙量计算结果 (单位:万t)

年份	实测量	洪水—洪沙法	汛雨量—洪沙法	7日雨量—洪沙法
1986	88	248.4	263.2	125.6
1987	325	496.7	816.1	521
1988	1 769	1 656.1	1 815.6	1 675.4
1989	3 052	1 432.7	778.8	1 120.7
1990	1 225	1 092.2	1 107.5	1 079.9
1991	1 371	1 266.8	314.6	1 283.2
1992	4 449	3 266.3	2 565	2 639.2
1993	9	78.1	168.7	270.5
1994	4 893	2 392.5	2 809.9	2 825.8
1995	49	1 611.2	2 591.8	1 728.6
1996	3 796	3 275.1	4 082	3 688.5
1997	39	187	260.8	212.6
1998	236	1 840.4	1 560.6	1 881.5
合计	21 301	18 843.5	19 134.6	19 052.5
平均	1 638.54	1 449.5	1 471.89	1 465.6

3种方法分析得到的结果相差不大,相互之间的相对误差分别为1.54%、1.11%和0.43%。我们采用3种方法计算结果的平均值19 010.2万t作为理论产沙量的计算成果。

(二)新增流失量分析

乌兰木伦河流域在1986~1998年期间,由于开发建设而产生的新增流失量计算公式如下：

$$W_{Zs} = W_{Hs实} + \sum \Delta W_{Hsi} + W_{淤} - W_{Hs} \tag{7-8}$$

$$W_{Zs} = \Delta W_{水} + \Delta W_{风} \tag{7-9}$$

式中 W_{Hs}—— 天然状况下的产沙量（理论产沙量）；

$W_{Hs实}$—— 流域出口站实测的洪水输沙量；

$W_{淤}$ —— 河道淤积量；

W_{Zs}—— 开发建设增沙总量；

$\sum \Delta W_{Hsi}$—— 流域内各项措施拦沙总量；

$\Delta W_{水}$ —— 水蚀新增总量；

$\Delta W_{风}$ —— 风蚀新增总量。

利用前面研究成果经计算得知，新增土壤侵蚀总量为 5 256.1 万 t。由风蚀增沙研究结果得知，风蚀新增入河总量为 360.23 万 t，则水蚀新增总量为 4 895.87 万 t。

第五节　典型区域开发建设新增流失量数学模型分析法

开发建设项目新增水土流失量，包括开发建设产生的弃土弃渣和扰动地面新增的水蚀量、弃土弃渣直接入河产生的流失量、开发建设扩大土地沙漠化而增加的风蚀量。

开发建设新增水蚀量除堆弃于河（沟）道中的弃土弃渣被洪水直接冲走造成的流失外，主要是弃土弃渣和扰动地面在降雨径流的作用下，产生的侵蚀量比原生地面侵蚀量多出的量。前面已经调查分析了直接弃入河道产生的弃土弃渣流失量。本节仅就各项开发建设项目产生的弃土弃渣和扰动地面的新增水蚀量进行分析。

一、水蚀量分析方法简述

黄土高原地区的水蚀主要是由超渗降雨引起的。由超渗产流原理可知，当降雨强度大于下渗强度时地表产生净雨，净雨在水力坡降的作用下产生移动形成径流，地表径流冲刷、搬移、挟带地表泥沙一起流向低处即是径流的侵蚀，径流量越大，其挟带泥沙的能力越大。不同的下垫面其土壤入渗能力和抗蚀性不同，在相同降雨作用下，地表产生径流的数量和侵蚀强度也就不同，弃土弃渣和扰动地面同原生地面的这些差异，导致了新增水土流失的产生。所以产生水蚀的充分必要条件是，首先有超渗降雨发生并且产生超渗径流，其次要有可被径流冲刷和搬移的物质。

（一）超渗径流计算

根据超渗产流原理和扣损法计算方法，计算超渗径流的具体步骤如下。

1. 降雨资料的选择与处理

乌兰木伦河流域在 1986 ~ 1998 年间共发生产洪降雨 44 次，所以，开发建设项目新增水土流失量只是在这 44 次降雨的作用下产生的。流域内共有 21 个雨量站（水文系统雨量站），见图 7-8，其中只有王道恒塔和韩家沟两个站为自记雨量计的资料，其他 19 个站全为标准雨量桶资料，另外，黄委绥德站于 1993 ~ 1994 年在大柳塔进行小区试验时有过 2 年的自记雨量观测。自记雨量计的降雨过程按雨强变化摘录，可真实地反映降雨过程，而标准雨量桶观测的降雨每 2 h 一个数值，导致雨强坦化，不能真实反映降雨过程。因此，必须对降雨资料进行处理。方法是，将标准雨量桶观测的已经坦化了的降雨过程，以王道恒塔和韩家沟两个站自记雨量过程为标准，按雨量比例进行还原，并制作成降雨强度过程图，作为新增水土流失量计算的依据，在降雨过程还原时，流域上游 12 个雨量站以韩家沟站的降雨过程为标准，下游的 9 个雨量站以王道恒塔站的降雨过程为标准。

2. 建设项目相应雨量计算

开发建设项目分点(片)状项目(厂、矿等)和线状项目(道路等)。对于点(片)状项目，根据开发建设项目分布图，首先确定其位于哪几个雨量站之间，再根据某一场降雨中这几个雨量站的降雨量线性内插确定项目点的雨量，作为该项目新增流失量计算的直接依据；对于线状项目，根据流域内所有雨量站绘制的泰森多边形确定其降雨量，项目在某个多边形内的部分就采用该多边形中心点的雨量为计算雨量。

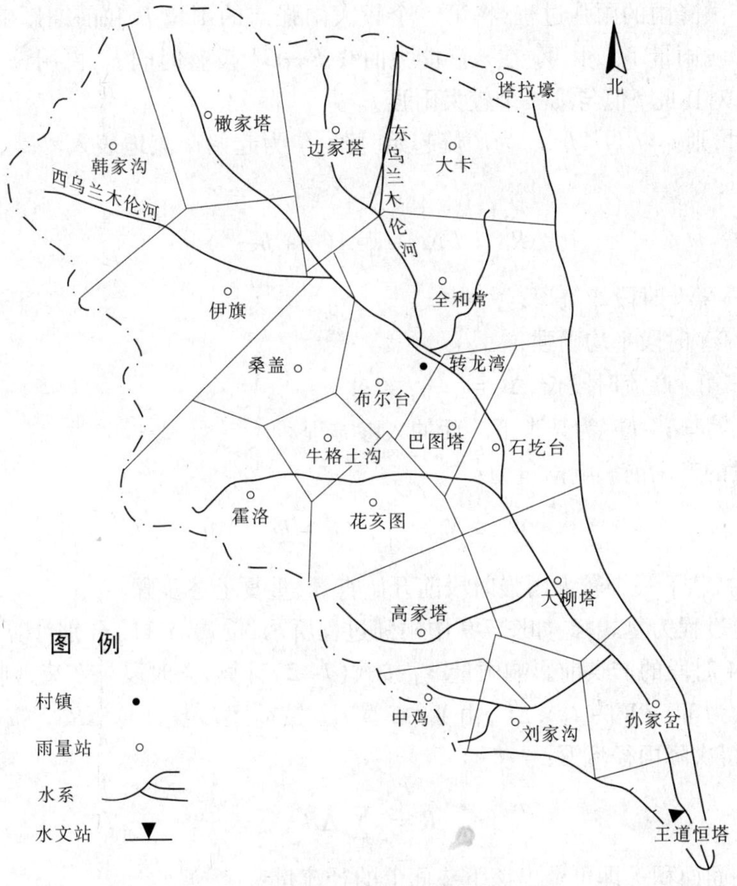

图 7-8　雨量站分布图

3. 前期影响雨量计算

某次产流降雨的前期影响雨量计算公式为：

$$P_{a,t} = KP_{t-1} + K^2P_{t-2} + K^3P_{t-3} + \cdots + K^{15}P_{t-15} \tag{7-10}$$

式中　$P_{a,t}$——t 日开始时的前期影响雨量；

P_{t-1}——前一日的日雨量；

P_{t-2}——前两日的日雨量；

……

P_{t-15}——前15日的日雨量；

K——折减系数，小于1的常数，取0.85。

根据水文资料汇编《逐日降雨量摘录表》中的记录，分别计算各个雨量站逐次产洪降雨的前期影响雨量，并将其作为建设项目前期影响雨量计算的基础。各开发建设项目前期影响雨量的计算方法，类似于项目点雨量的计算。

4. 降雨径流计算

下垫面上某时段产生的径流量，即是该时段的降雨量减去入渗量。依据某场降雨的雨强过程 $I—t$、前期影响雨量 P_a 及某类下垫面（不同类型、不同坡度）的入渗强度曲线 $f—t$ 和入渗能力曲线 $F—t$ 等资料，采用初损后损法进行计算。具体计算过程如下。

据某次产洪降雨的雨强过程，将第一个较大雨强前的雨量 P 和前期影响雨量 P_a 相加得到产洪前影响雨量 W_0，由 W_0 在入渗能力曲线 $F—t$ 上反查时间 t_0，再用该 t_0 在入渗曲线 $f—t$ 上查出 f，对比此 f 值与第一个较大雨强 I。

当 $f<I$ 时，则 $t=t_0$，$f=f_0$，t_0 为产流起始时刻，f_0 为起始产流地表入渗率，则第 i 产流时段的产流深为：

$$\Delta R_i = I_i \Delta t_i - \int_{t_{i-1}}^{t_i} (a + b\mathrm{e}^{-\beta t}) \mathrm{d}t \tag{7-11}$$

式中 ΔR_i——第 i 时段产流深；

I_i——第 i 时段平均雨强；

Δt_i——第 i 产流时段长，$\Delta t_i = t_i - t_{i-1}$。

$f = a + b\mathrm{e}^{-\beta t} = a + b\mathrm{e}^{kt}$ 为某类下垫面的入渗方程。

下一时段的产洪前影响雨量为：

$$W_i = W_i + \int_{t_{i-1}}^{t_i} (a + b\mathrm{e}^{-\beta t}) \mathrm{d}t \tag{7-12}$$

当 $f>I$ 时，从下一个较大雨强时段前开始查算，重复上述步骤。

如果降雨过程为复式峰，如图7-9中雨强过程所示，按式(7-11)分别计算完第2、3时段的径流后，第4时段的产洪前影响雨量 W_4 按式(7-12)计算，该时段未产流，则第5时段的产洪前影响雨量为 $W_5 = W_4 + I_4 \times \Delta t_4$，由 W_5 查算 t_{5-1} 按前述步骤计算 ΔR_5。按照上述步骤逐时段计算，可得次降雨径流深：

$$R = \sum_{i=1}^{n} \Delta R_i \tag{7-13}$$

根据下垫面面积 S 即可求出该下垫面上的径流量：

$$W_y = R \times S \tag{7-14}$$

（二）新增流失量计算方法

一个开发建设项目某类下垫面上的新增土壤流失量，即是该下垫面上的侵蚀量与该下垫面下覆原生地面侵蚀量的差值，即

$$W_S = W_{Si} - W_{0i} \tag{7-15}$$

式中 W_S——某类下垫面上的新增流失量；

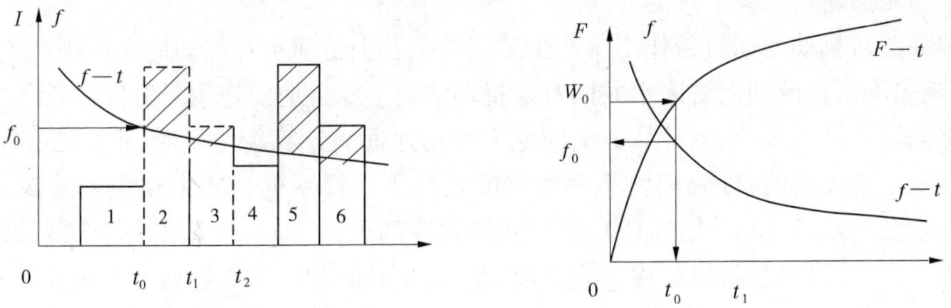

图 7-9　超渗径流量计算示意图

W_{Si}——某类下垫面上的侵蚀量；

W_{0i}——某类下垫面下覆原生地面的侵蚀量。

W_S、W_{Si}、W_{0i}分别由下列水沙关系式确定：

$$W_{Si} = f(R_{Si}) \tag{7-16}$$

$$W_{0i} = f(R_{0i}) \tag{7-17}$$

式中　R_{Si}——某类下垫面上的径流量；

R_{0i}——某类下垫面下覆原生地面上的径流量。

式(7-16)、式(7-17)为根据试验结果已经拟和成的系列公式。开发建设项目产生新增水蚀量的下垫面归纳为弃土弃渣和扰动地面两大类，这两类下垫面新增流失量计算方法简述如下。

1. 弃土弃渣新增水蚀量计算

弃土弃渣流失量，由渣堆表面遭受降雨侵蚀而产生的流失量和渣堆上游坡面下来的径流对其冲刷而产生的侵蚀量两部分组成。

1)弃土弃渣表面自身的侵蚀量

因弃土弃渣物质疏松，入渗强度大，表面产流相对小，但坡度大，一般在35°左右，径流形成后挟带的泥沙较原生地面大，通过对天然弃土弃渣小区观测资料的分析，得出新(第一年)的弃土弃渣坡面上的平均水沙关系为：

$$W_{Si} = 0.369R_{Si} \tag{7-18}$$

弃土弃渣表面自身的新增侵蚀量，可通过上述系列公式分别计算渣堆流失量和原生地面流失量而获得。

2)上游来水产生的新增量

根据对人工降雨试验的观察，弃土弃渣堆积体坡面的严重土壤侵蚀，主要是由来自堆积体顶部的上方来水冲刷造成的。侵蚀过程是，上游坡面的来水在渣堆的上部形成坡面漫流，在向下流的过程中逐渐形成股流，产生细沟侵蚀，其结果是在渣堆表面侵蚀沟中的泥石流，这是弃土弃渣侵蚀的主要形式。据试验现场多次观测，泥石流的最大含沙量可得2 400 kg/m³以上。

弃土弃渣上游来水产生新增量，依据其堆放位置分两种情况计算。当弃土弃渣独立堆放形成渣堆时，其上游来水产生于渣堆顶部的平台面，此时新增量为来水对渣堆的冲刷量与渣堆下覆原生地面侵蚀量之差；当弃土弃渣堆积于山坡下游时，其上游来水产生于渣堆顶部以上的坡面，此时新增量为来水对渣堆的冲刷量减去同水量对渣堆下覆原生地面的侵蚀量。

2. 扰动地面新增流失量计算

降雨径流对扰动地面自身作用所产生的侵蚀量及上游来水对扰动地面冲刷产生的侵蚀量之和，减去降雨径流和上游来水共同对未扰动情况下原生地面作用下的侵蚀量。

土路面属于堆垫地貌，其计算方法同挖损扰动地面。计算新增量时，根据弃土弃渣堆、原生地面及上游坡面的具体情况（下垫面坡度），分别选择系列公式中相应的入渗方程、入渗能力方程及与式(7-15)、式(7-16)、式(7-17)相应的公式，即可计算出各个项目第一年的新增流失量，该项目第二年以后逐年的新增量按调查到的新增流失量衰减系数计算。

二、水蚀量分析计算有关指标和公式

在计算新增流失量时，需确定一系列计算指标和公式。计算指标是通过对调查资料综合分析获得的，计算公式是对前面分析得到的降雨入渗公式和水沙关系式进行细化后得到的。

（一）计算指标

由于开发建设项目多，逐个调查其弃土弃渣和扰动地面的各种技术指标是不可能的，在实际研究过程中，我们对开发建设项目进行归纳分类，并对各类项目做若干个典型调查，根据对全面调查和典型调查结果的综合分析，确定数量较多的各类开发建设项目的计算指标。

1. 点片状项目

煤炭项目按生产规模分为5万t以下、5万~10万t、10万~30万t和30万t以上大型项目等4类及其他点片状项目（如砖厂、采石场和火车站）做典型调查，通过调查确定如下指标：各类项目在经常状态下，弃土弃渣的体积、侵蚀表面积、占地面积、坡度、上游来水面积、渣堆下覆原生地面坡度等；扰动地面的面积、坡度、上游来水面积等，有关计算指标见表7-20。

表7-20　新增水土流失计算指标表一

序号	项目类型	弃土弃渣						扰动地面		
		体积（万m^3）	占地面积（hm^2）	坡度（°）	侵蚀表面积（hm^2）	上游来水面积（hm^2）	原生地面坡度（°）	面积（hm^2）	坡度（°）	上游来水面积（hm^2）
1	煤炭5万t以下	0.08	0.252	35	0.072	0.18	7	0.55	7	0
2	煤炭5万~10万t	0.8	0.542 5	35	0.155	0.387 5	7	0.97	7	0
3	煤炭10万~30万t	14.23	2.8	35	0.8	2	7	1.924	7	0
4	砖厂	20	4.025	35	1.15	10	15	3.45	8	2.5
5	采石场	1.3	6.265	35	1.79	3	5	5	5	0.05
6	火车站	0	0		0			10	5	0

2. 线状项目

线状项目包括交通项目，分为铁路、二级公路、三级公路、土路等4类。通过调查确定各类交通项目单位长度产生的弃土弃渣的体积、侵蚀表面积、占地面积、坡度、上游来水面积、渣堆下覆原生地面坡度等指标，单位长度产生的扰动地面的面积、坡度、上游来水面积等。线状项目有关计算指标见表7-21。

表7-21　新增水土流失计算指标表二

序号	项目类型	弃土弃渣						扰动地面		
		体积（万 m^3）	占地面积（hm^2）	坡度（°）	侵蚀表面积（hm^2）	上游来水面积（hm^2）	原生地面坡度（°）	面积（hm^2）	坡度（°）	上游来水面积（hm^2）
1	铁路	5.2	0.7	35	0.2	0.49	7	5	7	0.49
2	等级公路	1.9	2.38	35	0.68	0.55	7	3.8	7	0.35
3	土路	0.35	0.42	35	0.12	0.26	7	1.4	7	1.6

3. 其他项目

对于数量较少且难以归类的其他项目，对其计算指标逐个进行了调查。

（二）计算公式

计算公式包括入渗方程和水沙关系方程两类。它们是对天然降雨试验、人工降雨试验和放水冲刷试验的成果进行综合分析后得出的。

在入渗方程中，原生地面、扰动地面和土路面的方程以坡度为参数，扰动地面为第一年的入渗方程，弃土、弃渣以扰动年限为参数。各类下垫面计算用的入渗方程见表7-22～表7-25。

各类下垫面水沙关系 $y=f(x)$，当径流量 x 的单位取 m^3、产沙量 y 的单位取 t 时，计算用的关系方程见表7-26～表7-28。

表7-22　不同坡度原生地面入渗方程

坡度（°）	入渗方程	入渗能力方程
5	$f=0.437+0.565e^{-0.1324t}$	$F=0.437t-4.267e^{-0.1324t}+4.267$
6	$f=0.418+0.619e^{-0.1256t}$	$F=0.418t-4.928e^{-0.1256t}+4.928$
7	$f=0.399+0.673e^{-0.1187t}$	$F=0.399t-5.670e^{-0.1187t}+5.670$
8	$f=0.380+0.727e^{-0.1119t}$	$F=0.380t-6.497e^{-0.1119t}+6.497$
9	$f=0.360+0.781e^{-0.1051t}$	$F=0.360t-7.431e^{-0.1051t}+7.431$
10	$f=0.341+0.835e^{-0.0982t}$	$F=0.341t-8.503e^{-0.0982t}+8.503$
11	$f=0.322+0.889e^{-0.0914t}$	$F=0.322t-9.726e^{-0.0914t}+9.726$
12	$f=0.290+0.836e^{-0.0902t}$	$F=0.290t-9.268e^{-0.0902t}+9.268$
13	$f=0.257+0.7835e^{-0.0889t}$	$F=0.257t-8.813e^{-0.0889t}+8.813$
14	$f=0.250+0.718e^{-0.0831t}$	$F=0.250t-8.640e^{-0.0831t}+8.640$
15	$f=0.243+0.652e^{-0.0773t}$	$F=0.243t-8.435e^{-0.0773t}+8.435$
16	$f=0.235+0.587e^{-0.0715t}$	$F=0.235t-8.210e^{-0.0715t}+8.210$
17	$f=0.228+0.521e^{-0.0657t}$	$F=0.228t-7.930e^{-0.0657t}+7.930$
18	$f=0.221+0.455e^{-0.0599t}$	$F=0.221t-7.596e^{-0.0599t}+7.596$
19	$f=0.214+0.390e^{-0.0541t}$	$F=0.214t-7.209e^{-0.0541t}+7.209$
20	$f=0.206+0.324e^{-0.0483t}$	$F=0.206t-6.708e^{-0.0483t}+6.708$

表 7-23　不同坡度扰动地面入渗方程

坡度(°)	入渗方程	入渗能力方程
5	$f=0.37+1.054e^{-0.0653t}$	$F=0.37t-16.141e^{-0.0653t}+16.141$
6	$f=0.37+1.063e^{-0.0668t}$	$F=0.37t-15.913e^{-0.0668t}+15.913$
7	$f=0.36+1.072e^{-0.0683t}$	$F=0.36t-15.695e^{-0.0683t}+15.695$
8	$f=0.36+1.081e^{-0.0698t}$	$F=0.36t-15.487e^{-0.0698t}+15.487$
9	$f=0.36+1.090e^{-0.0713t}$	$F=0.36t-15.288e^{-0.0713t}+15.288$
10	$f=0.35+1.099e^{-0.0728t}$	$F=0.35t-15.096e^{-0.0728t}+15.096$
11	$f=0.35+1.108e^{-0.0743t}$	$F=0.35t-14.913e^{-0.0743t}+14.913$
12	$f=0.34+1.125e^{-0.0751t}$	$F=0.34t-14.980e^{-0.0751t}+14.980$
13	$f=0.33+1.142e^{-0.0758t}$	$F=0.33t-15.066e^{-0.0758t}+15.066$
14	$f=0.32+1.159e^{-0.0766t}$	$F=0.32t-15.131e^{-0.0766t}+15.131$
15	$f=0.31+1.175e^{-0.0773t}$	$F=0.31t-15.201e^{-0.0773t}+15.201$
16	$f=0.30+1.192e^{-0.0781t}$	$F=0.30t-15.262e^{-0.0781t}+15.262$
17	$f=0.29+1.209e^{-0.0788t}$	$F=0.29t-15.343e^{-0.0788t}+15.343$
18	$f=0.28+1.226e^{-0.0796t}$	$F=0.28t-15.402e^{-0.0796t}+15.402$
19	$f=0.27+1.243e^{-0.0803t}$	$F=0.27t-15.479e^{-0.0803t}+15.479$
20	$f=0.26+1.260e^{-0.0811t}$	$F=0.26t-15.536e^{-0.0811t}+15.536$

表 7-24　不同坡度土路面入渗方程

坡度(°)	入渗方程	入渗能力方程
1	$f=0.306+0.2079e^{-0.0933t}$	$F=0.306t-2.228e^{-0.0933t}+2.228$
2	$f=0.298+0.3238e^{-0.1017t}$	$F=0.298t-3.184e^{-0.1017t}+3.184$
3	$f=0.290+0.4397e^{-0.1101t}$	$F=0.290t-3.994e^{-0.1101t}+3.994$
4	$f=0.282+0.5556e^{-0.1185t}$	$F=0.282t-4.689e^{-0.1185t}+4.689$
5	$f=0.274+0.6715e^{-0.1269t}$	$F=0.274t-5.292e^{-0.1269t}+5.292$
6	$f=0.270+0.7874e^{-0.1328t}$	$F=0.270t-5.929e^{-0.1328t}+5.929$
7	$f=0.265+0.9033e^{-0.1386t}$	$F=0.265t-6.517e^{-0.1386t}+6.517$
8	$f=0.254+0.8789e^{-0.1310t}$	$F=0.254t-6.709e^{-0.1310t}+6.709$
9	$f=0.244+0.8544e^{-0.1234t}$	$F=0.244t-6.924e^{-0.1234t}+6.924$
10	$f=0.233+0.8300e^{-0.1159t}$	$F=0.233t-7.161e^{-0.1159t}+7.161$
17.37	$f=0.155+65e^{-0.06t}$	$F=0.155t-10.83e^{-0.06t}+10.83$

表 7-25　不同年限弃土弃渣入渗方程

年限	入渗方程	入渗能力方程
第 1 年	$f=1.09+1.0641e^{-0.1599t}$	$F=1.09t-6.655e^{-0.1599t}+6.655$
第 2 年	$f=1.038+0.9897e^{-0.1636t}$	$F=1.038t-6.050e^{-0.1636t}+6.050$
第 3 年	$f=0.987+0.9152e^{-0.1673t}$	$F=0.987t-5.470e^{-0.1673t}+5.470$
第 4 年	$f=0.935+0.8408e^{-0.1710t}$	$F=0.935t-4.917e^{-0.1710t}+4.917$
第 5 年	$f=0.882+0.7397e^{-0.1380t}$	$F=0.882t-5.360e^{-0.1380t}+5.360$
第 6 年	$f=0.828+0.6386e^{-0.1051t}$	$F=0.828t-6.076e^{-0.1051t}+6.076$
第 7 年	$f=0.775+0.5375e^{-0.0721t}$	$F=0.775t-7.455e^{-0.0721t}+7.455$
第 8 年	$f=0.722+0.4364e^{-0.0391t}$	$F=0.722t-11.161e^{-0.0391t}+11.161$
第 9 年	$f=0.668+0.3353e^{-0.0062t}$	$F=0.668t-54.081e^{-0.0062t}+54.081$
第 10 年	$f=0.615+0.2342e^{0.0268t}$	$F=0.615t+8.739e^{0.0268t}-8.739$
第 11 年	$f=0.562+0.1331e^{0.0598t}$	$F=0.562t+2.226e^{0.0598t}-2.226$
第 12 年	$f=0.508+0.032e^{0.0927t}$	$F=0.508t+0.345e^{0.0927t}-0.345$
第 13 年	$f=0.455-0.0691e^{0.1257t}$	$F=0.455t-0.550e^{0.1257t}+0.550$

表 7-26　原生地面和扰动地面水沙关系

坡度(°)	原生地面的水沙关系方程	扰动地面的水沙关系方程
5	$Y=0.0296X$	$Y=0.1822X$
6	$Y=0.0303X$	$Y=0.1965X$
7	$Y=0.0311X$	$Y=0.2108X$
8	$Y=0.0318X$	$Y=0.2251X$
9	$Y=0.0325X$	$Y=0.2394X$
10	$Y=0.0333X$	$Y=0.2537X$
11	$Y=0.0340X$	$Y=0.2680X$
12	$Y=0.0347X$	$Y=0.2823X$
13	$Y=0.0355X$	$Y=0.2966X$
14	$Y=0.0362X$	$Y=0.3109X$
15	$Y=0.0369X$	$Y=0.3252X$
16	$Y=0.0377X$	$Y=0.3395X$
17	$Y=0.0384X$	$Y=0.3538X$
18	$Y=0.0391X$	$Y=0.3681X$
19	$Y=0.0399X$	$Y=0.3824X$
20	$Y=0.0406X$	$Y=0.3967X$

注:表中单位为:Y,t;X,m^3。

表 7-27　不同年限弃土、弃渣水沙关系

年限	弃土公式	弃渣公式
第 1 年	$Y_1=1.6225X$	$Y_1=0.9608X$
第 2 年	$Y_2=1.5301X$	$Y_2=0.9073X$
第 3 年	$Y_3=1.4377X$	$Y_3=0.8539X$
第 4 年	$Y_4=1.3454X$	$Y_4=0.8004X$
第 5 年	$Y_5=1.2529X$	$Y_5=0.7469X$
第 6 年	$Y_6=1.1605X$	$Y_6=0.6934X$
第 7 年	$Y_7=1.0681X$	$Y_7=0.6399X$
第 8 年	$Y_8=0.9757X$	$Y_8=0.5864X$
第 9 年	$Y_9=0.8833X$	$Y_9=0.5330X$
第 10 年	$Y_{10}=0.7909X$	$Y_{10}=0.4795X$
第 11 年	$Y_{11}=0.6984X$	$Y_{11}=0.4260X$
第 12 年	$Y_{12}=0.6060X$	$Y_{12}=0.3725X$
第 13 年	$Y_{13}=0.5136X$	$Y_{13}=0.3190X$
第 14 年	$Y_{14}=0.4212X$	$Y_{14}=0.2655X$

注：表中单位为：Y，t；X，m^3。

表 7-28　不同坡度土路面水沙关系

坡度(°)	公式
3	$Y=0.0470X$
4	$Y=0.0813X$
5	$Y=0.1157X$
6	$Y=0.1500X$
7	$Y=0.1844X$
8	$Y=0.2187X$
9	$Y=0.2530X$
10	$Y=0.2874X$

注：表中单位为：Y，t；X，m^3。

（三）其他计算指标

弃土弃渣和扰动地面的抗蚀性是随着时间的延伸而逐年提高的，这是计算开发建设项目新增水土流失量时必须考虑的因素。对于弃土弃渣而言，这个问题已通过试验得到解决；对于扰动地面而言，其抗蚀性的恢复速度与项目类型有关，城镇（市）建设扰动地面后一般用 3 年左右的时间就使地表得到治理，计算时按 3 年考虑，其他建设项目的扰动地面恢复到原生地面的抗蚀力需要 4～6 年的时间，按 5 年考虑。

另外，根据实地调查，弃土弃渣的坡度为 32°～38°，平均为 35°，所以在布设试验时按

35°考虑,计算时也按35°考虑。

三、水蚀量计算结果

开发建设项目水蚀量包括弃土弃渣直接倒入河道被洪水冲走的量和扰动地面及其他弃土弃渣在降雨径流作用下新增的流失量之和。根据上述方法计算得到,扰动地面及其他弃土弃渣产生的水蚀量为1 311.21万t;另外,由前面章节知,弃土弃渣直接入河流失量为3 407万t,两项合计,其水蚀总量为4 718.21万t。开发建设新增水蚀量汇总见表7-29。

表7-29　乌兰木伦河流域开发建设项目新增水蚀量汇总

侵蚀类型	序号	项目名称	项目数	规模	新增量(万t)		
					扰动	弃土弃渣	合计
(1)	(2)	(3)	(4)	(5)	(6)	(7)	(8)
原地侵蚀	1	煤矿:1万~5万t	45	100.1万t/a	1.1	13.44	14.53
	2	煤矿:5万~10万t	45	311万t/a	1.47	23.86	25.33
	3	煤矿:10万~30万t	10	275万t/a	0.71	54.39	55.1
	4	神东公司大型矿	11	2 190万t/a	49.25	163.28	212.53
	5	铁路	3	107.3 km	52.18	343.74	395.92
	6	火车站	7		2.66	0	2.66
	7	等级公路	11	207 km	50.62	313.29	363.91
	8	土路	24	281 km	46.21	58.88	105.09
	9	进矿等级公路	15	239.02 km	18.8	23.65	42.45
	10	进矿土路	7	19 km	5.83	4.34	10.17
	11	后勤保障企业	10		7.04	0	7.04
	12	砖厂	4	3 800万块/a	1.32	20.64	21.96
	13	石料厂	8	10.63万m^3/a	0.56	8.81	9.38
	14	水泥预制厂	2		0.13	0	0.13
	15	焦化厂	2		0.08	0	0.08
	16	城镇建设	4		19.75	0	19.75
	17	农村修建		35.88 hm^2/a	25.17	0	25.17
	合计		208		282.88	1 028.33	1 311.21
弃渣入河流失量	1	1986年初~1993年底(8年)			0	3 086.33	3 086.33
	2	1994年初~1998年底(5年)			0	320.67	320.67
	合计				0	3 407	3 407
总计			208		282.88	4 435.33	4 718.21

第六节　风蚀增沙研究

一、乌兰木伦河流域地表物质特征与风力特征

(一)地表物质特征

乌兰木伦河流域位于毛乌素沙地与黄土丘陵区的过渡地带,地表分布的沙及沙黄土都是近代风积物,它集中分布于乌兰木伦河中下游的矿区及其周围,而这里正是矿区集中开发建设的区域,神府东胜矿区一、二期工程中,60%以上的矿区面积地处风沙区,这里降水少、变率大,地面沙物质丰富,风力作用活跃,植被低矮稀疏,干旱和风沙活动频繁,生态环境十分脆弱。大规模的开发建设,破坏了地表形态,形成大面积松散的人工裸地,同时产生了大量的弃土弃渣,加剧了风蚀产沙。

地表物质组成与风沙活动强度密切相关。毕尔·依·戴尔认为,0.05~0.5 mm之间的沙粒最易受风力搬运。根据实测土样分析,乌兰木伦河流域表土中0.05~0.5 mm的粒径含量为38.79%~66.06%(见表7-30),这种以易风蚀性颗粒为主广布的沙物质地表,为风力侵蚀提供了丰富的物质基础。

表7-30　乌兰木伦河流域地表泥沙特性　(%)

粒径(mm)	>1.0	1.0~0.5	0.5~0.05	0.05~0.01	0.01~0.005	0.005~0.001	<0.001
原状土	1.79	6.19	66.06	16.74	5.57	2.64	1.02
扰动土	1.87	4.38	61.57	20.70	7.30	3.30	0.89
弃土弃渣	46.63	7.34	38.79	5.08	1.64	0.16	0.37
河床沙	21.48	7.10	61.30	2.55	0.70	0.90	5.98

(二)风力特征

据统计,乌兰木伦河流域年平均风速2.3~3.6 m/s,大风日数16.2~34.4 d,沙尘暴日数为10.7~26.8 d(见表7-31)。由表列成果可以看出,无论是大风日数还是沙尘暴日数每年平均都在10 d以上。

表7-31　神府东胜矿区风沙状况

地名	平均风速(m/s)	大风日数(d)	沙尘暴日数(d)
东胜	3.6	34.4	19.3
伊旗	3.6	26.9	26.8
神木	2.5	16.2	10.7

风力是引起风沙活动的动力来源,风力(或风速)的大小决定了风沙输沙率的大小,已有研究成果表明,风沙输沙率与风速之间的相互关系为指数关系,即随着风力的加大,风力产沙迅速增加。本区风大而多,为风蚀产沙提供了充分的动力条件。

二、开发建设风蚀增沙估算方法

开发建设对入河沙量的影响，主要是沿河两岸扰动地面和弃土弃渣使地表沙化范围扩大，沙物质活性增强而导致的风蚀量增大，从而使入河量增加。

矿区开发建设造成的人为新增风蚀产沙可用下式估算：

$$W_S = (M_{S1} - M_{S2}) \cdot F \cdot N \tag{7-19}$$

式中 W_S——开矿后新增风蚀产沙量；

M_{S1}——开矿后风蚀产沙模数；

M_{S2}——原生风沙地貌风蚀产沙模数；

F——因开矿造成的人工裸地面积；

N——预测年限。

三、开发建设前风沙入河量计算

（一）不同下垫面风速与输沙量的关系

中科院兰州沙漠所通过在神府东胜矿区野外的风洞试验和积风仪、风速仪的定点、定量观测，共建立了6种不同下垫面的风速与输沙量的关系方程，见表7-32。

表7-32 不同下垫面风速与输沙量的关系式

下垫面类型	回归方程
流动沙丘、沙地	$q_i = 0.407\,373 \times 1.645\,3^v$
半流动沙地	$q_i = 0.863\,55 \times 10^{-7} \times v^{7.237\,8}$
半固定沙地	$q_i = 6.110\,5 \times 10^{-5} \times v^{4.848\,1}$
固定沙地、沙丘	$q_i = 1.164\,77 \times 10^{-4} \times v^{0.594\,92}$
裸露基岩风蚀地	$q_i = 8.592\,46 \times 10^{-5} \times v^{1.459\,2}$
沙质黄土（扰动土）	$q_i = 1.225\,7 \times 10^{-2} \times e^{0.506\,25v}$

注：方程中 q_i 为输沙量，g/(cm·min)；v 为风速，m/s。

（二）输沙量计算中风速的处理

野外实地观测输沙量，是在距地面2 m高处进行的，观测时间为1 min，其观测成果是2 m高处1 min的平均风速与输沙量的关系，而气象台站的自记风速资料是在10 m高度上观测获得的，因此必须对2 m高的风速仪和1 min的观测时距获得的风速进行订正。

（1）不同高度风速换算公式是：

$$V_{10} = K_n \cdot V_n \tag{7-20}$$

式中 V_{10}——10 m高度的风速；

V_n——n 处的风速；

K_n——换算系数，$K_n = 1.30$。

（2）不同观测时距风速换算公式为：

$$y_{10} = 1.105 + 0.73x_1 \tag{7-21}$$

式中　y_{10}——10 min 的平均速度;

x_1——1 min 平均风速。

利用上述公式即可将气象台站的起沙风速(>6 m)订正成表 7-32 公式中的风速。

(三)不同下垫面单位宽度的输沙量

根据表 7-32 中的公式及订正后年内大于或等于起沙风速资料,可计算出不同下垫面单位宽度在不同风向一年内的输沙量。计算公式为:

$$Q_i = q_i \times T_i \times 10^{-3} \tag{7-22}$$

式中　Q_i——某下垫面单位宽度年输沙量,kg/(cm · a);

T_i——某风向大于起沙风速在一年的吹拂时间,min。

(四)进河沙量计算

进河沙量不仅与下垫面状况、风力状况有关,而且与河道流向以及各种地表类型在河岸的分布长度、部位有关,在一定风力条件下,一方面河岸某地表类型进河沙量的多少,与该地类沿河分布的长度成正比;另一方面,进河沙量的大小与风向同河道流向夹角的正弦成正比。计算公式为:

$$\sum Q_i = \sum q_i \times T_i \times 10^{-3} \times \sin\theta \times L_i \tag{7-23}$$

式中　$\sum Q_i$—— 某种类型地表沿河长度为 L_i 时的年进沙量;

θ—— 风向与河流的夹角。

根据乌兰木伦河水系分布情况及开发建设前地表沙化情况,求得各个(16 个)方位的年河道进沙量 1 597. 37 万 t。其中,主河道 116. 17 万 t,支流 1 481. 2 万 t。

四、开发建设后风蚀增沙入河量

如前所述,乌兰木伦河流域在 1986 ~ 1998 年间开工新建 208 个项目,扰动、破坏了大量的原土地表,同时产生了大量的弃土弃渣,这些因素在造成水蚀量增加的同时,也必将导致风蚀增沙的发生。

(一)风蚀增沙面积

开发建设造成的扰动地面和弃土弃渣即是风蚀增沙源,其分布面积通过调查获得。

通过调查可知,16 类开发建设项目扰动地面面积共 5 392. 93 hm^2,弃土弃渣经常状态下的表面积总量为 943. 61 hm^2。各类建设项目扰动地面及弃土弃渣的风蚀面积见表 7-33。

(二)风蚀增沙量计算

风蚀增沙量是扰动地面和弃土弃渣范围内风蚀进河沙量比开发建设前同范围内风蚀进河量增加的部分。

1. 扰动地面增沙量

根据各个项目扰动地面前后代表的类型,分别选择表 7-32 中相应的公式及式(7-22)、式(7-23),即可计算该项目开发建设前后的年风蚀入河沙量,二者的差值即是扰动地面新增风蚀入河沙量。经计算,在 1986 ~ 1998 年期间,扰动地面平均每年新增风蚀入河沙量为 25. 2 万 t。13 年间共增加 327. 6 万 t(兰州沙漠所的研究成果为 354. 692 万 t)。

2. 弃土弃渣增沙量

弃土弃渣堆弃于原生地面后,由于其结构松散,其中较细的沙粒易受风力搬运而产生风

表 7-33　乌兰木伦河流域开发建设新增风蚀面积

序号	项目名称	项目数	弃土弃渣表面积(hm^2)	扰动地面面积(hm^2)
(1)	(2)	(3)	(4)	(5)
1	煤矿:1 万~5 万 t	45	11.34	24.75
2	煤矿:5 万~10 万 t	45	24.41	43.65
3	煤矿:10 万~30 万 t	10	28	19.24
4	神东公司大型矿	11	74.42	634.43
5	铁路	3	75.11	674.05
6	火车站	7	0	70
7	等级公路	11	492.66	786.6
8	土路	24	118.02	393.4
9	进矿等级公路	22	76.21	44.83
10	进矿土路		2.28	26.56
11	后勤保障项目	10	0	92.34
12	砖厂	4	16.1	22.33
13	采石场	8	25.06	3.16
14	水泥预制厂	2	0	0.68
15	焦化厂	2	0	0.47
16	市镇建设	4	0	2 090
17	农村修建		0	466.44
合计		208	943.61	5 392.93

蚀,由于弃土弃渣颗粒组成差异较大,且没有这类土壤的风蚀试验方程,所以在计算时采用沙质黄土的公式,弃土弃渣中最易受风力搬运的颗粒($d=0.05\sim0.5$ mm)为原状土和扰动土中平均值的60%。因此,它的风蚀入河量按沙黄土的60%计,则某个项目弃土弃渣的风蚀入河增沙量,即是弃土弃渣的风蚀入河沙量与其下覆地面风蚀入河沙量之差。由前述有关公式计算得到,在1986~1998年间弃土弃渣年均风蚀入河增沙量为2.51万t。13年间共增加32.63万t。

综上所述,乌兰木伦河流域因开发建设而造成的风蚀入河增沙总量为360.23万t,平均每年增沙27.71万t。

第七节　结论与讨论

根据以上分析，乌兰木伦河流域在1986～1998年期间，由于开发建设而新增的入河沙量为5 078.44万t，其中风蚀入河量360.23万t，水蚀入河量1 311.21万t，弃渣直接入河量3 407万t。在水蚀入河量中，弃土弃渣堆放物新增量1 028.33万t，扰动地面新增量282.88万t。在新增流失总量中，煤炭生产系统包括直接入河量在内新增3 714.49万t，占总量的73.14%；运输系统新增920.2万t，占总量的18.12%；建材系统新增31.47万t，占总量的0.62%；农村及城镇建设新增44.92万t，占总量的0.88%；风蚀新增360.23万t，占总量的7.09%。上述结果表明：①煤炭生产是新增水土流失的主要原因，其中，弃渣直接入河量占到煤炭生产新增量的91.72%，占到新增流失总量的67.09%，是新增水土流失的主要方式。②由于堆放弃土弃渣和扰动地面而受到降雨径流的冲刷产生的经常性的侵蚀量，仅占到总量的25.82%，平均每年100.9万t；由于同样的原因而受到风蚀产生的新增量每年27.71万t。③新增水土流失防治的重点是煤炭生产过程中的弃土弃渣。

参考文献

[1] 郭建军,陈舜川. 开发建设项目水土流失的特点及防治对策[J]. 山西水土保持科技,2004(3).

[2] 李夷荔,林文莲. 论工程侵蚀特点及其防治对策[J]. 福建水土保持,2001,13(3).

[3] 焦居仁,姜德文,蔡建勤,等. 开发建设项目水土保持[M]. 北京:中国法律出版社,1998.

[4] 赵永军. 开发建设项目水土保持方案编制技术[M]. 北京:中国大地出版社,2007.

[5] 莫世鳌. 建国初期西北铁路线区的水土保持[G]. 水土保持志资料汇编(第二辑),1988.

[6] 罗来兴. 我国黄土高原的水土流失与水土保持[G]. 黄河流域水土保持科学研究工作会议汇编,水利电力部黄河水利委员会编印,1964

[7] 黄河水沙变化研究基金会. 黄河水沙变化研究论文集. 1993.

[8] 唐克丽. 城市水土流失和城市水土规划[J]. 水土保持通报,1997,17(5).

[9] 李璐,等. 开发建设项目水蚀量预测方法研究[J]. 水土保持研究,2004,11.

[10] 蔺明华,等. 黄河中游地区开发建设新增水土流失预测方法研究[J]. 水土保持通报,2006(1)

[11] 王金建. 关于城市水土保持的思考[J]. 山东水利,2002(2).

[12] 朱显谟. 黄土高原水蚀的主要类型及其有关因素(三)[J]. 水土保持通报,1982(1).

[13] 蒋定生. 黄土区不同利用类型土壤抗冲性能力的研究[J]. 土壤通报,1979(4).

[14] 周佩华,等. 黄土高原土壤抗冲性的试验研究方法探讨[J]. 水土保持学报,1993(7).

[15] 吴普特,周佩华,等. 黄土丘陵沟壑区(Ⅲ)土壤抗冲性研究——以天水站为例[J]. 水土保持学报,1993,7(3).

[16] 周佩华,等. 黄土高原土壤抗冲性的试验研究[J]. 水土保持研究,1997,4(5).

[17] 周佩华. 土壤侵蚀机理探讨[J]. 水土保持研究,1997,4(5).

[18] 王万忠,等. 黄土高原降雨侵蚀产沙与黄河输沙[M]. 北京:科学出版社,1996.

[19] 张胜利,于一鸣,姚文艺. 水土保持减水减沙效益计算方法[M]. 北京:中国环境科学出版社,1994.

[20] 王占礼. 神府东胜矿区河势分析[J]. 水土保持研究,1994,1(4).

[21] 蔺明华,等. 黄河流域陕西片土壤侵蚀预报模型研究[J]. 中国水土保持,2003(5).